博碩文化

Arduino 實作入門與專題應用

建立自己的Arduino實驗平台
玩出自己的精彩創意及實作

陳明熒 著

引導初學者以Uno
做Arduino實驗及DIY
最小硬體實驗板

紅外線遙控器解碼、
波形分析、學習及發射
並結合中文聲控實驗

自己焊接萬用板、
遙控車實驗及Android
手機遙控車專題製作

Arduino各項實驗可用
於專題製作，提供學生
專題方向依循

作　　者：陳明熒
責任編輯：Cathy

董 事 長：陳來勝
總 編 輯：陳錦輝

出　　版：博碩文化股份有限公司
地　　址：221 新北市汐止區新台五路一段 112 號 10 樓 A 棟
電話 (02) 2696-2869　傳真 (02) 2696-2867

發　　行：博碩文化股份有限公司
郵撥帳號：17484299　戶名：博碩文化股份有限公司
博碩網站：http://www.drmaster.com.tw
讀者服務信箱：dr26962869@gmail.com
訂購服務專線：(02) 2696-2869 分機 238、519
（週一至週五 09:30 ～ 12:00；13:30 ～ 17:00）

版　　次：2020 年 11 月初版

建議零售價：新台幣 550 元
I S B N：978-986-434-526-7
律師顧問：鳴權法律事務所 陳曉鳴律師

本書如有破損或裝訂錯誤，請寄回本公司更換

國家圖書館出版品預行編目資料

Arduino 實作入門與專題應用 / 陳明熒作 . --
初版 . -- 新北市：博碩文化 , 2020.11
面；　公分
ISBN 978-986-434-526-7(平裝)
1.微電腦 2.電腦程式語言
471.516　　109016047

Printed in Taiwan

博碩粉絲團

商標聲明

本書中所引用之商標、產品名稱分屬各公司所有，本書引用純屬介紹之用，並無任何侵害之意。

有限擔保責任聲明

雖然作者與出版社已全力編輯與製作本書，唯不擔保本書及其所附媒體無任何瑕疵；亦不為使用本書而引起之衍生利益損失或意外損毀之損失擔保責任。即使本公司先前已被告知前述損毀之發生。本公司依本書所負之責任，僅限於台端對本書所付之實際價款。

序言 PREFACE

實驗室一直用 8051 開發教材及專案應用，20 幾年來想在 8051 外，另行開發另一個實驗測試平台，很明顯的 Arduino 是最佳選擇。對於一個寫 8051 C 程式 20 年的我，最感興趣，應該說容易看懂程式設計是 C 程式，因為它簡單，移植性又高。

看到系統的範例及程式庫，軟體串列介面、I2C 介面、SPI 介面、EEPROM、伺服機、LCD、SD 卡、網路、WiFi，常用的控制介面都有人寫好了，感動不已。親自寫過元件低階驅動程式的人就知道，要花很多時間測試，現在自己只要做應用整合就行了。Arduino 現在都支援到，為什麼不拿來用？更棒的是官網及非官網的社群論壇更多應用，想看想學資源無限，太棒了！

任何再好的工具，沒有自己消化吸收都無法成為自己的應用技術。

接下來的 N 個小時，N 個工作天及假日，都在測試我感興趣的相關應用實驗。經過數百個小時的「Arduino 程式實驗奇幻漂流及探索」過程，才有本書實驗的誕生，在工作之餘，我還在持續探索其他神奇好玩的地方，更多實驗持續進行中。

Arduino 是種開放授權的互動開發平台，由一塊簡單輸入、輸出的開放原始碼電路板開始，結合類似 Java、C 語言的開發環境，讓初學者容易使用。有了基本工具後，搭配一些常用的電子元件，如 LED、喇叭、按鍵、光敏電阻、紅外線遙控、超音波測距、伺服機等元件，看完本書，便有機會做出有趣的實驗、展示產品原型機、互動作品、學生專題，當然還需動手做才能實現作品。

以 Arduino Uno 而言，我的使用心得：

- 具有簡單、易學、易用的整合開發工具。
- 硬體架構很簡單。
- 支援標準 C 語言程式開發。

- 有 DIP 晶片可以作手工焊接延伸實驗。
- 有大量範例可供學習。
- 支援新硬體裝置應用。

目前依工作需要，自己建立了一個 Arduino 應用開發平台：

- 以 Uno 板子當做開發板，自動下載程式，可以快速驗證程式功能。
- 自己焊接製作 Arduino 最小硬體板子，依需求可以快速複製。
- 在 Arduino 最小硬體板子上加上 LCD、遙控介面，取代 Uno 板子。
- 客製化各式 Arduino 應用板子。
- 以 Arduino 玩玩免改裝聲控玩具、家電、居家自動化應用。
- 支援 Arduino 聲控紅外線遙控各種可能應用。

對不同使用者，我的建議是：

- 初學者，到官網下載軟體安裝測試一下，看看自己有無興趣。
- 初學者，測試過後，看看自己是否有需求、動機、企圖心來學習。
- 初學者，有動機學，再來投資硬體學習。
- 已入門者，建議自己焊接 Arduino 最小硬體板子加上 LCD，因為 Uno 沒 I/O 不方便驗證很多應用，接麵包板只是一時的實驗，太多不方便的地方。
- 已入門者，善用 Arduino 最小硬體板子及 Uno 晶片可以互換使用，何況 Arduino 最小硬體板子本身可以手動下載程式。

有經驗的程式工程師，當然知道我想說的是什麼了，能幫助您解決工作上的需求，為什麼不拿來用？若您正苦於研發產品缺乏人力，採用 Arduino 研發平台，將省下很多時間，因為背後有全世界一流的研發高手在支援著，不必您親自研發，只需看懂程式，便可以開始作實驗。Arduino 為您準備好入門學習的所有工具，您自己準備好了嗎？

Arduino 魅力無窮，最後整合自行研發的模組來做實驗，包括中文語音合成模組 MSAY、控制紅外線學習模組 L51、控制中文聲控模組 VI。提供以下實驗：

- Arduino 控制史賓機器人、射飛鏢機器人、遙控風扇、您家電視實驗。
- Arduino 手機遙控車、聲控射飛鏢機器人、聲控風扇、聲控您家電視實驗。

簡化程式設計，不必寫一堆程式碼來控制，關鍵程式只需 10 多行程式方便使用。

學會 Arduino C 程式設計後，在學學生可能要整合做畢業專題，好好完成屬於自己的畢業專題，畢業後可以拿來當作代表作，在面試時會有加分作用，特別是應徵韌體工程師時，效果會更好，因為 Arduino 任何的作品，正是軟體硬體整合的最後表現。

在 C 語言程式設計中覺得好玩、有趣的實驗，我都會排時間嘗試去研究實驗。在 Arduino 系統應用上，您將會發現更多的應用，值得您去發現！希望本書能引導初學者，輕鬆的以 Arduino 玩出您自己的精彩實驗，那是筆者最大的心願。

網址 : www.vic8051.com

信箱 : ufvicwen@ms2.hinet.net

陳明熒

109.9.21 于高雄 偉克多實驗室

目錄 CONTENTS

01 CHAPTER 認識 Arduino

02 CHAPTER 應用 Arduino 開發環境

03 CHAPTER 認識 Arduino C 語言

04 CHAPTER 基本 I/O 控制

05 CHAPTER 串列介面控制

06 CHAPTER LCD 介面控制

07 CHAPTER 類比至數位轉換介面

08 CHAPTER 數位至類比轉換介面

09 CHAPTER Arduino 感知器實驗

10 CHAPTER 音樂音效控制

11 CHAPTER 紅外線遙控器實驗

12 CHAPTER 伺服機控制

13 CHAPTER Arduino 說中文

14 CHAPTER Arduino 控制學習型遙控器模組

15 CHAPTER Arduino 不限定語言聲控設計

16 CHAPTER Arduino 控制中文聲控模組

17 CHAPTER Arduino 專題製作

A 附錄

APPENDIX

實作展示

建立自己的 Arduino 實驗平台，玩出自己的精彩實驗及專題。

- 自己焊接製作 Arduino 硬體板子，依需求可以快速複製。

- 在 Arduino 最小硬體板子上加上 LCD、遙控介面，取代 Uno 板子。

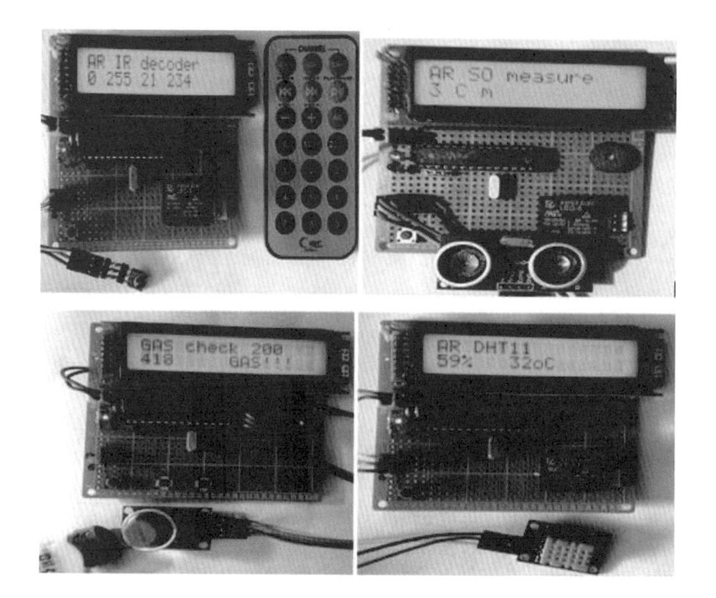

■ 紅外線遙控車。

■ Arduino 聲控車實作。

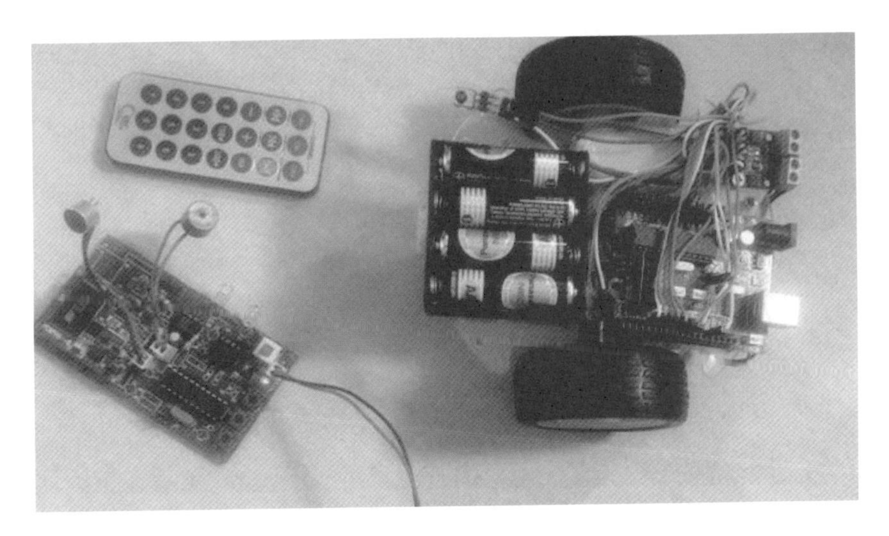

■ 名片型遙控器經過 L51 連接電腦分析後，信號長度 38，適合解碼程式實驗。

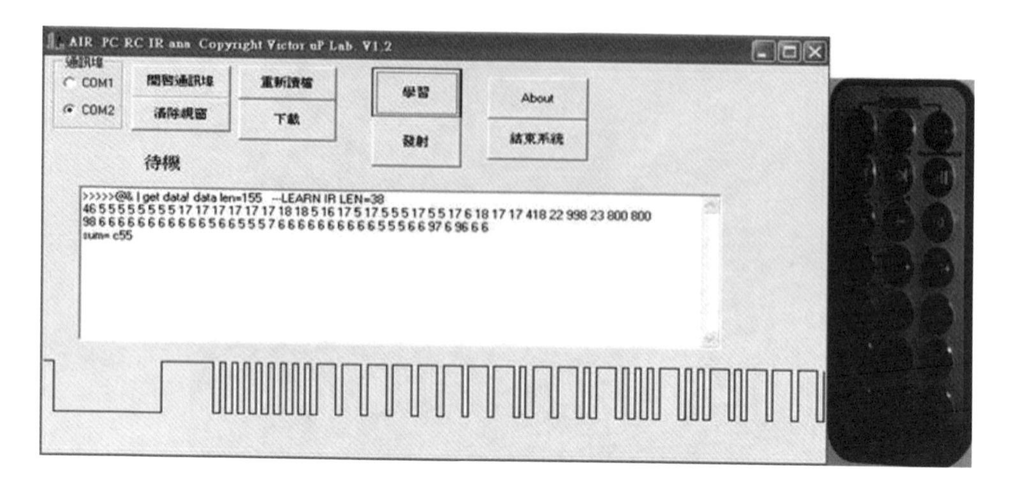

■ Android 手機遙控車實驗。

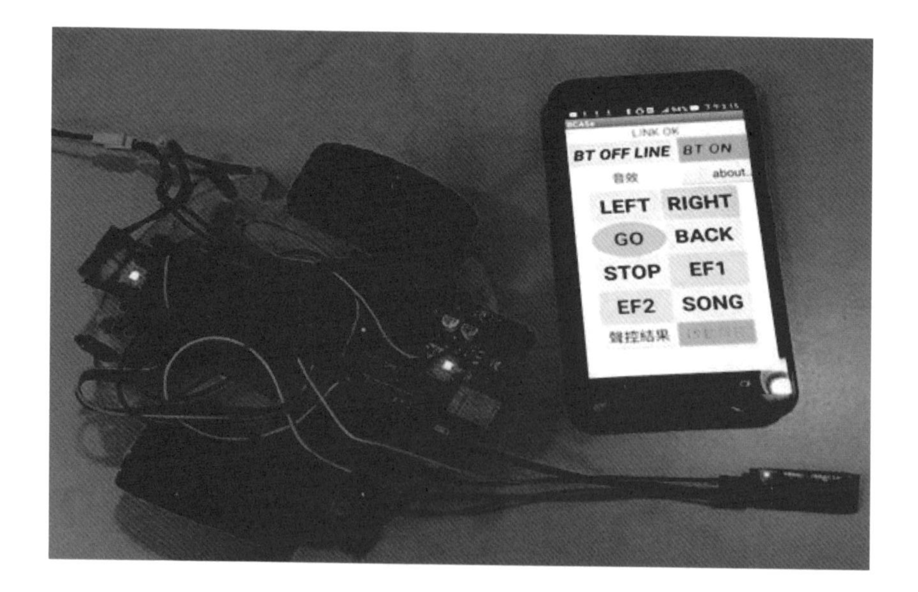

■ Arduino 說中文、英文單字及數字實驗——插入語音合成模組。

■ 自製 Arduino 控制板與學習型遙控器 L51 連線，便可以做多種遙控實驗。

■ 以 Arduino 串列介面監控視窗進行聲控程式除錯。

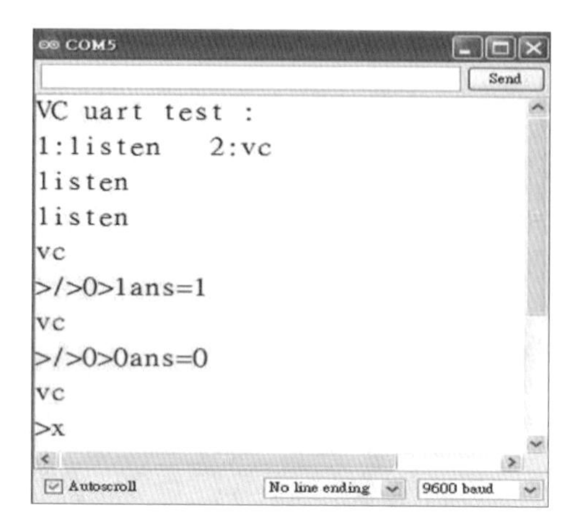

■ 自製 Arduino 控制板 +L51+VI——做「多功能聲控紅外線遙控器」實驗。

■ Arduino 聲控射飛鏢玩具機器人實驗。

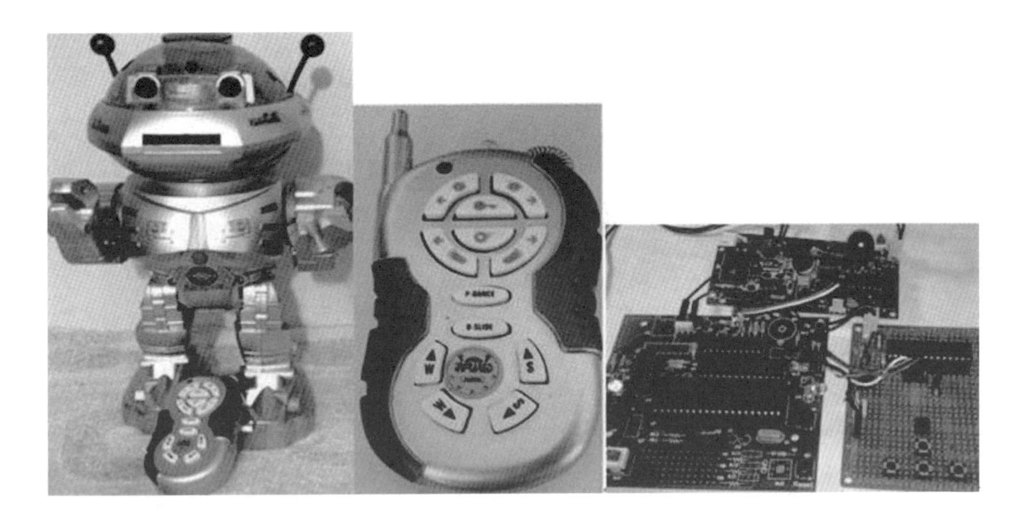

■ Arduino 聲控風扇實驗。

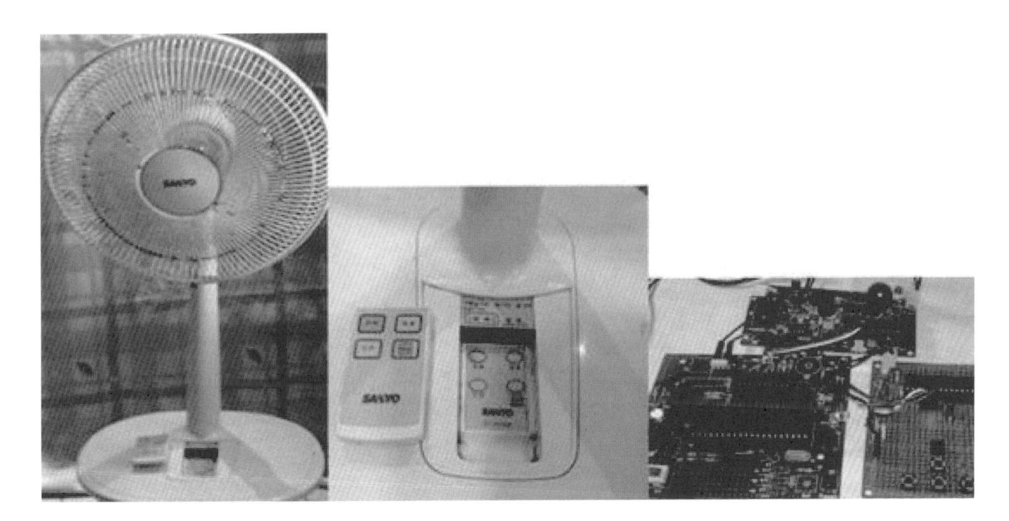

■ Arduino 聲控大同電視實驗。

■ 遙控音樂盒。

■ 遙控倒數計時器。

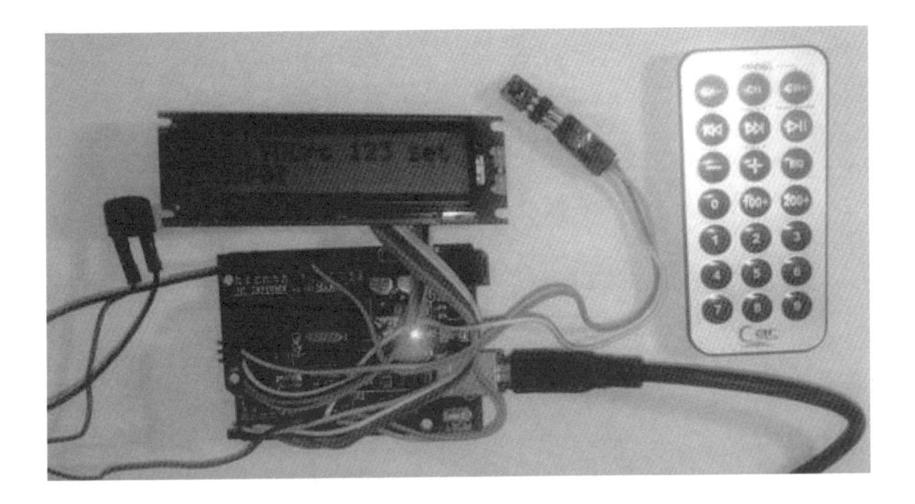

■ 智慧盆栽澆灌器。

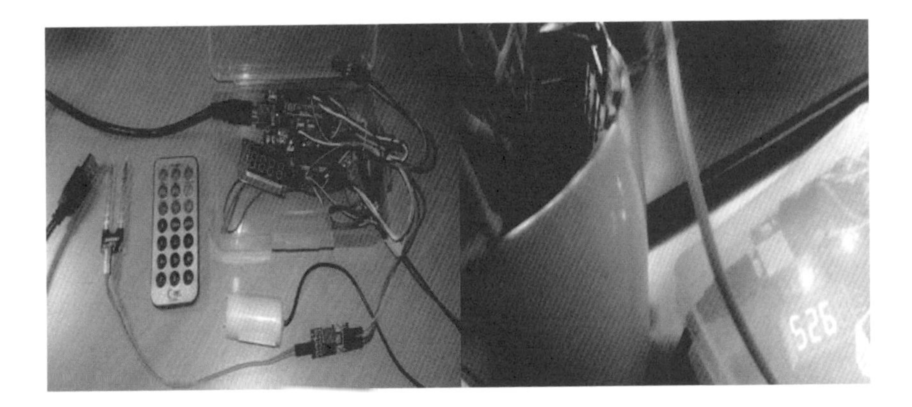

■ Arduino 聲控譜曲。

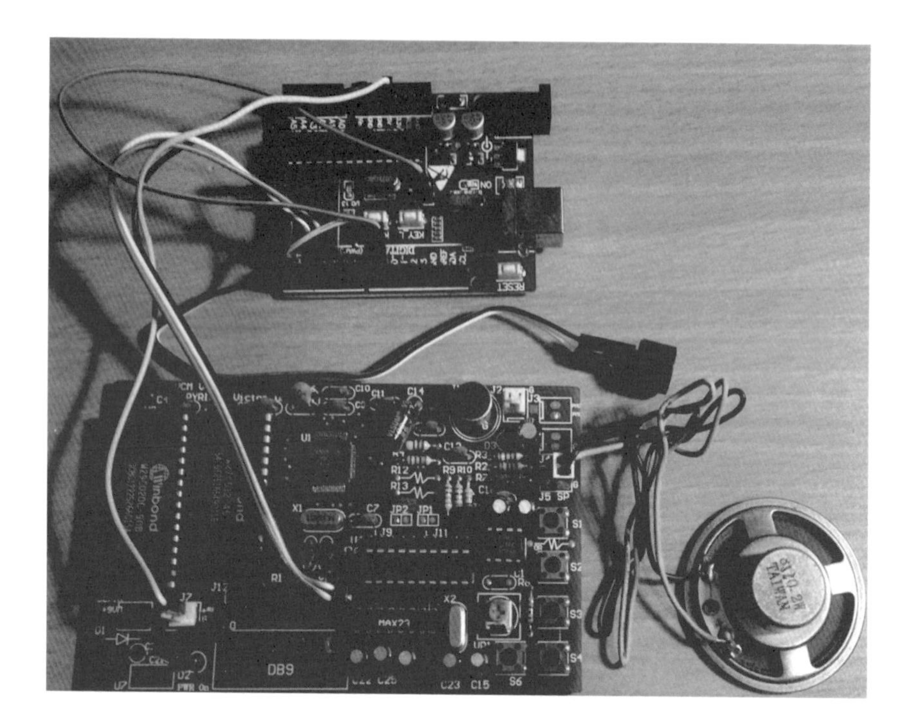

認識 Arduino

1-1 Arduino 快速軟硬體設計工具

1-2 Arduino 開發板硬體架構

1-3 需要的開發板及實驗方式

1-4 安裝開發環境及使用

1-5 安裝開發板驅動程式

1-6 習題

Arduino 是快速軟硬體設計整合平台工具，包括硬體設計、程式庫、範例程式、編譯、下載到實驗板，完全整合到一軟體介面，使初學者容易上手使用，只需要有網路連線，到官網下載軟體，在電腦上解壓縮安裝後，便可以直接體驗，先試試軟體開發工具，再來決定是否投入硬體學習。Arduino 是值得學習的好工具，怪不得很快躍升為軟硬體應用主流設計平台。本章先睹為快，接著就來看看它的魅力所在。

1-1 Arduino 快速軟硬體設計工具

Arduino 是種開放授權的互動開發平台，由一塊擁有簡單輸入、輸出的開放原始碼電路板開始，採用類似 Java、C 語言的 Processing 開發環境，讓初學者容易了解使用。有了基本工具後，搭配一些常用的電子元件，如 LED、喇叭、按鍵、光敏電阻、紅外線遙控、超音波測距、伺服馬達等元件，便可做出有趣的實驗及展示產品的原型機設計及互動作品。

經過網友不斷分享，Arduino 現在已成為軟體、硬體 DIY 愛用者使用的主流設計平台。在台灣目前已經得到不少教育界支持及玩家的熱烈迴響，特別是非電子資訊業本科系的朋友，可以自學而入門做些應用實驗。學生在學校畢業前做畢業專題，工程師基本、進階應用或是專案設計，業餘使用者用來設計有趣的各種控制應用及系統整合，都可以派上用場。

有越來越多廠商，發表自家控制模組支援 Arduino 系統，因此可應用的軟硬體資源將更多，更易於開發新的產品應用。有志於軟硬體系統整合的業者或個人玩家，除了傳統的 8051 系統外，Arduino 系統是不二選擇，當然有 8051 軟體硬體相關設計經驗，再投入 Arduino 系統應用將更容易。剛接觸時，需逐一對系統做的評估如下：

- 具有簡單、易學、易用的整合開發工具。
- 硬體架構很簡單。
- 支援標準 C 語言程式開發。
- 有 DIP 晶片可以作手工焊接延伸實驗。
- 有大量範例可供學習。
- 支援新硬體裝置應用。

以上在 Arduino 系統上，皆能完全支援到，難怪會在短短幾年內，獲得眾多愛用者的支持，更多廠商的投入開發新應用，在 YouTube 網路平台上，教學、展示影片、實驗、應用發表，讓人看了也心動。有簡單、易學、易用的整合開發工具，不必另外購買已是開發趨勢，適合 DIY 教育市場應用。支援標準 C 語言程式開發很重要，因為我們過去很多的設計專案都是以 8051 C 語言開發的，因此可以經過編輯編譯後，移植到新的 Arduino 系統上來執行。特別是支援有新元件的驅動範例程式庫，方便易於開發應用，反之也可以研究其驅動程式寫法，用於其他系統平台上程式的開發應用。

1-2 Arduino 開發板硬體架構

圖 1-1 是 Arduino 開發板硬體架構，由以下幾部分組成：

- ATMEGA 晶片。
- 直流電源穩壓器。
- USB 介面轉換器。
- 數位輸入輸出。
- 類比輸入輸出。
- 輸入輸出端子。

ATMEGA 晶片為 ATMEL 公司生產的高效能低價微處理機。USB 介面轉換器作為上傳更新應用程式及資料傳輸、程式除錯用，程式開發時，也可以提供 +5V 電源供電。數位輸入或是類比輸入，可以提供各式輸入裝置或感知器輸入，例如溫度或亮度偵測應用，經過運算處理控制，經由數位輸出或是類比輸出驅動外界裝置，例如 LED、LCD、繼電器等，以低成本、方便實驗的方式，輕易作出互動控制的應用。經由輸入輸出端子可以方便做實驗或是特殊功能的應用擴充。

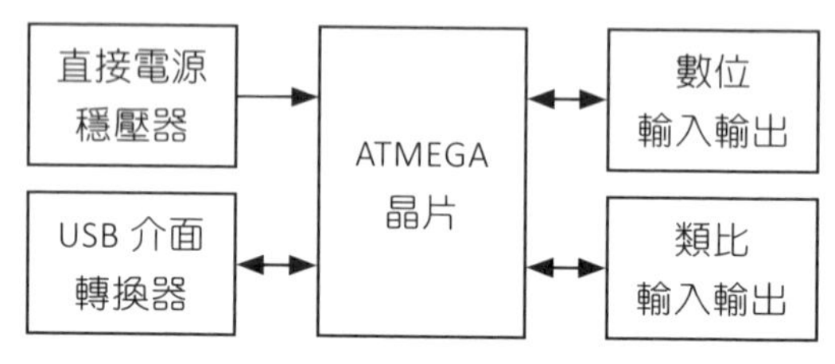

圖 1-1　Arduino 硬體架構

表 1-1 為 ATMEGA 系列晶片程式及記憶體列表，其中 FLASH 表示程式記憶體容量，SRAM 為內部記憶體大小，EEPROM 為內部斷電資料保持記憶體容量，資料保持記憶體使用很重要，在一些儀器設計上，需要記憶系統參數設定，或是長時間記錄追蹤的數據資料，需存放在此區域，不會因為停電而失去資料保存。

表 1-1　ATMEGA 系列晶片程式及記憶體列表

晶片	FLASH	SRAM	EEPROM
ATMEGA8	8KB	1KB	512B
ATMEGA168	16KB	1KB	512B
ATMEGA328	32KB	2KB	1KB
ATMEGA1280	128KB	8KB	4KB

在官網上的控制板介紹，請參考圖 1-2，Arduino 系統支援有各式硬體開發板，差別在於晶片型號，晶片包裝，電路板大小方便實驗開發，以便做不同功能應用的選擇，其中 Arduino LilyPad 圓形電路板設計，如圖 1-3 所示，搭配服裝設計應用，可以直接縫合在服飾上，做跨領域不同的應用嘗試。

Arduino Boards

Arduino UNO Rev3

The board everybody gets started with, based on the ATmega328.

Arduino YÚN

Arduino with onboard Wi-Fi connectivity and a Linux computer. Great for IoT projects.

Arduino DUE

The evolution of the Arduino Mega, with more memory and a more powerful processor (ARM Cortex-M3).

圖 1-2　Arduino 系統支援有各式硬體開發板

（資料來源：arduino.cc）

Arduino LilyPad USB - ATmega32U4

Arduino board for wearable projects, sewable onto clothes to make them smart.

圖 1-3　Arduino LilyPad

（資料來源：arduino.cc）

基本上 Arduino 硬體開發板只提供程式碼下載功能，仍需要外加必要的輸入輸出裝置，例如按鍵及感知器輸入，LED、LCD、繼電器等輸出裝置，才能成為完整的控制器。為求功能擴充及方便實驗，硬體開發板上設計有黑色杜邦接頭連接器，方便與相容腳位的介面卡（稱為 Shield）連接，做各式功能擴充，介面卡還可以堆疊擴充上去。例如連接網路介面卡，Arduino 便可以做網路實驗，提供低成本網路控制應用的解決方案，不需要連接電腦才能實現網路控制的應用。例如連接無線網路介面卡，Arduino 便可以做 WiFi 無線網路存取控制實驗，可做實驗室應用實驗，又支援軟體開發應用程式庫，可以降低研發成本。

在入門及方便實驗的應用上，最普遍使用的是 Arduino Uno 開發板，如圖 1-4 所示。板上使用 ATMEGA328 DIP 包裝晶片，出貨時可以安裝 IC 座，方便 DIY 實驗時反覆拔除替換。

圖 1-4　Arduino Uno 開發板

Arduino Uno 規格

- 開放原始設計的電路圖，開發軟體介面免費下載。
- 內建 ISP 下載功能，編譯完成後便可以直接下載程式看結果。
- 使用高速的微處理控制器 ATMEGA 328 8 位元單晶片。
- 程式記憶體容量：32K 位元組。
- 內部記憶體 SRAM 容量：2K 位元組。
- 內部斷電資料保持記憶體 EEPROM 容量：1K 位元組。
- 支援 13 組數位輸入 / 輸出。
- 支援 6 組類比輸入 / 輸出。
- 接上電腦 USB 介面，無須外部供電。
- 外部供電 7V ～ 12V 直流電壓輸入。
- 輸出電壓 5V 和 3.3V，方便實驗連接。

Arduino Uno I/O 連接腳位應用

Arduino Uno 板上擴充接點已經有標明其電氣特性，如圖 1-5，方便實驗連接及功能驗證，常用的腳位說明如下：

圖 1-5　Uno 板上擴充接點標明電氣特性

- 5V：5V 電源輸出。
- 3.3V：3.3V 電源輸出。
- GND：地端。
- RESET：重置信號。
- 0 ～ 13：數位輸入輸出，一般會稱為 D0 ～ D13 和類比輸入輸出 A0 ～ A5 區分。其中 D13 在板上已設計連接有一 LED，高電位點亮，方便做程式碼測試用。
- D3、D5、D6、D9、D10、D11：標示有 '～' 符號為 PWM 輸出，可以當作數位脈衝設計，也可以模擬類比電壓輸出，相關實驗參考第 8 章說明。
- D0：此腳位也是串列介面 RX 接收輸入腳位。
- D1：此腳位也是串列介面 TX 傳送輸出腳位。
- A0 ～ A5：類比輸入腳位，相關實驗參考第 7 章說明，但是無法做類比電壓輸出。此外當數位輸入輸出腳位不夠用時，A0 ～ A5 也可以當成數位輸入輸出腳位來用，編號為 D14 ～ D19。

1-3 需要的開發板及實驗方式

程式開發設計必需反覆地修改原始程式、編譯、連結、產生可執行檔，然後將執行檔下載到開發中的目標板上，或是燒錄晶片來驗證結果。圖 1-6 為程式開發測試流程。Arduino 系統支援程式下載功能，不必燒錄晶片來看結果，方便實驗進行。

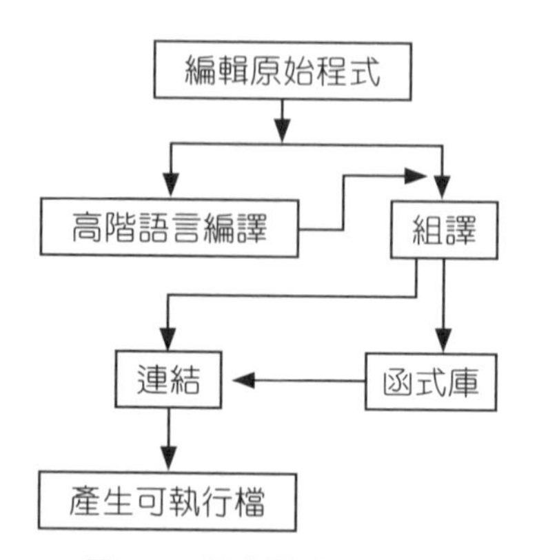

圖 1-6　程式開發測試流程

在實驗過程中，只要編輯好原始程式，由編譯到下載功能，全由系統來處理，我們只要有以下基本配件便可以開始做實驗：

- Uno 控制板。
- 麵包板及單心配線。
- 實驗零件。

麵包板是學校電子、電機實驗室常會看到的學生實驗電路工具板，不需要焊接，只需要以單心線連接，便可以做簡單電子電路實驗，可以快速反覆拆線，再組合的實驗工具。圖 1-7 是麵包板使用方法圖示，內部有金屬連線將垂直或是水平連線互相連接在一起。位於上下方的兩長排水平孔，用於連接電源 5v 及地端。

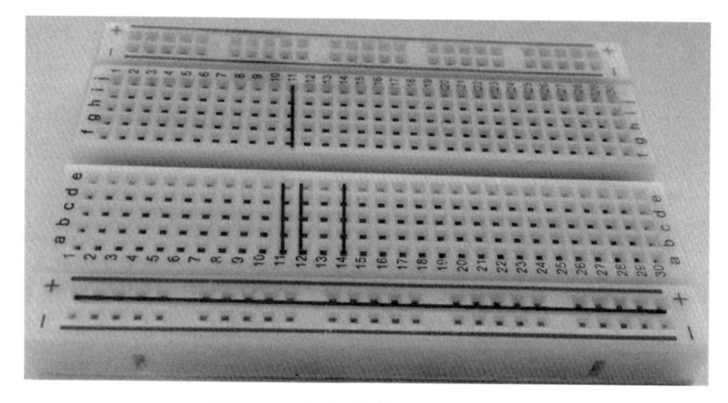

圖 1-7　麵包板使用方法圖示

整個實驗做起來如圖 1-8 所示，使用 Arduino Uno 程式開發平台，編譯程式後下載到板上來執行，將 I/O 裝置插在麵包板上，經由單心線拉到 Uno 板上來做實驗，便可以驗證程式功能，需要任何硬體隨時拔插修改，方便實驗。

圖 1-8　使用 Arduino Uno 與麵包板來做實驗

在實驗室桌上拉一些線來做實驗可以，但是要展示給客戶看，或是實際現場測試，拿到工廠、廚房、餐廳去測試，拿來拿去，一堆線看了就煩，一條線鬆了掉了，便無法工作，於是我們採用 Arduino 最小硬體來實作，將實驗電路變為實體展示原型機。圖 1-9 所示為 Arduino 瓦斯濃度測試器，是以最小硬體來手工焊接實作完成的作品。有關焊接技巧可以參考附錄。

圖 1-9　Arduino 瓦斯濃度測試器

因此以 Arduino Uno 為程式開發平台的完整系統架構如圖 1-10，要件組成如下：

- Arduino Uno 開發板（或是相容板子）。
- 麵包板。
- 實驗零件或模組。
- 實驗程式或專案。
- 展示原型機。

不管是學生或是工程師都可以利用此實驗平台，完成相關實驗、專題或是專案開發。每個專案使用不同的周邊零件或模組，因此只要獨立完成一個專案，下回開發新專案，更換特殊新的周邊零件或模組，配合實驗程式或專案程式，便可以開始進行測試。完成自己焊接的 Arduino 最小電路設計萬用板後，可以以最低成本，製作原型機當作展示機或是量產前的控制器測試機台。

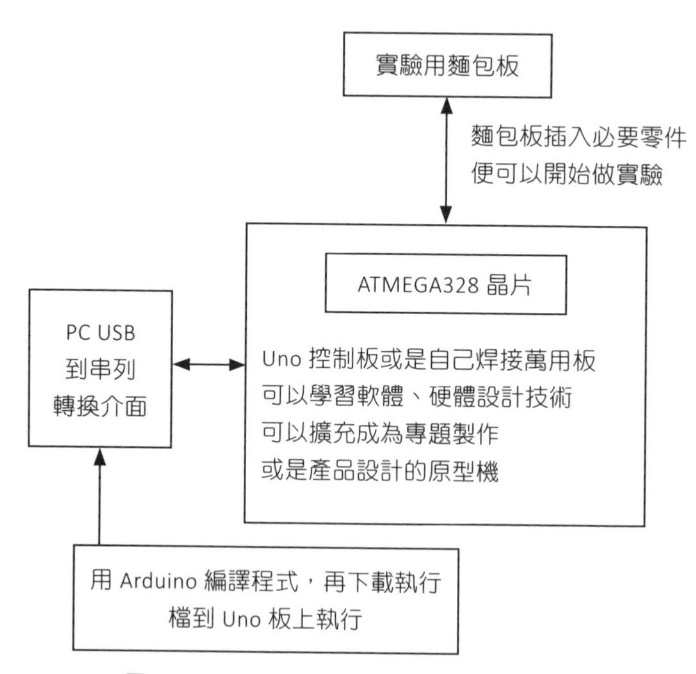

圖 1-10　Arduino Uno 程式開發實驗平台架構

開發時我們利用 Uno 控制板下載程式，配合麵包板實驗來驗證功能，此時程式已經在晶片中了，當功能完成時，由 Uno 控制板取下晶片，放入最小電路中，將電路手工焊接成 Arduino 最小電路設計，成為展示時的產品原型機，完成完整專案展示設計。因此利用此開發實驗平台，來製作 Arduino 產品原型機可以學到：

- Uno 控制板原理。
- 自己焊接的 Arduino 最小電路設計萬用板。
- 可以學習基本軟硬體設計。
- 擴充成為專題製作。
- 產品原型機開發設計。

Arduino 最小硬體製作

圖 1-11 是 ATMEGA 328 接腳圖，同時參考官網 Arduino Uno 控制晶片電路圖，簡化成最小電路設計如圖 1-12，基本電路腳位分析如下：

- 腳位 7：5v 電源。
- 腳位 8：接地。
- 腳位 9：系統時脈腳位 1。
- 腳位 10：系統時脈腳位 2。腳位 9、10 接一 16M 石英震盪晶體便可供應系統工作時脈。
- 腳位 22：類比接地。
- 腳位 1：晶片 reset 重置控制腳位，低電位動作。

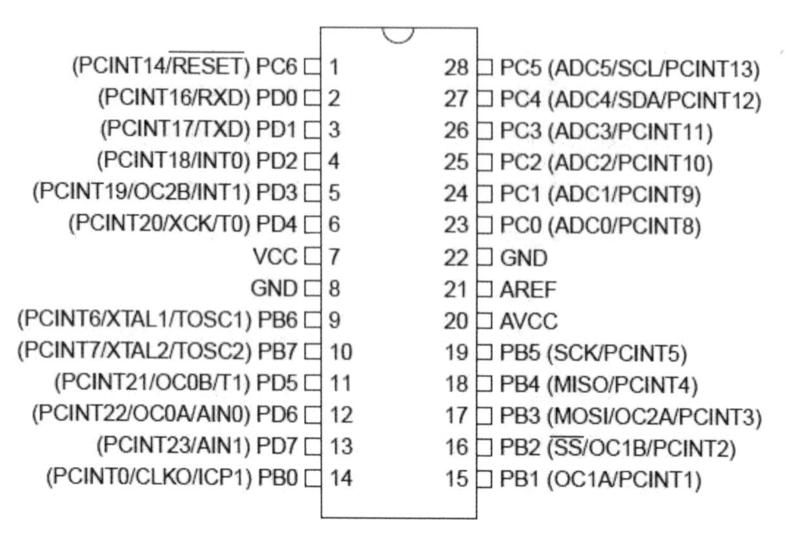

圖 1-11 ATMEGA 328 接腳圖

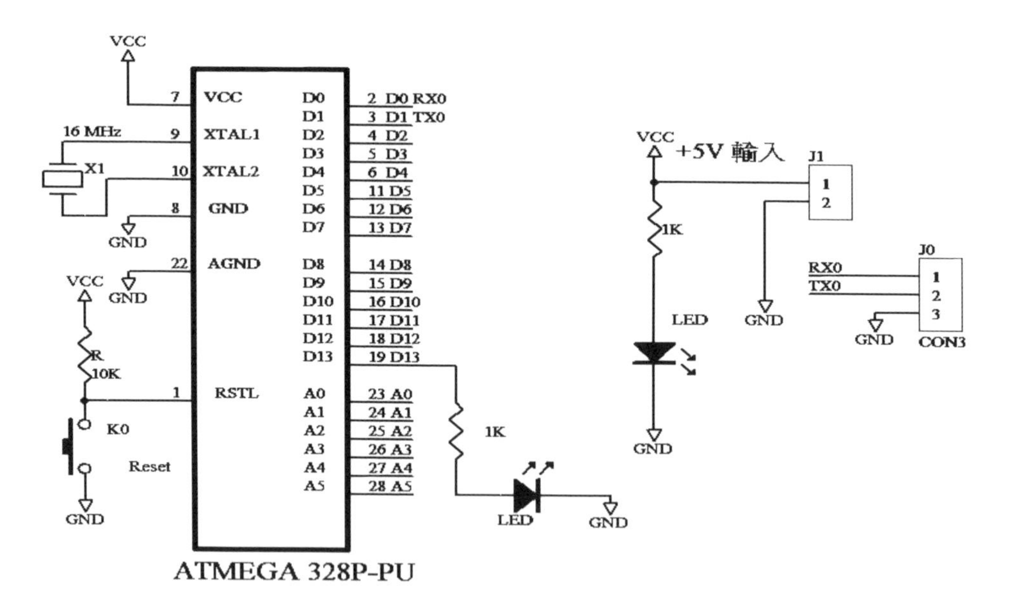

圖 1-12 Arduino 最小電路設計

以上腳位只要接好，系統通電後便會自動 reset，執行程式，要再重新執行程式，按下 reset K0 鍵，使 reset 腳位接地，便重新啟動程式執行。Uno 控制板 D13 接有一 LED 指示燈，高電位點亮，可以做為基本程式測試用。Rx0 Tx0 腳位連接 USB 到實驗板轉換板，做為下載程式用。因此自己製作 Arduino 最小控制板優點如下：

- 避免單心線實驗時容易接觸不良。
- 方便到處攜帶作實驗測試。
- 可以依需要擴充模組腳座方便功能擴充。
- 可以快速焊接複製多套控制板。
- 可下載程式用。
- 可以學習基本軟硬體設計。
- 擴充成為專題製作。
- 產品原型機開發設計。

單心線實驗時容易接觸不良，尤其 LCD 接有 8 條線，當送出脈衝信號時，一接觸不良，則呈現亂碼或當機，經過實際焊接後，在工作上帶來了許多方便，要修改程式時，由最小控制板經由 USB 連接介面來下載程式，非常方便，不需要接回 Uno 上去改程式。

最小控制板可以經由 USB 轉換介面與電腦連接，參考 5-3 節 Arduino 串列介面說明，便可以下載程式，當然也要安裝 USB 轉換介面驅動程式。只是在上傳程式時，無法像 Uno 可以自動上傳程式並執行，需要手動操作，如下步驟：

STEP 1 上傳程式編譯時，按住 reset 鍵。

STEP 2 當上傳程式啟動時，放開 reset 鍵。

STEP 3 若上傳程式成功，程式便會自動執行。

1-4 安裝開發環境及使用

讓我們來看看如何快速應用 Arduino 系統來做我們的專案實驗開發。基本步驟如下：

STEP 1 安裝 Arduino 整合工具及 USB 介面連接：開始建立 Arduino 實驗平台。

STEP 2 編譯 Arduino 程式及下載到板上執行：反覆執行測試，實驗或是專題便可完成。

STEP 3 建立適合自己應用的 Arduino 軟硬體實驗平台：易於開發測試新程式挑戰新的實驗。

所有軟體硬體課程，都是由學習、入門、應用到進階設計開發過程，只有自己親自動手做，逐一建立起屬於、適合自己應用程式及硬體模組，當 Arduino 專題開發平台建立後，挑戰新的實驗及應用便容易多了，Arduino 系統提供了好的工具供學習使用。想要體驗 Arduino 快速軟硬體設計工具，先安裝軟體，最新版本 Arduino 開發工具可於官網上下載，參考圖 1-13。

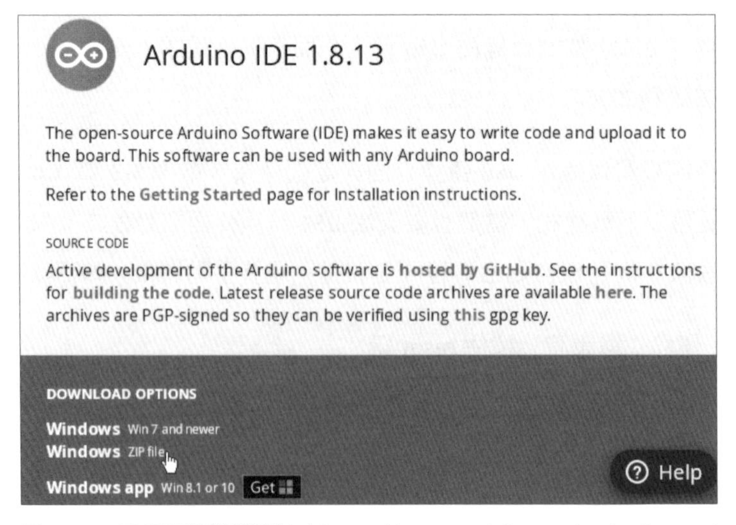

圖 1-13 官網下載軟體網址（https://www.arduino.cc/en/software）

若要驗證舊版軟體（如 arduino-1.0.5-r2），可以於官網上下載：

https://www.arduino.cc/en/Main/OldSoftwareReleases#1.0.x

arduino-1.0.5-r2 版本軟體中有內建線上程式庫範例參考，幫助學習或是當作電子書使用。有些時候驗證某些程式，需要使用舊版軟體，可以下載搭配使用。

若是下載安裝版本（Installer），則需要完整安裝才能執行，若是下載 Zip 檔則執行解壓縮後，可以直接執行。優點是易於攜帶，將整個檔案夾複製到別台電腦上，便可以執行，不必重新安裝。下載後 Zip 檔解壓後如圖 1-14 所示。

圖 1-14　系統目錄

這是所有系統檔存放的位置，不像有些軟體都要完整安裝，才能正常執行，這樣優點是易於攜帶，檔案結構相當簡潔，主要分為幾部分：

- **arduino.exe**：執行檔。
- **drivers**：驅動程式目錄。

- **examples**：範例目錄。
- **hardware**：硬體裝置目錄。
- **java**：系統程式。
- **lib**：程式庫。
- **libraries**：硬體裝置應用程式庫。
- **reference**：系統參考資料。

執行 arduino.exe，工作畫面出現圖 1-15。常用功能分為 6 區：

- **驗證**：編譯程式，檢查程式是否有語法錯誤。
- **上傳**：上傳程式到控制板來執行。
- **新增**：新增新程式。
- **開啟**：開啟舊程式。
- **儲存**：儲存目前程式。
- **序列埠監控視窗**：電腦監控序列埠資料輸出輸入。

其中序列埠監控視窗一執行，先啟動執行程式，並開啟視窗，用於接收或發送串列介面的資料，用於系統除錯。

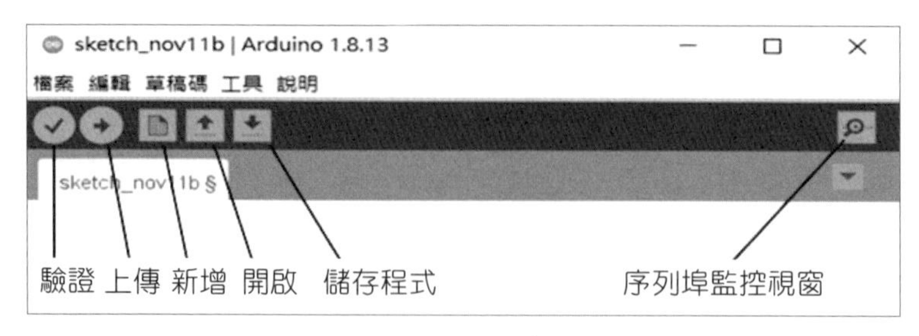

圖 1-15　工作畫面

需要搭配相關硬體選項設定，下載程式後才能順利執行，參考圖 1-16，選用 Arduino Uno 板子。

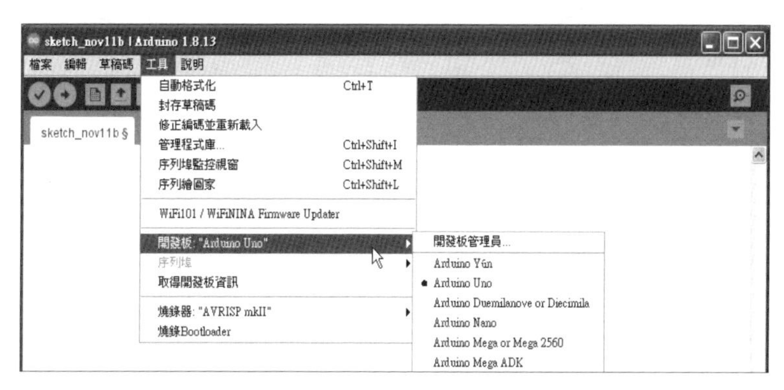

圖 1-16 選用 Arduino Uno 硬體板子來執行程式

安裝了軟體後，再來使用其編譯功能，產生執行檔來測試。步驟如下：

STEP 1 選擇範例：載入範例程式測試 Uno 板上的 LED 閃動，用來測試系統是否安裝正確。請點選**檔案→範例→ 01.Basics → Blink**，載入程式。

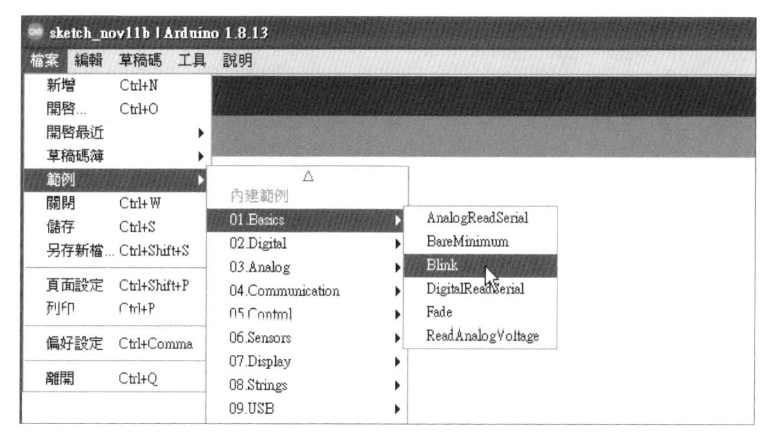

圖 1-17 選擇範例程式

STEP 2 編譯程式。

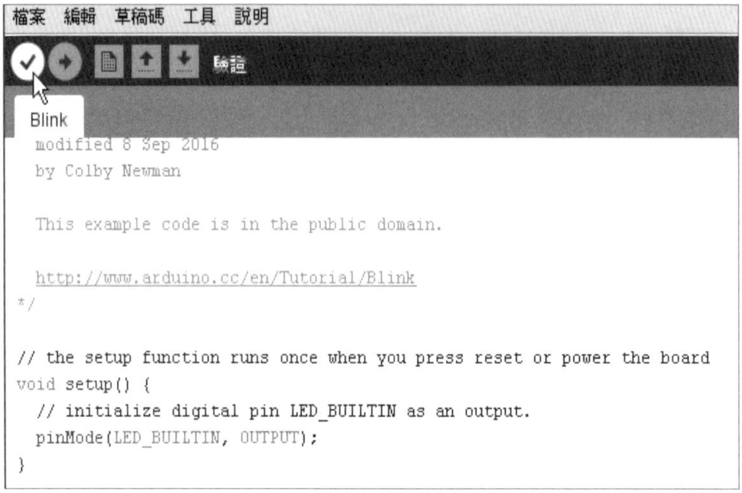

檔案 編輯 草稿碼 工具 說明
驗證
Blink
modified 8 Sep 2016
by Colby Newman
This example code is in the public domain.
http://www.arduino.cc/en/Tutorial/Blink
*/
// the setup function runs once when you press reset or power the board
void setup() {
// initialize digital pin LED_BUILTIN as an output.
pinMode(LED_BUILTIN, OUTPUT);
}

圖 1-18 編譯範例程式

STEP 3 上傳程式：檔案編譯完成，產生執行檔，大小為 924 位元組，上限為 32256 位元組。

檔案 編輯 草稿碼 工具 說明
上傳
Blink
modified 8 Sep 2016
by Colby Newman
This example code is in the public domain.
http://www.arduino.cc/en/Tutorial/Blink
*/
// the setup function runs once when you press reset or power the board
void setup() {
// initialize digital pin LED_BUILTIN as an output.
pinMode(LED_BUILTIN, OUTPUT);
}

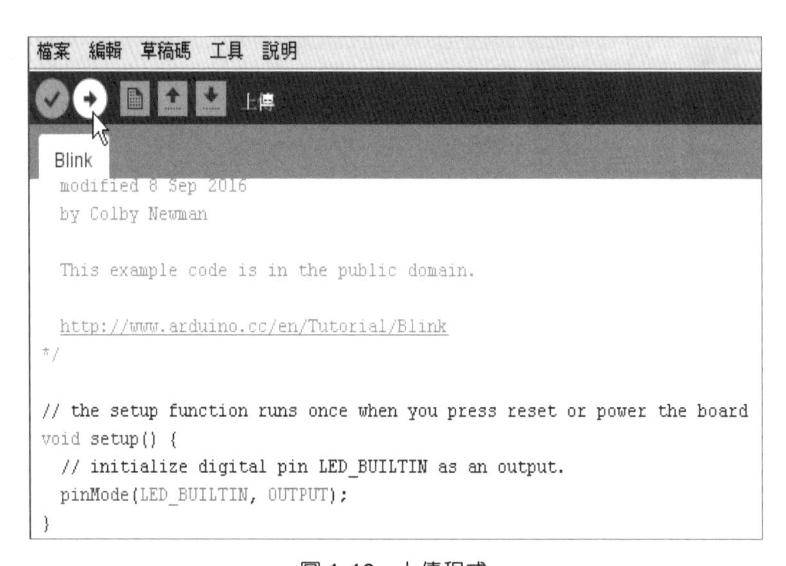

圖 1-19 上傳程式

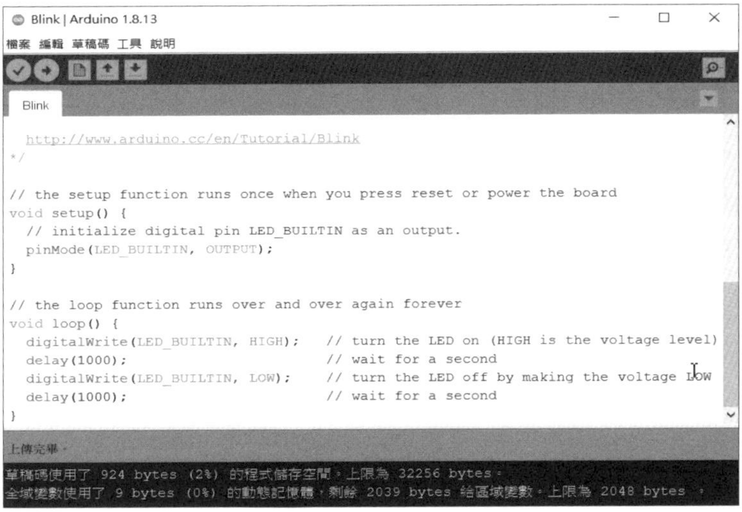

```
Blink | Arduino 1.8.13
檔案 編輯 草稿碼 工具 說明
Blink
  http://www.arduino.cc/en/Tutorial/Blink
*/

// the setup function runs once when you press reset or power the board
void setup() {
  // initialize digital pin LED_BUILTIN as an output.
  pinMode(LED_BUILTIN, OUTPUT);
}

// the loop function runs over and over again forever
void loop() {
  digitalWrite(LED_BUILTIN, HIGH);   // turn the LED on (HIGH is the voltage level)
  delay(1000);                       // wait for a second
  digitalWrite(LED_BUILTIN, LOW);    // turn the LED off by making the voltage LOW
  delay(1000);                       // wait for a second
}
上傳完畢。
草稿碼使用了 924 bytes (2%) 的程式儲存空間。上限為 32256 bytes。
全域變數使用了 9 bytes (0%) 的動態記憶體，剩餘 2039 bytes 給區域變數。上限為 2048 bytes 。
```

圖 1-20　上傳完畢

若已安裝驅動程式，連接 USB 介面後上傳程式，便自動執行程式，Uno 上的 LED 開始閃動。若未安裝驅動程式則無法連線，參考下一節說明。

1-5 安裝開發板驅動程式

Win10 不需安裝驅動程式，直接插入 Uno 控制板，系統自動偵測安裝。

若是 XP 或 Windows 7 系統則需要安裝驅動程式，來與電腦連線下載程式，請參考以下內容。

Windows 7 操作說明

STEP 1 先點選**開始→控制台→系統→裝置管理員**，開啟「裝置管理員」視窗，可以監控驅動程式的安裝狀態。

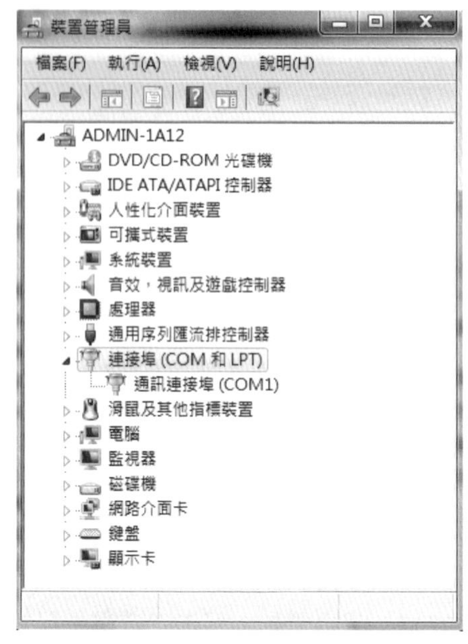

圖 1-21 Windows 7 裝置管理員

STEP 2 連接 Uno 控制板到 USB，出現**無法辨識的裝置**。

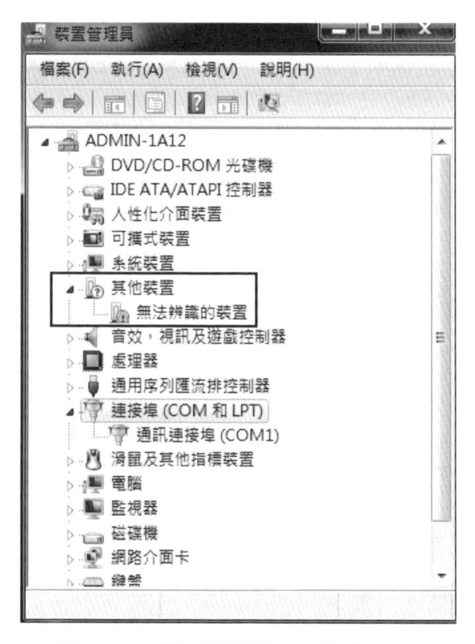

圖 1-22 裝置管理員無法辨識 Uno

STEP 3 按滑鼠右鍵，執行**更新驅動程式軟體**。

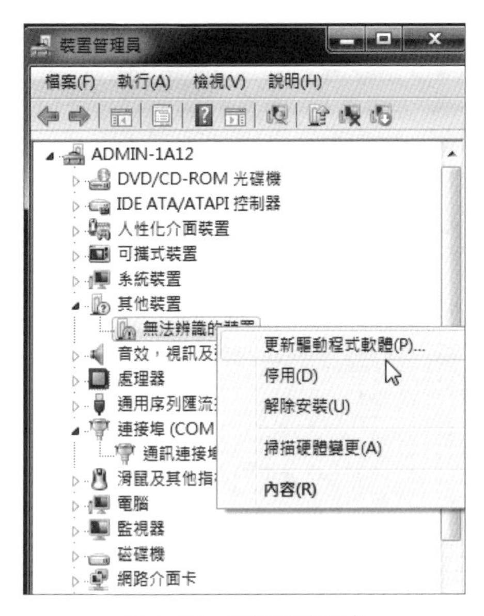

圖 1-23　更新驅動程式

STEP 4 選擇第二項手動安裝。

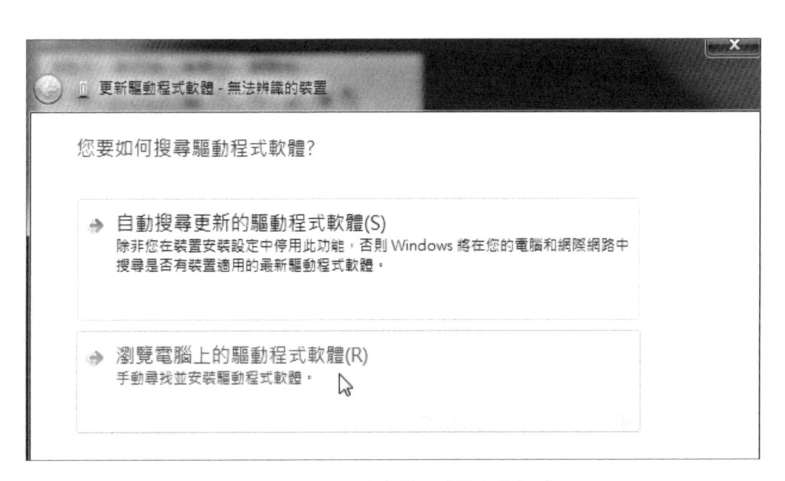

圖 1-24　手動安裝更新驅動程式

STEP 5 設定 drivers 路徑，使用者請自行設定安裝的路徑。

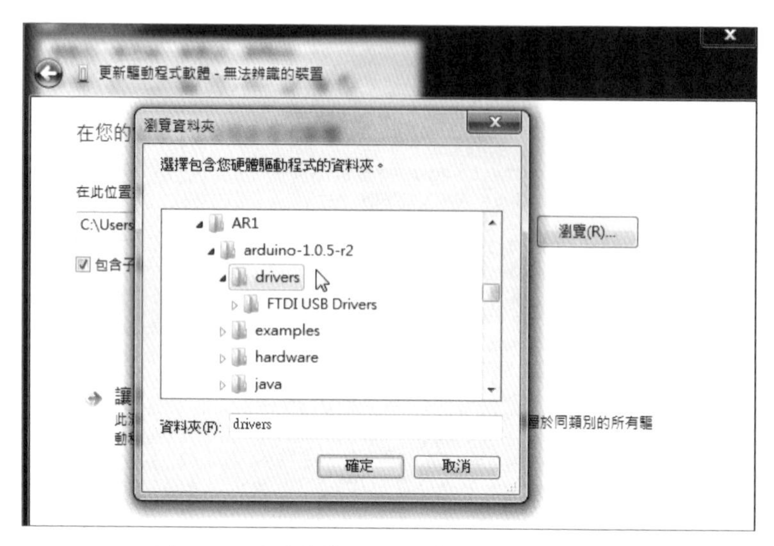

圖 1-25　手動安裝 drivers 路徑（參考示意圖）

STEP 6 開始安裝驅動程式，安裝成功後，Uno 經由 COM4 與電腦連接。

圖 1-26　電腦找到 Uno 控制板了

Windows XP 操作說明

STEP 1 先點選**開始→控制台→系統→硬體→裝置管理員**，開啟「裝置管理員」視窗。

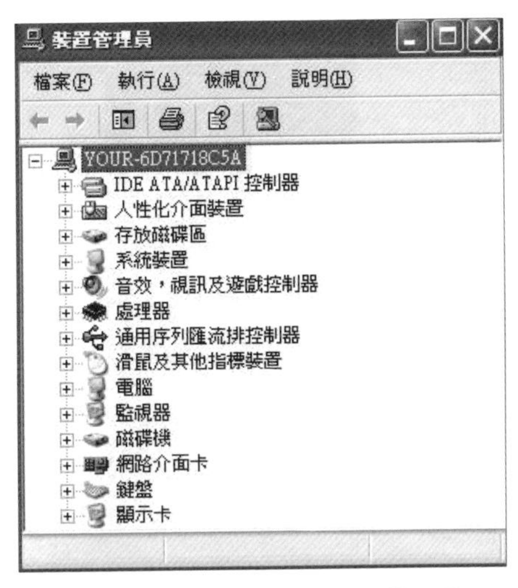

圖 1-27 Windows XP 裝置管理員

STEP 2 連接 Uno 控制板到 USB，出現無法辨識的裝置。

圖 1-28 裝置管理員無法辨識 Uno

STEP 3 系統要求安裝驅動程式，選擇第二項從清單或特定位置安裝（進階）。

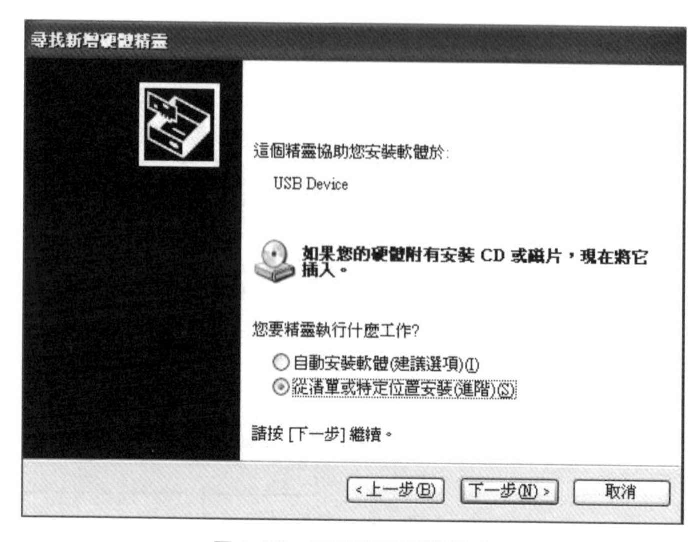

圖 1-29 需要安裝驅動程式

STEP 4 設定 Arduino 安裝目錄下的 drivers 路徑，使用者請自行設定安裝的路徑。

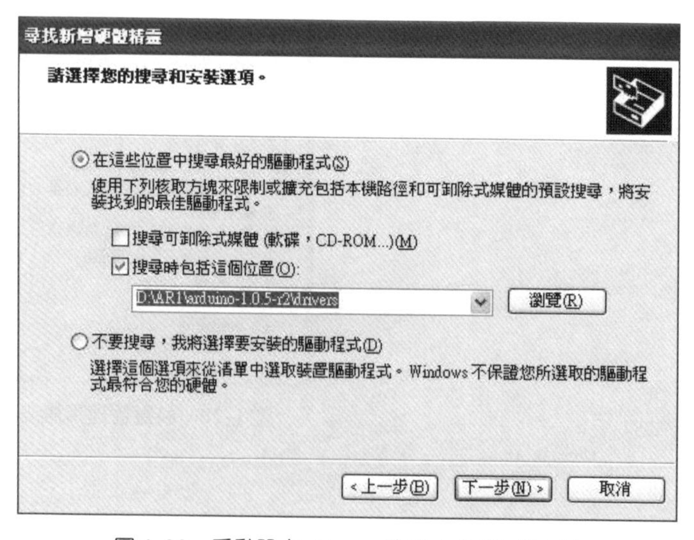

圖 1-30 手動設定 drivers 路徑（參考示意圖）

STEP 5 繼續安裝驅動程式。

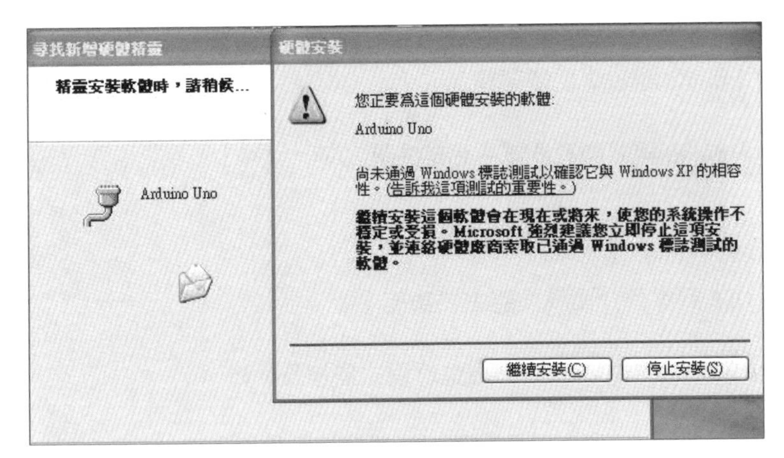

圖 1-31　繼續安裝驅動程式

STEP 6 開始安裝驅動程式，安裝成功後，Uno 經由 COM3 與電腦連接，Arduino 程式便可以直接下載到 Uno 板上來執行了。

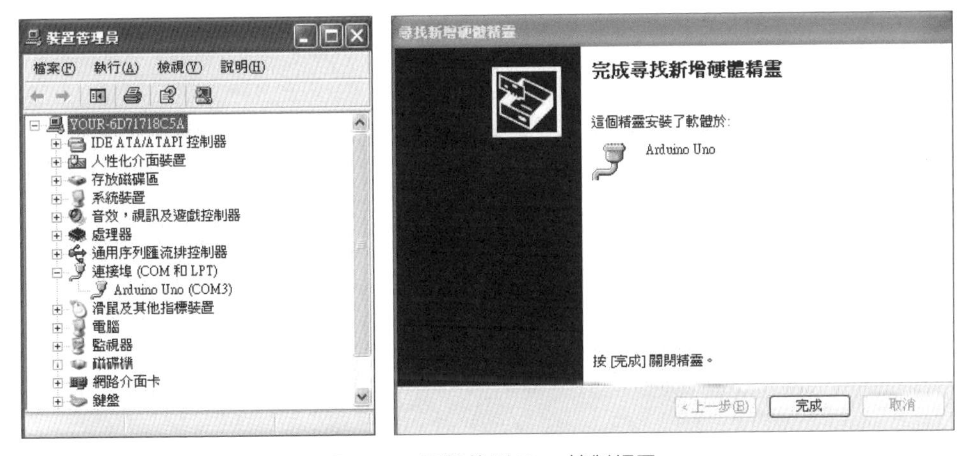

圖 1-32　電腦找到 Uno 控制板了

1-6 習題

1. 說明 Arduino 開發板硬體架構。
2. 說明 Arduino 程式開發測試平台的主要功能。
3. 說明程式開發產生執行檔的步驟。
4. 說明 USB 到串列介面轉換器主要功能。
5. 說明如何利用 RS232 串列介面進行程式監控及除錯。
6. 自製的 Arduino 控制板不會動作，說明簡單的檢修步驟。

應用 Arduino 開發環境

2-1 內建範例研究

2-2 建立基本測試程式平台

2-3 最小硬體功能擴充

2-4 善用 C 移植性開發程式

2-5 建立 LCD 功能開發平台

2-6 建立遙控裝置功能開發平台

2-7 習題

Arduino 電路板雖是塊簡單輸入、輸出的開放原始碼應用系統，但是越了解其功能，越覺得此套系統功能的不簡單，若能善用此套系統，對於學習上、工作上、產品開發應用上助益良多。工作之餘，又可以滿足程式設計的成就感，不需寫大量程式碼，只需看懂別人怎麼用它，您有興趣的話，也可以動作做一套。那就要好好應用 Arduino 的開發環境，利用它來創造價值。本章初學者或許看不懂，不必先看，但是一旦做過幾個 Arduino 實驗後，再回來看本節內容，更能體會我想表達的實驗心得。

2-1 內建範例研究

Arduino 系統內建大量範例供學習參考，以 LCD 使用為例說明。

STEP 1 選擇範例：點選**檔案**→**範例**→ **LiquidCrystal** → **HelloWorld**，載入程式。

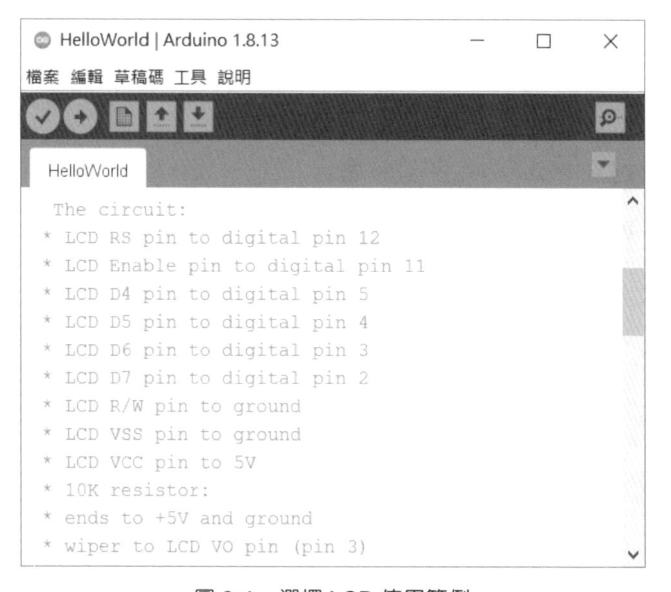

圖 2-1 選擇 LCD 使用範例

STEP 2 程式中告知以下資訊：

- 硬體腳位控制信號連接。
- 程式庫檔頭宣告 #include<LiquidCrystal.h>。
- 控制程式碼。
- 程式解說。

LCD 範例程式碼

```
// include the library code:
#include <LiquidCrystal.h>

// initialize the library by associating any needed LCD interface pin
// with the arduino pin number it is connected to
const int rs = 12, en = 11, d4 = 5, d5 = 4, d6 = 3, d7 = 2;
LiquidCrystal lcd(rs, en, d4, d5, d6, d7);

void setup() {
  // set up the LCD's number of columns and rows:
  lcd.begin(16, 2);
  // Print a message to the LCD.
  lcd.print("hello, world!");
}

void loop() {
  // set the cursor to column 0, line 1
  // (note: line 1 is the second row, since counting begins with 0):
  lcd.setCursor(0, 1);
  // print the number of seconds since reset:
  lcd.print(millis() / 1000);
}
```

只要依照所述連接硬體，硬體配線接對，便可以驗證執行結果，多方便的學習方式。執行結果如圖 2-2。

圖 2-2　LCD 執行結果

Arduino 系統目錄下，例如 C:\ar1\arduino-1.8.13-windows\arduino-1.8.13\libraries\ 有大量的範例供學習，除非要執行驗證實際結果，才需要載入 Arduino 系統中，由於編輯系統的差異，以記事本軟體無法打開看內容，可以選擇 Word 程式來打開 ino 檔案。

路徑 C:\ar1\arduino-1.8.13-windows\arduino-1.8.13\libraries\LiquidCrystal\examples\HelloWorld

檔名 HelloWorld.ino

原始 C 程式碼在以下目錄：

路徑 C:\ar1\arduino-1.8.13-windows\arduino-1.8.13\libraries\LiquidCrystal\src

檔名 LiquidCrystal.cpp：c 程式

檔名 LiquidCrystal.h：程式庫檔頭宣告

有興趣研究原始程式碼的設計，可以參考這些檔案。如此一來可以大量的閱讀程式設計細節，藉此觀看如何有效設計 Arduino 簡潔程式。對於研究驅動程式有興趣及需求的朋友，也可以直接參考其設計方式。在範例程式中，還有額外連結，如圖 2-3：http://www.arduino.cc/en/Tutorial/LiquidCrystalHelloWorld 開啟連結點，如圖 2-4，便可以看到相關說明，利用網路當作電子書來做參考，方便程式設計。

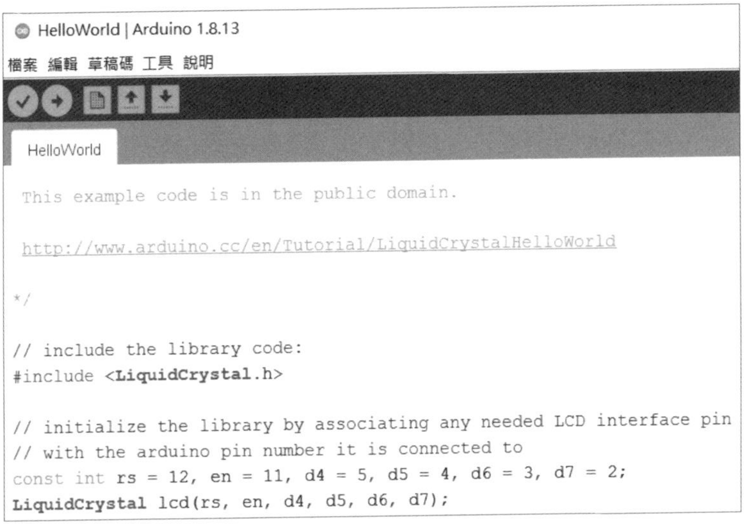

HelloWorld | Arduino 1.8.13
檔案 編輯 草稿碼 工具 說明
HelloWorld
This example code is in the public domain.
http://www.arduino.cc/en/Tutorial/LiquidCrystalHelloWorld
*/
// include the library code:
#include <LiquidCrystal.h>
// initialize the library by associating any needed LCD interface pin
// with the arduino pin number it is connected to
const int rs = 12, en = 11, d4 = 5, d5 = 4, d6 = 3, d7 = 2;
LiquidCrystal lcd(rs, en, d4, d5, d6, d7);

圖 2-3　系統範例程式中有相關連結點

arduino.cc/en/Tutorial/LibraryExamples/HelloWorld
PROFESSIONAL
EDUCATION
STORE
Search on Arduino.cc
TABLE OF CONTENTS
See Also
Liquid Crystal Library - Your reference for the Liquid Crystal library.
lcd.begin()
lcd.print()
lcd.setCursor()
Blink - Control of the block-style cursor.
Cursor - Control of the underscore-style cursor.

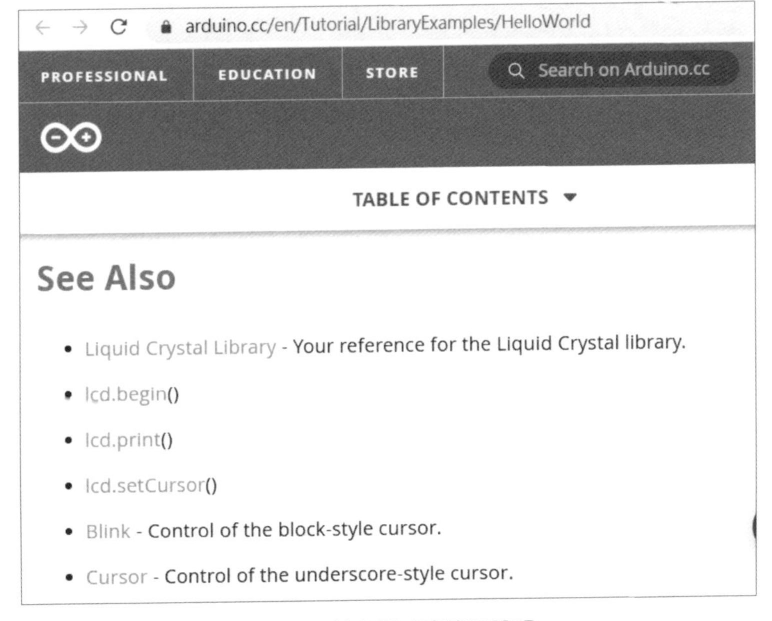

圖 2-4　線上程式庫使用說明

2-2 建立基本測試程式平台

一般我們在做自動控制或是專題製作時，所考慮的控制板，希望它能提供有基本的輸入輸出功能，來方便我們控制程式的開發。而在系統開發上經常會構建哪些基本的 I/O 功能呢？大概可以分為以下幾種：

- 按鍵輸入。
- LED 動作指示燈。
- 七段顯示器。
- LCD 液晶顯示器。
- 喇叭或壓電喇叭。
- RS232 串列介面。

Arduino 常用 I/O 基本測試程式寫法，結合輸入輸出基本功能，來方便我們控制程式的開發。包括按鍵輸入、LED 動作指示燈、LCD 液晶顯示器、壓電喇叭、串列介面測試程式基本寫法，這是我在開發新硬體平台時，首先會建立的第一批基本測試程式，若出現問題時，會再設計除錯程式進行偵錯。初學者善用這些程式，應該很容易進入 Arduino 程式設計應用中，多加練習，就可以設計出自己想要的應用程式，或是控制器。執行後，打開串列介面監控視窗，串列介面收到 Uno 傳來資料，LCD 顯示訊息，串列介面輸入指令傳到 Uno，反應如下：

- 數字 1"：LED 閃動 2 下。
- 數字 2"：LED 閃動 4 下。
- 數字 3"：LED 閃動 6 下。

按鍵 k1、k2 按下反應如下：

- k1：壓電喇叭嗶 1 聲。
- k2：壓電喇叭嗶 2 聲。

沒有程式設計基礎的朋友剛開始一定看不懂，但是只要看完本書，便可以輕易看懂程式功能，以簡單的測試程式來測試硬體後，加入必要的 I/O 特殊裝置或模組，便是完整的控制器了。

程式 arbaL.ino

```
#include <LiquidCrystal.h> //引用 LCD 程式庫
LiquidCrystal lcd(12, 11, 5, 4, 3, 2); // 設定 LCD 腳位
int bz=8; //設定喇叭腳位
int led = 13; /設定 LED 腳位
int k1 =7; //設定按鍵 1 腳位
int k2 =9; //設定按鍵 2 腳位
//----------------------------------------
void setup() { //初始化設定
  lcd.begin(16, 2);
  lcd.print("hello, world1");

  Serial.begin(9600);
  pinMode(led, OUTPUT);
  pinMode(bz, OUTPUT);
  digitalWrite(bz, LOW);
  pinMode(k1, INPUT); digitalWrite(k1, HIGH);
  pinMode(k2, INPUT); digitalWrite(k2, HIGH);
}
//-----------------------------------
void led_bl()//LED 閃動
{
int i;
 for(i=0; i<2; i++)
  {
   digitalWrite(led, HIGH); delay(150);
   digitalWrite(led, LOW);  delay(150);
  }
}

void be()//發出嗶聲
{
int i;
 for(i=0; i<100; i++)
  {
```

```
    digitalWrite(bz, HIGH); delay(1);
    digitalWrite(bz, LOW);  delay(1);
   }
  delay(100);
 }
//----------------------------------
void loop()// 主程式迴圈
{
boolean k1f, k2f;
char c;
 led_bl(); be();
 Serial.print("uart test : ");

 delay(1000);
 lcd.setCursor(0, 0);lcd.print("hello, world2");
 delay(1000);
 lcd.setCursor(0, 1);lcd.print("test line2");

 while(1) // 無窮迴圈
  {
  if (Serial.available() > 0) // 有串列介面指令進入
    {
     c= Serial.read();// 讀取串列介面指令
     if(c=='1')    {Serial.print("1 ");led_bl();}
     if(c=='2')    {Serial.print("2 ");led_bl();led_bl(); }
     if(c=='3')    {Serial.print("3 ");led_bl();led_bl(); led_bl();}
    }
     k1f=digitalRead(k1); if(k1f==0)  be();      // 掃描 k1 是否有按鍵
     k2f=digitalRead(k2); if(k2f==0) { be(); be();}// 掃描 k2 是否有按鍵
  }
}
```

2-3 最小硬體功能擴充

第 1 章介紹過最小硬體製作電路原理，當基本硬體完成後，可以由麵包板實驗來驗證新軟硬體功能，學習基本軟硬體設計，再逐步開發成各式實驗平台，可以應用來開發各種 Arduino 產品控制器的原型機或是專題製作。參考設計案例如下：

最小硬體製作 + 網路介面卡

Arduino 可以做網路實驗，提供低成本網路控制應用的解決方案，不需要連接電腦便能實現網路控制的應用。

最小硬體製作 + 無線網路介面卡

Arduino 便可以做 WiFi 無線網路存取控制實驗，攜帶方便，不需網路拉線做連線。

最小硬體製作 +LCD 介面

建立 Arduino LCD 介面功能開發平台，您知道 LCD 介面可以設計多少應用嗎？幾乎顯示介面專題應用都會用到它。不需要多複雜的硬體接線，便可以顯示程式執行訊息，除錯、應用、人機介面使用，都很方便。

最小硬體製作 + 紅外線遙控裝置

建立 Arduino 遙控裝置功能開發平台，紅外線遙控是最低成本的互動人機介面遙控方式，可以快速的切換各種功能應用，或是由諸多功能選項中擇一來執行。此外 Arduino Uno I/O 腳位較少，遇到要輸入數字資料時，使用紅外線遙控器按鍵 0 ～ 9，可以很方便操作輸入數字資料。

最小硬體製作 + 學習型紅外線遙控裝置

參考第 14 章介紹，便可以輕易建立 Arduino 數位家電控制應用平台，只需寫數行程式，便可以驅動 Arduino 作應用，控制有紅外線遙控的家電，原系統完全不必改裝。建立 Arduino 數位家電控制應用一般可以使用網路，但是要新購有網路連線的家電，原先舊系統不能使用。然而做簡單、低成本的方式或是專題實驗是使用學習型遙控器介面，直接控制想要控制的家電。對學習型紅外線遙控裝置應用不滿意，可以自行結合 Arduino 開發自己的應用系統。

最小硬體製作 + 中文聲控

參考第 15 章介紹，便可以輕易建立 Arduino 聲控應用平台，只需寫數行程式，便可以驅動 Arduino 作聲控應用，更酷的是中文聲控系統可以串接學習型紅外線遙控裝置應用，聲控後啟動想要控制的家電，中文聲控系統本身便可以獨立操作。

經由 Arduino 控制應用更廣，因為結合網路上 Arduino 廣大設計資源，中文聲控將可以控制更多的裝置，只需要有 Arduino，便可以開發出屬於自己的應用系統。

2-4 善用 C 移植性開發程式

程式語言很多，C 語言是移植性最高的一種程式控制語言，在電腦上以 C 所寫的應用程式只須稍加編輯修改後，便可以拿到其他不同的系統上重新編譯來執行，由於 Arduino 支援標準 C 語言程式開發，在 Arduino 系統功能的驗證實驗中，我們嘗試將以前實驗室自行開發的程式，以 8051 C 語言程式設計紅外線遙控器解碼程式，用來做移植性程式開發實驗，原始程式是將 TOSHIBA 電視遙控器解碼，將長度 36 位元的紅外線遙控器資料進行解碼，取出 4 位元組資料，我們嘗試著將程式移植到 Arduino 上來執行，方便程式設計用。圖 2-5 為紅外線遙控器解碼實作。例如如圖 3x7 按鍵例：

- 數字 0：0 255 22 233。
- 數字 1：0 255 12 243。
- 數字 2：0 255 24 231。

完整實驗結果請參考第 11 章說明。

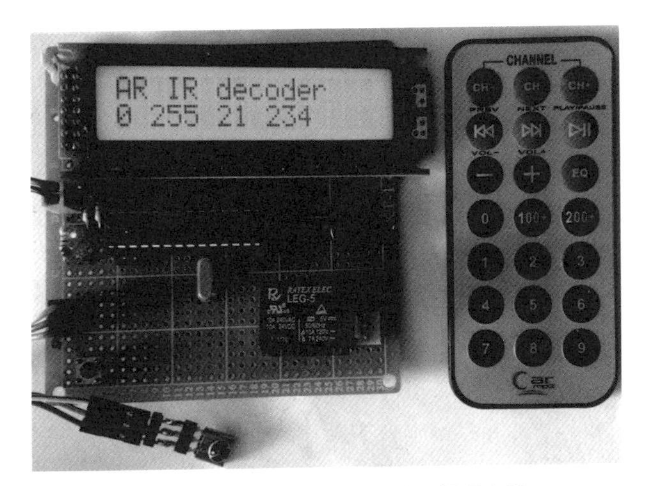

圖 2-5　Arduino 紅外線遙控器解碼實驗

一般程式移植過程如下：

1. 不同系統延遲程式改寫。
2. 不同系統輸入輸出控制指令改寫。
3. 不同系統串列介面輸入輸出寫法。
4. 以串列介面輸入輸出進行除錯。

8051 紅外線遙控器解碼程式，移植到 Arduino 來執行，修改説明如下：

不同系統延遲程式改寫

紅外線遙控器解碼取樣時基為 0.1mS，等於 100 uS，套用 delayMicroseconds(); 函數，設計如下：

```
void deli() /* 100 uS  0.1 mS delay */
{ delayMicroseconds(100); }
```

不同系統輸入輸出控制指令改寫

Arduino 數位輸入寫法為 digitalRead(cir);

不同系統串列介面輸入輸出寫法

Arduino 使用 Serial.print(c) 由串列介面輸出變數，方便除錯，改寫如下：

```
for(i=0; i<4; i++) { c=(int)com[i]; Serial.print(c);   Serial.print('  '); }
```

原始程式檔名為 dir_src.ino，Arduino 系統下可以順利編譯，再來下載執行，並順利解碼完成，執行結果與 8051 系統一模一樣。真有趣，再次驗證 C 語言是移植性高的程式語言，在 8051 上寫的 C 程式，經過編輯修改，再經由 Arduino 系統編譯，便可以在跨平台下執行，而不必重寫 C 原始碼，節省時間。

有關 TOSHIBA 電視遙控器信號規格說明，請參考第 11 章說明，包括遙控器解碼應用的一些實驗。dir_src.ino 解碼程式，讀者有興趣可以研究一下，否則直接引用，先複製 rc95a 目錄（含程式碼），到系統檔案目錄 libraries 下，程式中加入以下指令：

```
#include <rc95a.h>
```

便可以直接引用，簡化程式設計，不必寫一堆程式碼來解碼，關鍵程式只需 10 多行程式方便使用。範例程式如下：

範例程式

```
#include <rc95a.h> // 引用紅外線遙控器解碼程式庫
int cir =10; // 設定紅外線遙控器解碼控制腳位
int led = 13; / 設定 LED 腳位
void setup()// 初始化設定
{
  pinMode(led, OUTPUT);
  pinMode(cir, INPUT);
  Serial.begin(9600);
}
void led_bl()//LED 閃動
{
int i;
```

```
for(i=0; i<2; i++)
  {
   digitalWrite(led, HIGH); delay(150);
   digitalWrite(led, LOW); delay(150);
  }
}
/*-------------------------------------------------------------*/
void loop()// 主程式迴圈
{
int c, i;
 while(1)
  {
loop:
// 迴圈中可自行加入自己的應用程式............
// 迴圈掃描是否有遙控器按鍵信號？
  no_ir=1; ir_ins(cir); if(no_ir==1) goto loop;
// 發現遙控器信號.，進行轉換.............................................
   led_bl(); rev();
// 串列介面顯示解碼結果
   for(i=0; i<4; i++){c=(int)com[i]; Serial.print(c); Serial.print(' '); }
   Serial.println();
   delay(300);
  }
}
```

原始完整程式：rc95a.h

```
// decode ir 4 bytes
//www.vic8051.com  By Victor uP  LAB.
#include <Arduino.h>
#define RLEN  32 // 記憶體長度定義
unsigned hid[RLEN]; // 記憶體緩衝區
unsigned char  fa[]={1,2,4,8,16,32,64,128};// 轉換陣列
unsigned char  com[4]; // 解碼結果
char no ir=1; // 無遙控器信號旗號

void deli() { delayMicroseconds(100); }// 100 uS  0.1 mS 延遲

void rev()// 遙控器信號進行轉換
{
char  d,i, j;
  for(i=0;i<32;i++)
   {
    if(hid[i]<10) hid[i]=0; else hid[i]=1;
   }
```

```
 for(j=0; j<4; j++)
  {
   d=0;
   for(i=0; i<8; i++)
     d+=fa[i]*hid[8*j+i];
   com[j]=d;
  }
}
//------------------------------------------------------------------
void ir_ins(int ir)
{
byte c, i,in;
   no_ir=1;   in=digitalRead(ir);
   if (in==1) return;
/* HI--> LO ...start.......*/
   while(1)
    {
     deli();
     in=digitalRead(ir);
     if (in==0)
      {
       for(i=0; i<80; i++) deli();
       while(1) { deli();
                  in=digitalRead(ir);
                  if (in==0) goto go; // found IR
                   else  return;
                }
      }
    }
//...........................
go:
c=0; while(1) { deli(); c++; in=digitalRead(ir);
if (in==1) break;  if (c>=100)  return;}

c=0; while(1) { deli(); c++; in=digitalRead(ir);
if (in==0) break;  if (c>=100)  return;}
/* test bit start.............*/
  for(i=0;i<32;i++) /* 8 bit */
   {
c=0; while(1)  { deli(); c++; in=digitalRead(ir);
if (in==1) break; if (c>=30) return;}
c=0; while(1)  { deli(); c++; in=digitalRead(ir);
if (in==0) break; if (c>=30) return;}
    hid[i]=c;
   }
  no_ir=0;
}
```

2-5 建立 LCD 功能開發平台

小型液晶顯示器 LCD 模組，經常應用於電子產品設計中，或是感知器實驗應用。Arduino 相關裝置研發實驗階段，可以電腦串列介面當作除錯顯示窗口，若要脫離電腦進行現場測試，需要顯示裝置，可能要安裝 LCD 模組，顯示資料、變數除錯都可以派上用場。

本書實驗中，以 Uno 連接麵包板做 LCD 模組實驗時，由於 LCD 模組接線較多，常常接觸不良，因此有必要建立 LCD 功能開發平台，將 Arduino 以最小硬體製作結合 LCD 介面，成為 LCD 功能開發平台，可以快速進行實驗開發，控制器應用也很方便。圖 2-6 是各式實驗控制器 LCD 使用案例，參考如下。

圖 2-6　各式實驗控制器 LCD 使用案例

LCD 功能開發平台 + 紅外線遙控器 + 接收模組

Arduino 可以做紅外線遙控器解碼顯示實驗，加上繼電器驅動電源開關，進一步可以做遙控電源實驗或應用。

LCD 功能開發平台 + 超音波模組

Arduino 可以做超音波測距顯示實驗，或是超音波測距警示實驗，也可以應用於物體靠近偵測防盜場合。

LCD 功能開發平台 + 瓦斯煙霧實驗模組

Arduino 可以做瓦斯或是煙霧濃度顯示實驗，應用於居家保全感測器應用。

LCD 功能開發平台 + 溫濕度模組

Arduino 可以做溫濕度一般顯示實驗，應用於居家防火災感測器應用。

2-6 建立遙控裝置功能開發平台

紅外線遙控器除了做特定家電的遙控外，還有許多的應用可以做開發及研究，本書由解碼實驗開始，並舉例做應用，可將傳統的裝置裝上遙控器，方便操作遙控的應用外，遙控器還可以做控制器的資料輸入，當 Arduino 控制器的硬體支援有限，若要做數字資料輸入，便是遙控器派上用場的時候。

本書實驗中，以 Uno 連接麵包板做各種實驗時，只要加上 3 支腳位遙控器接收模組，結合解碼程式，Uno 控制板便有遙控功能，真是非常實用的控制器。特別是做伺服機相關遙控應用，如遙控車實驗，將 Arduino 以最小硬體製作結合接收模組介面，成為遙控裝置開發平台，圖 2-7 是各式實驗使用遙控器案例，參考如下：

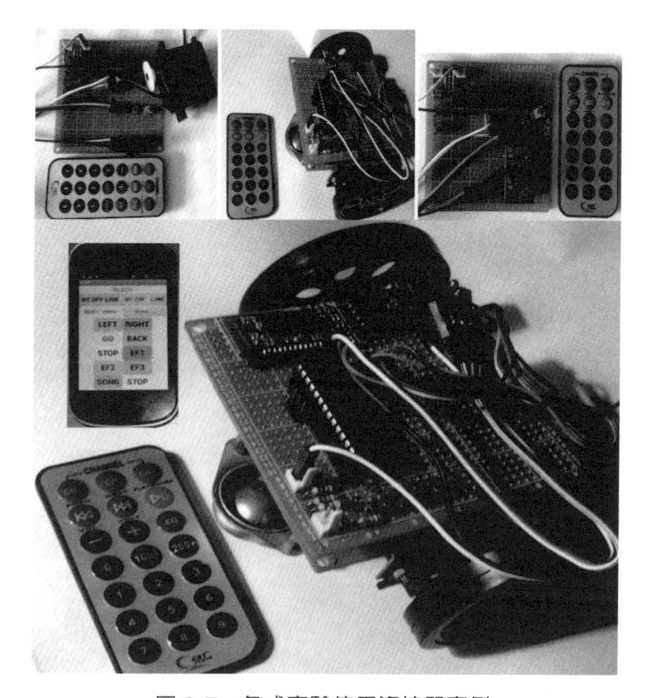

圖 2-7　各式實驗使用遙控器案例

紅外線遙控開發平台 +360 度轉動伺服機

Arduino 可以做紅外線遙控器舞台實驗，或是做互動裝置遙控實驗。

紅外線遙控開發平台 +2 組 360 度轉動伺服機

Arduino 可以做遙控車行進實驗，可以應用於遙控機器人移動平台。

紅外線遙控開發平台 + 繼電器

Arduino 可以做繼電器電源遙控應用。

紅外線遙控開發平台 +2 組 360 度轉動伺服機 + 手機遙控功能

Arduino 可以做遙控車或是手機遙控行進實驗，可以應用於遙控機器人移動平台。

2-7 習題

1. 說明微電腦系統開發上經常會構建哪些基本的 I/O 功能。
2. 說明為何要建立基本測試程式平台。
3. 說明如何利用 Arduino 系統中，查看 LCD 驅動程式庫。
4. 說明如何利用 Arduino 系統中，查看 LCD 範例程式。
5. 說明如何利用 Arduino 系統中，查看 LCD 線上說明檔。

認識 Arduino C 語言

Arduino 的程式設計採用簡化的 C 語言版本來設計，使初學者更易於上手。在真正進入 Arduino 程式設計前，本章先介紹 C 語言及 Arduino 程式基礎知識，對初學者而言，可以很快掌握 C 語言的程式設計重點。先介紹一般標準 C 語言寫法，對於已經會 C 語言程式設計的朋友們，例如已經學過 C++，可以很快有效率的來設計出 Arduino 相關控制程式。

3-1 C 語言的特色

早期學電腦程式語言可能是由 BASIC 程式開始，但是越來越多的人卻是直接由 C 語言開始學起。基本上任何種高階語言皆可以用來做應用程式的設計，那麼 C 語言到底魅力何在？基本上 C 語言有以下一些特色及優點：

- C 語言好寫具結構化組織。
- C 語言具自我註解功能，修改容易。
- C 語言移植性高，在 PC 上以 C 所寫的應用程式稍加修改後，便可以拿到其他不同的系統上以 C 語言編譯器，重新編譯而執行。
- C 語言提供有多種的資料型態，設計師可以自由使用。
- C 語言可以直接做低階控制，位元運算的動作，更可以搭配組合語言使用而提高程式設計效率。
- C 語言提供有指標變數功能來對記憶體或硬體 I/O 做控制。
- C 語言提供有眾多的程式庫供程式設計師使用，使程式設計就好像是程式庫的應用。

其中的 C 語言高移植性，是許多程式設計工程師喜歡使用的原因，例如在 PC 上以 Turbo C 所寫的應用程式，只須稍加對軟體語法修改後，便可以拿到單晶片 8051 上以 KEIL C 語言編譯器，重新編譯後便可以在 8051 控制板上執行程式。或是以 Arduino 編譯器，重新編譯後便可以在 Arduino 控制板上執行程式，省下重新編寫測試程式，這對較大型的程式而言，可以省下許多人力開發，提升研發效率。

3-2 C 程式架構

早期學 C 程式是由 PC 上的 Turbo C 開始學起，本節以一支最簡單的 C 語言程式來帶您進入程式設計的世界中。檔名為 TEST.C，其功能是在 PC 螢幕上印出 "This is a test!"。程式如下：

```
/* first c program  */
  main()
  {
   printf("This is a test !\n");
  }
```

C 語言的程式註解是以 "/*...*/" 來表示，在 "/*" 與 "*/" 記號間的文字均是註解，註解是用來輔助說明程式的功能及動作原理，在編譯時會被系統忽略。C 程式由 main() 函數開始執行，大括號 "{" 及 "}" 是函數的起始及結束。printf() 是 Turbo C 中的一個標準函數，功能是在螢幕上印出訊息。

"This is a test!\n" 為所要印出的字串內容，為 printf() 的參數，字串的兩個字元 "\n"，表示單一字元，稱為換行字元，其功能是將游標移到下一行起點。

C 程式主要架構是由一支或是許多支函數所組成，其中主程式名稱為 main()，也就是說 C 程式是由 main() 函數開始執行起，在主程式中有可能再呼叫其他的函數或是副程式，來完成一系列的程式運算及執行。

3-3 Arduino 程式架構

Arduino 程式也是由一支或是許多支函數所組成，主程式名稱為 loop()，程式是由 loop() 函數開始執行起，在主程式中再呼叫其他的函數或是副程式，來完成程式執行。範例程式如下：

```
/* first c program   */
void setup(){
  Serial.begin(9600);
}
 void loop()  {
   Serial.print("This is a test !");
  }
```

在程式執行前，會先執行 setup() 函數，用來初始化系統狀態，如變數初值、控制接腳為輸入或是輸出，特殊函數軟體介面初始化，如 Serial.begin（9600）便是初始化串列介面，再由串列介面輸出資料。

setup() 函數只執行一次，loop() 函數是一無窮迴圈，函數中的程式碼會持續重複被執行，Serial.print() 函數會由串列介面輸出資料作為訊息顯示或是資料傳送應用。函數前面的 void 表示函數執行後並未傳回參數值，有些函數執行後則會依需要傳回特定參數值。本程式執行後，會持續送出資料。

3-4 C 語言變數及保留字

一般電腦程式語言對變數名稱的使用有一些限制，C 語言也不例外。命名規則如下：

- 以英文大寫字母或小寫字母、數字或是底線字元 "_" 組成。
- 變數名稱的第一個字不可以是數字。

變數名稱可以隨我們高興來命名，通常是取與程式執行有關聯的名稱來命名較有意義。

例子：count →計數器，我們只要一看到 "count" 便會聯想到此一變數是當作計數器用。

例子：以下是一些合法變數名稱：TEST、test、Test、tEST、_TEST。

例子：以下是一些不合法的變數名稱：

- 1TEST → 變數名稱不可以用數字開頭。
- TEST,T1 → 變數名稱中不可有 ","。
- TEST.3 → 變數名稱中不可有 "."。

C 編譯器系統中有一些保留字做特殊用途，在取變數名稱時不可以使用。圖 3-1 是 ANSI C 語言的保留字。

auto	break	case	char	continue
default	do	double	else	enum
extern	float	for	goto	if
int	long	register	return	short
sizeof	static	struct	switch	typedef
union	unsigned	void	while	signed

圖 3-1　ANSI C 語言的保留字

3-5 資料的型態

ANSI C 語言支援的基本資料型態有以下 3 種：

- char：字元型態。
- int：整數型態。
- float：浮點型態。

字元型態

字元型態是由一個位元組（byte）組成的資料型別，其長度為 8 位元，因此一個位元可以存放 256（2 的 8 次方）種資料，表示為數字資料時，其值的範圍為 -128 到 127，若前方加上 unsigned（未帶符號）修飾指令，成為 unsigned char 其值的範圍為 0 到 255。

例子：宣告一字元變數 c 如下：

```
char c =-100;
unsigned char c=200;
```

一般字元型態變數稱為字元碼，這 256 個不同的字元碼是以 ASCII 碼的次序來排列，其中字元碼 0 ～ 31 為控制碼，32 ～ 127 為英文字母、數字、標點符號及其他一些特殊符號，字元碼 128 ～ 255 並未加以定義，由各電腦廠商自行定義。有關 ASCII 碼的定義，可以參考附錄說明。

例子：宣告一字元變數 charc 並設定其值為 'c。

```
char charc ='c';
```

也可以做如下宣告：

```
char charc=99;
```

因為字元 'c' 的 ASCII 碼為 99。

以上例子可以將可見字元傳給字元變數，但對於不可見的控制碼在 C 語言則定義了如下的特殊字元表示法：

符號	ASCII 碼	功能
\0	00H	空字元
\a	07H	鈴響
\b	08H	倒退鍵
\f	0CH	換頁
\n	0AH	換行
\r	0DH	游標回頭
\t	09H	水平定位
\v	0BH	垂直定位
\\	5CH	反斜線
\'	27H	單引號
\"	22H	雙引號

與字元有著密切關聯的資料型別就是字串，字串是指在兩個雙引號中的任意字元。

例子：" "　→ 字串內均為空白字元

"This ia a test "　→ 字串內由許多字元組成

C 語言在將字串資料放入記憶體時，會在字串的最後面自動加上空字元 '\0'，用來表示字串結束。

例子：若一字串變數 string 為 "THIS"，則在記憶體內的字元存放如下：

T	H	I	S	'\0'

例子：若一字串變數 string 為 "THIS"，則可以做如下宣告：

```
char string[]="THIS";
```

其中 string[] 為一字串陣列。

整數型態

整數是不帶小數的數值資料，由兩個位元組組成，長度為 16 位元。整數若加上 long 修飾指令則長度會增加為 32 位元成為長整數，不管是整數或是長整數均可以加上 unsigned（未帶符號）修飾指令。

例子：宣告一整數變數 dig 並設定其值為 1234。

```
int dig=1234;
```

例子：宣告一未帶符號整數變數 dig1 並設定其值為 65000。

```
unsigned int dig1=65000;
```

浮點型態

浮點型態就是我們學數學中的實數，及帶有小數點的數值資料，其長度為 32 位元，可代表的數值資料範圍為如下：

$\pm 1.17x10^{-38} \sim \pm 3.4x10^{38}$

浮點的表示方法有兩種：

- fff.fff：小數點表示法，小數點左方稱為整數部分，右方則為小數部分。
- fff.fff e ± fff：科學記號表示法，將一數字以 e 或 E 分開，左邊稱為真數部分，右邊則是以 10 為底的指數部分。

例子：宣告一浮點變數 digf 並設定其值為 0.123。

```
float digf=0.123;
```

Arduino Uno 系統中另外定義 boolean 資料型態，表示 1 或是 0，用來表示 2 種狀態。

例子：

```
boolean flag=0; /* 宣告布林資料型態 flag 並初值化為 0 */
```

表 3-1 列出了 Arduino Uno 系統中所支援的資料型態。

表 3-1 Arduino Uno 系統所支援的資料型態

資料型態	位元數	表示的數值範圍
boolean	8	0/1
char	8	-128 ～ +127
unsigned char	8	0 ～ 255
byte	8	0 ～ 255
short	16	-32768 ～ +32767
unsigned short	16	0 ～ 65535
int	16	-32768 ～ +32767
unsigned int	16	0 ～ 65535
long	32	-2147483648 ～ +2147483647
unsigned long	32	0 ～ 4294967295
float	32	-3.4028235E+38 ～ +3.4028235E+38

3-6 常數的宣告

常數用來表示固定的數或是做初值的設定，一般常數有以下 4 種。

字元常數

字元常數是一 8 位元的資料，以單引號括起來，例如 'a' 表示英文字 'a'，其中 ASCII 碼為十六進位 61H。

字串常數

前面談過字串是指在兩個雙引號中的任意字元，若要在雙引號內表示雙引號，則要在雙引號之前加一反斜線。

整數常數

整數常數一般用十進位來表示，也可以用八進位或是十六進位來表示，以八進位來表示的話是用數字 '0' 做開頭，如 012 表示十進位的 10。用 '0x' 或 '0X' 做開頭的是十六進位表示，如 0x12 則表示十進位的 18。

浮點常數

浮點常數可以用小數點表示法，如 123.4。

例子：以下是一些常數的宣告。

```
char c='x';
char str[]="Hello";
int  count=1000;
long time=600000L;
float f=1.234;
```

3-7 基本算術運算

基本算術運算如同我們數學所學的一樣，有加、減、乘、除，此外還有求餘數及負號等算術運算。運算符號如下所示：

- 加法運算：+。
- 減法運算：-。
- 乘法運算：*。

- 除法運算：/。
- 餘數運算：%。
- 負號運算：-。

其中餘數運算是執行除法運算後，求出其餘數值。負號運算是將原數值改變其正負號，即原先如為正數則變為負數，若為負數則變為正數。

例子：若 a=30，b=20，則

```
a+b=50
a-b=10
a*b=600
a/b=1      （取整數）
a%b=10     （取餘數）
-a+b=-10
```

通常運算的順序是由左向右做運算，負號運算具有較高的運算優先順序，乘法、除法、餘數次之，加減法優先順序最低，當然也可以加上左括弧 "（" 及右括弧 "）" 來改變運算的順序。此外 C 語言提供兩種變數遞增及遞減的特殊運算式：

- a++ 或 ++a：將變數 a 的內容加一。
- a-- 或 --a：將變數 a 的內容減一。

另外 C 語言也提供特殊的運算式：

- a+=b：將變數 a 的值加 b，結果存回 a。
- a-=b：將變數 a 的值減 b，結果存回 a。
- a*=b：將變數 a 的值乘 b，結果存回 a。
- a/=b：將變數 a 的值除 b，結果存回 a。
- a%=b：將變數 a 的值除 b，取餘數後，結果存回 a。

3-8 資料型態的轉換

在設計 C 語言程式中，有時會遇到不同資料型態的變數做運算的問題，例如整數與浮點數相加或是相除問題，簡單的除錯方法是將變數設定一測試值，並將執行結果輸出到螢幕上來看，便知系統計算的結果是否如預期的一樣。

一種較佳的設計方法是利用 C 語言做資料型態的轉換，將不同資料型態的變數轉換為同一資料型態的變數再來做運算，使用方法是在變數前加上括號，然後在括號中指出變數的資料型態，例如是浮點 float、或是整數 int、或是字元 char 型態。

例子：

```
int a, b;
float c, d;
d=(float)a / (float)b +c;
```

3-9 基本運算子

C 語言的基本運算子可以分為關係運算子及邏輯運算子。關係運算子有 6 種，其使用方法如下：

關係運算子	例子	說明
==	a==b	比較 a 是否等於 b
!=	a!=b	比較 a 是否不等於 b
>	a>b	比較 a 是否大於 b
>=	a>=b	比較 a 是否大於或等於 b
<	a<b	比較 a 是否小於 b
<=	a<=b	比較 a 是否小於或等於 b

上列的關係運算子運算結果只有兩種情況，即 1 或是 0。如果是真，則會傳回 1，如果是假，則會傳回 0。

邏輯運算子有以下 3 種：

邏輯運算子	例子	說明
!	! b	對 b 做邏輯的 NOT 運算
&&	a && b	a 與 b 做邏輯的 AND 運算
||	a || b	a 與 b 做邏輯的 OR 運算

運算的規則如下：

!	真 假
	假 真

&&	真 假
真	真 假
假	假 假

||	真 假
真	真 真
假	真 假

邏輯運算子運算結果也是只有兩種情況，即 1 或是 0。如果是真則會傳回 1，如果是假會傳回 0。在此我們已經說明過基本算術運算、關係運算子及邏輯運算子，其運算的優先順序如下：

```
!, -(負號運算), ++ ,--
*, /, %
+, -
<, <=, >, >=
==, !=
&&, ||
```

在上方者有較高的優先順序。

3-10 流程控制

C 程式在執行時，需要有適當的流程控制，以控制程式的執行方向。一般的流程控制包含迴圈控制、條件判斷及無條件跳躍三種。C 語言的控制指令有以下幾種：

- 迴圈控制：for、while、do-while。
- 條件判斷：if-else、switch。
- 無條件跳躍：goto。

for 敘述

for 流程控制敘述，其控制格式如下：

```
for( 運算式 1; 運算式 2; 運算式 3)
  {
   程式執行
  }
```

for 敘述中有三個運算式：

- 運算式 1：初始值的設定。
- 運算式 2：條件式判斷，當條件成立時則執行迴圈內的動作，否則離開 for 迴圈。
- 運算式 3：改變 for 迴圈控制變數。

以上三個運算式任何一個皆可以省略，可是分號不可以省略，如果全部都省略則會是一個無窮迴圈，如下所示：

```
for( ; ; )
 {
 }
```

例子：計算 1 加至 50 的 for 迴圈控制。

```
void setup(){}
void loop()
    {
     int i, sum;
     sum=0;
     for(i=0; i<51; i++)
      sum+=i;
  }
```

while 敘述

while 迴圈敘述和 for 敘述類似，其控制格式如下：

```
運算式 1 ;
while( 運算式 2 )
 {
    ......
    程式執行  .....
    .....
    運算式 3;
 }
```

while 迴圈中，如果運算式 2 為真則執行程式，一直到運算式 2 為假才結束迴圈執行。

例子：計算 1 加至 50 的 while 迴圈控制。

```
void setup(){}
void loop ()
   {
    int i, sum;
    i=1;
    sum=0;
    while(i<51)
      {
       sum+=i;
       i++;
      }
  }
```

例子：while 無窮迴圈控制。

```
void setup(){}
void loop()
{
 int i;
     i=1;
     while(1)         /* 無窮迴圈 */
     {
        if(i>0) break; /* 跳離無窮迴圈 */
       }
  }
```

do-while 敘述

for 及 while 迴圈控制時，是把測試迴圈的敘述放在起始的地方，C 語言另一種迴圈控制 do-while 會在迴圈程式執行完後，才執行測試迴圈的敘述，看看是否繼續執行迴圈內的程式，其使用格式如下：

```
do
  {
   ......
   程式執行 ......
   ......

  }while(運算式);
```

例子：計算 1 加至 50 do-while 迴圈控制。

```
void setup(){}
void loop()
   {
    int i, sum;
    i=1;
    sum=0;
    do
    {
     sum+=i;
```

```
    i++;
   }while(i<51);
 }
```

if-else 敘述

if 敘述是一個條件判斷用來控制程式的執行流程，它的語法使用格式如下：

```
if( 運算式 )
  {
    程式片段 1 ...
  }
 else
  {
    程式片段 2 ...
  }

 程式片段 3 ...
```

若運算式的結果為真的話則執行程式片段 1，接著執行程式片段 3。反之運算式的結果為假則執行程式片段 2，再執行程式片段 3。在上述格式中 else 可以省略。

例子：程式執行時進入無窮迴圈，等待 pc 端按鍵，若按下 1 鍵則 led 亮起，若是其他鍵，led 熄滅。

```
int led = 13;
void setup()
{
 Serial.begin(9600);
 pinMode(led, OUTPUT);
}

void loop()
{
char c;
 while(1)
  {
```

```
    if (Serial.available() > 0)
     {
      c=Serial.read();
      if(c=='1') digitalWrite(led, HIGH);
         else    digitalWrite(led, LOW);
     }
   }
}
```

switch 敘述

在 C 語言中對於一個多重判斷的指令可以使用 if-else-if 敘述外，還可以使用 switch 指令，它的語法使用格式如下：

```
switch( 變數 )
  {
    case 條件值 1 : 敘述 1 ......
                 break;
    case 條件值 2 : 敘述 2 ......
                 break;
    case 條件值 3 : 敘述 3 ......
                 break;
    ....................

    default :  敘述 x
            break;
  }
```

其動作流程是當變數值等於某一條件值時，則執行相對的敘述，若都不相等時則執行原先內定的敘述 x 的程式。

例子：程式執行時進入無窮迴圈，等待 pc 端按鍵，若按下 1、2、3 鍵，則回應相對訊息回 pc 端顯示出來。

```
void setup(){
 Serial.begin(9600);
 pinMode(led, OUTPUT);
}
```

```
void loop(){
char c;
 while(1)
  {
   if (Serial.available() > 0)
    {
     c=Serial.read();
     switch(c)
        {
         case '1': Serial.print("key1"); break;
         case '2': Serial.print("key2"); break;
         case '3': Serial.print("key3"); break;
         default : break;
        }
    }
  }
}
```

goto 敘述

goto 敘述是一無條件的跳躍指令，強迫程式跳到某一特定的標名處去執行程式，如此一來會破壞 C 語言的結構化程式設計，除非必要，否則一般程式語言皆建議少用此指令。goto 敘述的後頭是一個標名表示一個位置，告訴 C 語言要跳到那邊去執行程式，其使用格式如下：

```
goto label;
   程式片段 1

label:
   程式片段 2
```

例子：程式執行時進入無窮迴圈，等待 pc 端按鍵，若按下 q 鍵，則跳離迴圈，並回應相對訊息回 pc 端顯示出來。

```
void setup()
{
 Serial.begin(9600);
```

```
}

void loop()
{
char c;
 while(1)
  {
   if (Serial.available() > 0)
    {
     c=Serial.read();
     if(c=='q') goto exit_loop;
    }
  }
exit_loop:
 Serial.print("Exit loop ......");
}
```

3-11 陣列

陣列是一種結構化的資料結構，它把相同型態的變數連結起來而一起宣告，以一個名稱來代表，經由陣列的索引值而存取內部的某一筆資料。陣列同一般變數一樣，在使用前也要宣告，以便告訴系統預留多少記憶體空間給宣告的變數使用。其宣告的格式如下：

```
變數型態　陣列名稱 [ 陣列長度 ];
```

變數型態如同前面幾章所介紹的有字元、整數及浮點數資料型態。若陣列長度為 n，則陣列的內部索引值為 0 至 n-1。陣列內的每一筆資料所佔用的記憶體空間如下：

資料型態	位元組
字元	1
整數	2
浮點數	4

例子：宣告一陣列用來代表學生的成績名稱為 score，其長度為 7。

```
int score[7];
```

例子：將以上所宣告的陣列填入學生的成績資料。

```
int score[7]={89, 60, 79, 82, 30, 75, 80};
```

此時的陣列長度大小為 7，其內部的資料分配如下：

score[0]	89
score[1]	60
score[2]	79
score[3]	82
score[4]	30
score[5]	75
score[6]	80

score 陣列共佔用記憶體 14 位元組，因為整數資料型態需佔用 2 個位元組空間。也可以寫成下列格式：

```
int score[]={89, 60, 79, 82, 30, 75, 80};
```

此時的陣列長度大小未指定由編譯器決定。

例子：一維陣列計算學生成績。

```
void setup()
{
  Serial.begin(9600);
}

void loop()
{
  cal();
}
```

```
void cal()
{
    int score[]={89, 60, 79, 82, 30, 75, 80};
    int i,sum;
    float s;
     Serial.print("Score list :");
     sum=0;
     for(i=0; i<7; i++)
      {
       Serial.println(score[i]);
       sum+=score[i];
      }
     s=(float)sum/7.0;  /*  強迫變數 sum 轉成浮點數  */
Serial.print("Average : ");
Serial.print(s);
}
```

二維陣列可以看成是一維陣列的擴充，其宣告的格式如下：

```
變數型態  陣列名稱[陣列長度 L1][陣列長度 L2];
```

其中 L1 及 L2 是特定整數，用來表示陣列的長度，陣列的維度可以擴充下去成為多維陣列，其宣告的格式如下：

```
變數型態  陣列名稱[陣列長度 L1][陣列長度 L2].....[陣列長度 Ln];
```

L1、L2.....Ln，用來表示陣列的長度。

例子：宣告一二維 2x2 陣列用來儲存矩陣數值資料，並填入初值。

```
int d[2][2]={ {12,34}, {11,22} };
```

以上宣告後陣列內的整數元素分配如下：

```
d[0][0]=12
d[0][1]=34
```

```
    d[1][0]=11
    d[1][1]=22
```

例子：宣告一三維陣列用來儲存浮點數值資料。

```
   float fl[3][3][3];
```

例子：執行兩個 2x2 陣列的加法運算。

```
void setup()
{
  Serial.begin(9600);
}

void loop()
{
  cal();
}

void cal()
   {
   int d1[2][2]={ {12,34}, {11,22} };
   int d2[2][2]={ {11,22}, {12,22} };
   int d3[2][2];
   int i,j;

   for(i=0; i<2; i++)
       for(j=0; j<2; j++)
        d3[i][j]=d1[i][j]+d2[i][j];

      Serial.println("Sum :");
     for(i=0; i<2; i++)
      {
       for(j=0; j<2; j++)
         {
          Serial.print(d3[i][j]);
          Serial.print("  ");
         }
     }
  }
```

3-12 函數的使用

函數一般又稱為副程式，是由一群指令敘述所組成，在 C 語言程式設計中函數的使用相當頻繁，分析一支較複雜的程式，往往可以看到各式各樣的函數或是副程式，有些是 C 語言本身提供的函數，另外一些則是程式設計者自己針對程式功能所寫的副程式。也就是說程式本身是由一些函數或是副程式所組成，熟悉函數的使用將有助於我們的程式設計。函數的使用目的如下：

程式功能模組化

在設計一支複雜的程式時是將所有內部功能逐一模組化，以函數或是副程式來完成，先完成小功能動作逐一進行測試，最後再進行整合，如此一來在除錯或是功能修改上較有效率。

程式設計簡潔化

程式執行時往往有些指令會重複地被執行，若將重複的程式碼寫成函數，不但可縮短程式碼長度，減少編譯時間，更可以使程式設計簡潔化。

程式可以重複的使用

程式一旦以函數或是副程式完成設計，並已測試成功，將來在設計新的類似程式時，這些副程式程式碼便可以重複的使用，只需設計新功能的程式，可以在最短的時間內設計好程式，開始進行測試。

當主程式呼叫一支函數時，程式會跳至該支函數去執行程式碼，當函數執行完畢後會自動回到原先主程式執行位置，然後再繼續執行程式。圖 3-2 是其執行的示意圖。而在函數中我們還可以再呼叫其他函數，一層一層的呼叫，事實上一支程式是由許多支的副程式所組成，以此模式設計的程式在功能擴充及修改上較容易。

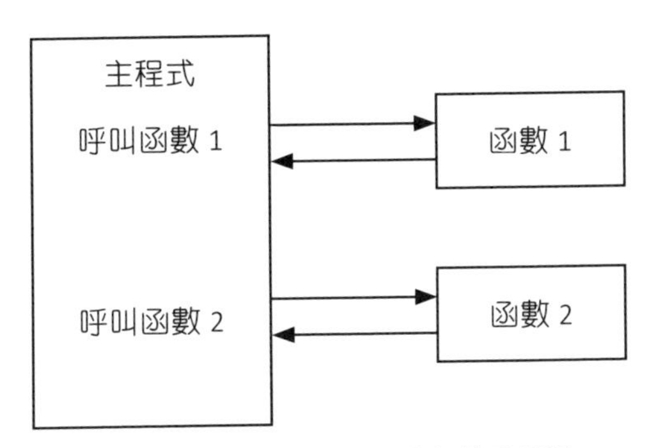

圖 3-2　主程式呼叫函數執行的示意圖

函數的定義格式如下：

```
函數型態　函數名稱 (arg1, arg2, ....)
    資料型態　arg1;
    資料型態　arg2;
    {
    函數的內部程式
    }
```

也可以寫成這種方式：

```
函數型態　函數名稱 (資料型態 arg1, 資料型態　arg2, .......)
    {
    函數的內部程式
    }
```

其中的 arg1, arg2 稱為函數執行時的參數，而函數型態是指函數執行後所傳回的資料型態，若不希望函數傳回任何值時，可以將此函數宣告成 void 型態。

例子：不傳遞參數的函數使用例子。

```
void setup()
{
  Serial.begin(9600);
}
```

```
void test()
{
 Serial.print("This is a test !");
}
/*-------------*/
void loop()
 {
int i;
  for(i=0; i<5; i++) test();
}
```

若我們希望函數在執行完後可以傳回執行結果，可以在函數的最後以 "return" 指令來傳回函數的執行結果。

例子：傳回函數的執行結果使用例子，以函數方式設計程式，將整數參數傳入函數中，計算其結果並傳回。

```
void setup()
{
   Serial.begin(9600);
}
int test(int p)
  {
     return p*p; /* 傳回執行結果 */
  }
   /*-------------*/
  loop()
  {
 int d=12, d1;
 d1= test(d);
   Serial.print(d1);    /* 顯示執行結果 */
}
```

說明：test() 函數是執行平方運算，由參數 p 將其值傳入函數中，其型態是整數，將傳入值執行平方運算後，傳回函數的執行結果。程式執行後，先顯示數值資料，接著顯示函數的運算結果。

主程式在呼叫函數時也可以將各種資料型態的參數傳入函數內，以便做各種運算處理。

例子：傳遞各種資料型態的函數呼叫使用例子，以函數方式設計程式，將整數及字串資料參數傳入函數中，並印出內容。

```
void setup()
{
    Serial.begin(9600);
}
void test(int p, char *mess) /* 傳遞整數及字串資料 */
{
    Serial.print(p);
    Serial.print(mess);
}
/*-------------*/
void loop()
{
    int d=1234;
    char str[]="This is a test";
test(d, str);
}
```

3-13 前端處理指令

C 語言提供有前端處理器，來處理一些在編譯之前的前置指令，這些指令並不是 C 語言的指令，像 #define、#include 等前置指令都是先經過前端處理器處理過後，才交由編譯器來進行程式碼的編譯。前端處理指令有以下幾種：

#define 指令

#define 指令可以做常數、字串及函數的定義，這對於程式的修改有很大的幫助，今天一支大型程式，一個常數值可能出現在程式的很多地方，如果以 #define 指令來定義常數值，則只要修改程式最前面的 #define 敘述即可。

#define 指令的格式如下：

```
#define    名稱    常數（字串或是函數）
```

注意 #define 指令並不是 C 語言的指令，所以不使用 ";" 符號做結尾。

例子：定義變數 PI 為浮點數值 3.14，可以定義如下：

```
#define   PI   3.14
```

一旦在程式開頭定義了常數名稱後，在以後的程式中都可以使用此一常數名稱，系統在編譯前會把所有的常數名稱轉換成為常數值再進行編譯。

例子：以 #define 定義字串資料

```
#define  message  "Hello World ....."
Serial.print(message);
```

例子：以 define 定義函數運算公式，方便程式做計算。

```
#define square(x) ( x*x )
void loop()
 {
  int v=12, v1;
  v1= square(v);
  Serial.print(v1);
  }
```

例子：以 define 定義巨集指令，執行變數交換功能。

```
/*  執行 a,b 兩數交換的巨集 */
#define swap(a,b) {  int tmp;\
                     tmp=a;\
                     a=b;\
                     b=tmp;  }
void loop ()
```

```
{
 int a=12, b=13;
 Serial.print("Initial a=");
 Serial.print(a);
 Serial.print(" b=");
 Serial.print(b);
 swap(a,b);
 Serial.print("Last  a=");
 Serial.print(a);
 Serial.print(" b=");
 Serial.print(b);
 }
```

說明：在 C 語言中當指令無法在一列中完全擺入時，可以在每一列的最後面加上 "\" 符號，表示下一列的指令是與上一列相連接。

#include 指令

#include 指令是將程式中所使用到函數、副程式或常數定義的宣告檔，載入到程式中，使用格式有以下兩種：

- **#include< 含括檔名 >**：系統會先到內定存放標準含括檔的目錄下去載入指定的檔名，若找不到則會自動到目前工作目錄下，再去找尋載入指定的檔案。
- **#include" 含括檔名 "**：告訴編譯器在目前的工作目錄下找尋含括檔，如果找不到則到系統設定的含括檔目錄下載入含括檔。

Arduino 系統支援有常用的硬體周邊元件的程式庫，相對的標頭檔必須先含括進來，例如 LCD 模組，標頭檔為 LiquidCrystal.h。

例子：

```
#include <LiquidCrystal.h>
LiquidCrystal lcd(12, 11, 5, 4, 3, 2);
void setup() {
 lcd.begin(16, 2);
 lcd.print("hello, world1");
```

```
}
//-----------------------------------
void loop()
{
 delay(1000);
 lcd.setCursor(0, 0);lcd.print("hello, world2");
 delay(1000);
 lcd.setCursor(0, 1);lcd.print("test line2");
 while(1);
}
```

系統常用周邊應用程式庫的標頭檔如下：

- EEPROM.h：晶片斷電保持記憶體程式庫。
- Ethernet.h：乙太網路程式庫。
- GSM.h：GSM 程式庫。
- LiquidCrystal.h：LCD 程式庫。
- SD.h：SD 卡程式庫。
- Servo：伺服機程式庫。
- SPI.h：SPI 介面程式庫。
- Stepper：步進馬達程式庫。
- TFT.h：TFT 顯示器程式庫。
- WiFi.h：WiFi 程式庫。
- Wire.h：I2C 介面程式庫。

Arduino 程式設計時，已經將標準晶片所有內部暫存器位址的定義，存在標頭檔 Arduino.h 中，在設計特殊應用程式中，只需要以指令

```
#include < Arduino.h>
```

在程式開端含括此標頭檔進來便可以。Arduino.h 該檔案可以在系統目錄下，以搜尋 "Arduino.h" 找到。並以 Word 程式開啟來觀看。

3-14 習題

1. 說明程式設計中常數及變數的用途。

2. 說明 C 語言基本的資料型態有哪 3 種？

3. 說明 signed int 與 unsigned int 在資料型態宣告上有何不同？

4. 說明 char 與 unsigned char 在資料型態宣告上有何不同？

5. 說明常數設定一般型態有哪 4 種？

6. 說明邏輯運算子有哪 3 種？

7. 說明關係運算子有哪 6 種？

8. 若 a=50，b=30，則計算以下執行結果：

```
a/b     a%b   -a+b
```

9. 若 a=5，b=3，則經過運算後，變數 a 之值為何？

```
a*=b  a/=b  a%=b
```

10. 說明下列變數宣告的意義：

```
byte sc[4]={0x08,0x04,0x02,0x01};
char title[]="test prog.";
int    v1;
char   v2;
float  x,y,z;
boolean   aflag;
```

11. 計算以下陣列元素，佔用記憶體的空間大小。

```
int d[2][2]    char d[2][4]    float d[2][3]
```

12. C 程式如何完成 a、b、c 如下的變數宣告：

<1>a：浮點變數，有 8 個元素

<2>b：整數變數，有 5 個元素

<3>c：二維陣列，共有 25 個浮點元素

13. 以 #define 指令定義 printf 函數功能，繼續完成以下程式設計：

```
p("define exercise ");
p("hello world");
```

14. 說明函數的使用目的。

15. 說明 C 語言特色 3 點。

16. 何謂 C 語言移植性？

基本 I/O 控制

在 Uno 單板連線下載測試成功後，我們可以利用單板來做一些基本的 I/O 控制實驗，像是工作 LED 指示燈、走馬燈控制、七節顯示器控制、按鍵控制等實驗，至於更複雜的介面可以依需要而加以擴充。讀者可以使用單心線由 Uno 板上拉到麵包板來做實驗，除了可以了解基本硬體的電路控制外，也可以熟悉 C 語言的一些寫法。

4-1 延遲時間控制

在寫控制程式中最基本、最常出現的程式，應該是延遲副程式，所有運算處理結果是在單晶片內執行，必須將結果輸出到外界來驅動顯示介面，例如推動 LED 閃動，便需要使用適當的時間延遲，因此在剛開始學習程式設計中，先談談如何設計這樣的程式。

在測試程式中由 D13 位元反覆送出高低電位脈衝信號，中間呼叫延遲副程式，而延遲時間是可以以參數設計方式來做控制，並配合示波器來量測脈衝寬度，藉以了解延遲副程式實際達到的延遲時間長度。而在 Uno 板上 D13 位元接有一 LED 指示燈，高電位點亮，低電位熄滅。程式執行後，可以看到其一直亮著，其實是因為脈衝信號很快，因此感覺它一直亮著。

至於如何觀察脈衝信號的存在？此時可以使用邏輯筆來量測。將邏輯筆紅色接 +5V，黑色線接地，測試筆尖接觸 D13，可以看見邏輯筆上的 HI/LO 指示燈交替閃動著。那麼怎麼知道 LED 燈每隔多久閃動一次，此時便是示波器派上用場的時候了。將示波器測試棒接觸該接腳，可以由示波器來量測出高低電位間的脈波寬，以示波器來觀看脈波寬是我們做開發時，精確延遲時間設計驗證時，經常使用的方法。

Arduino 常用函數如下：

```
pinMode(led, OUTPUT); // 設定 led 腳位為輸出
digitalWrite(led, HIGH); //led 腳位輸出高電位
delay(1);   // 延遲 1ms
digitalWrite(led, LOW); //led 腳位輸出低電位
```

幾乎每一支輸出控制的程式都會用到這些函數，因此每接觸一支新的實驗程式，只需看懂不會的程式部分，便可以開始進行實驗。

實驗目的

測試軟體延遲時間長短，並以示波器來驗證。

功能

程式執行後將示波器測試棒接觸 D13 腳位，由示波器來量測出高低電位間的脈波寬，如圖 4-1 所示。筆者所使用的示波器為數位式儲存示波器，可以觀察到脈波之間的寬度為 1mS。

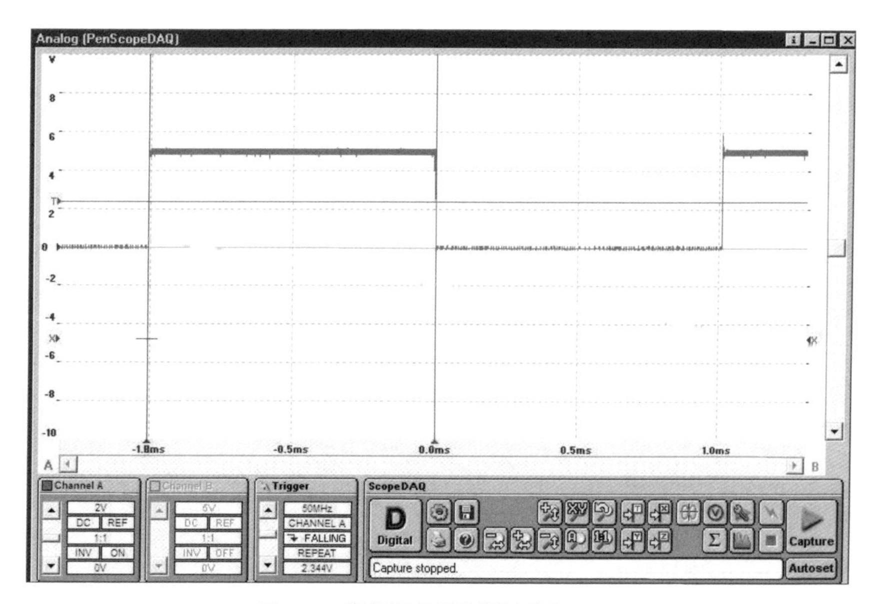

圖 4-1　高低電位間的脈波寬為 1ms

電路圖

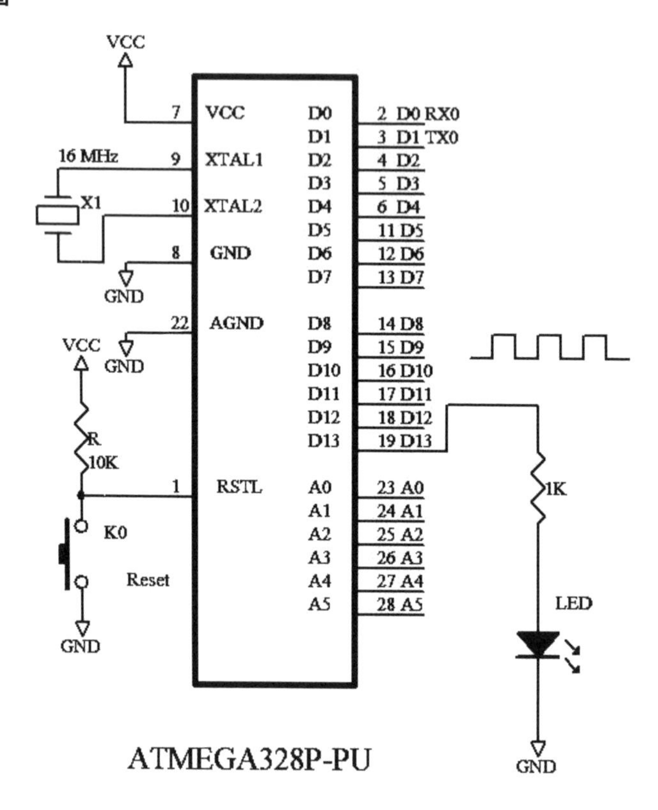

圖 4-2　軟體延遲時間長短測試電路

程式 delay.ino

```
int led = 13;  //設定測試腳位
void setup()  //初始化設定
{
  pinMode(led, OUTPUT);
}

void loop()//主程式迴圈
{
  digitalWrite(led, HIGH); //led 腳位輸出高電位
  delay(1);  //延遲 1ms
  digitalWrite(led, LOW); //led 腳位輸出低電位
  delay(1);  //延遲 1ms
}
```

4-2 單板上工作指示 LED

LED 發光二極體常用在電源指示燈及狀態表現上，圖 4-3 是小尺寸 LED 照相，常見的發光顏色有紅、黃、綠等 3 種顏色。LED 在做實驗時，須注意其有極性，長腳接較高電位端為正極性，若懷疑 LED 是否損壞，可以使用三用電表歐姆檔來量測，看看是否會亮。

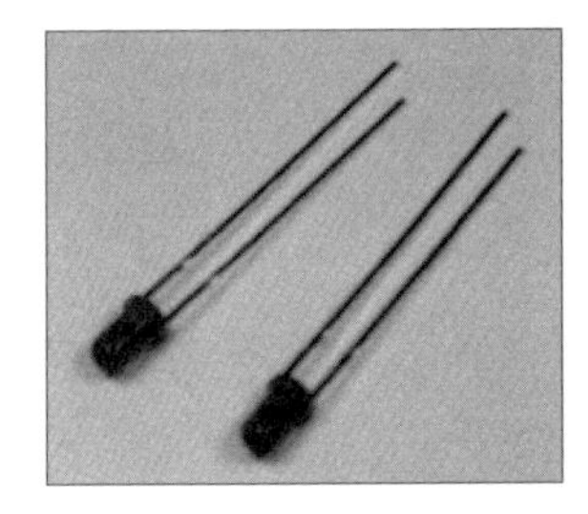

圖 4-3 小尺寸 LED 照相

在 Uno 單板上 D13 接有一 LED 指示燈，我們稱為工作指示 LED，送出高低電位時，LED 點亮，低電位時則使 LED 熄滅。我們可以用來表示如下的一些狀態：

- 程式剛開始執行時，LED 閃動，表示程式已經正常開始執行了。
- 程式執行在有狀況產生時，LED 閃動一下。
- 做狀態區分表示，如狀態一閃動一下，狀態二閃動兩下，以此類推。
- 程式執行遇到特殊錯誤時，持續閃動著。

因此靠一個 LED 閃動情況，可以判斷程式執行的正確性及顯示程式執行的結果，這是一個相當簡單容易的輸出裝置，用來表示一個位元的數位狀態。Uno 板上設計由此控制電路，可以直接在板上驗證其控制程式功能。

實驗目的

測試工作指示 LED 功能，以控制程式來做實驗。

功能

參考圖 4-4 電路，程式執行後工作指示 LED 持續閃動著。

電路圖

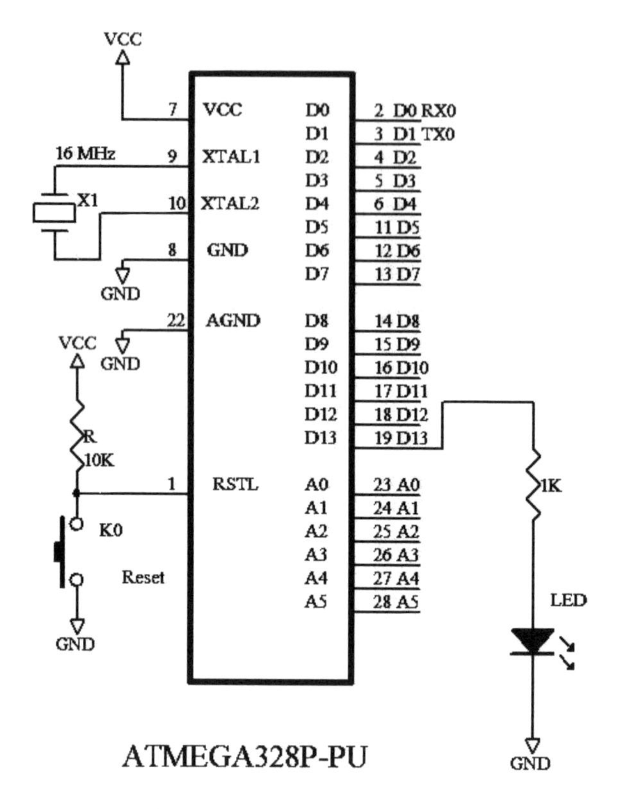

圖 4-4　工作指示 LED 實驗電路

程式 Leda.ino

```
int led = 13; // 設定 LED 接腳
void setup()// 初始化設定
{
  pinMode(led, OUTPUT);
}

void loop()// 主程式迴圈
{
  digitalWrite(led, HIGH); /led 腳位輸出高電位
  delay(1000);   // 延遲 1 秒
  digitalWrite(led, LOW); /led 腳位輸出低電位
  delay(1000); // 延遲 1 秒
}
```

4-3 走馬燈控制一

本節的實驗是經由提升電阻，連接 8 個 LED 走馬燈展示，其中使用左移及右移方式做走馬燈展示，實驗中使用的多組 LED 燈包裝在一起，稱為條型 LED 燈，共有 10 組，如圖 4-5 所示，實驗時只用了 8 組，其餘 2 組空接未使用。

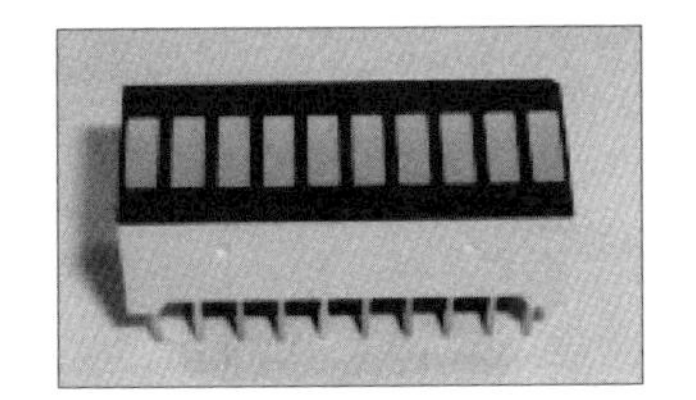

圖 4-5　條型 LED 燈

控制電路如圖 4-6 所示，當相對位元輸出低電位 LED 順向導通而發亮，輸出高電位，LED 截止而熄滅，串接提升電阻是做為限流電阻用，避免 LED 流過過大電流損壞，一般工作電流 5 ～ 10mA 即可，當流過的電流越大則越亮。

實驗目的

測試條型 LED 燈電路，做走馬燈控制實驗。

功能

參考圖 4-6 電路，程式執行後，8 個 LED 燈先全亮測試，再熄滅。然後 8 個 LED 燈依序左移一次，一次亮燈一個，中間有短暫延遲，左移後改為右移，然後持續做走馬燈展示。

電路圖

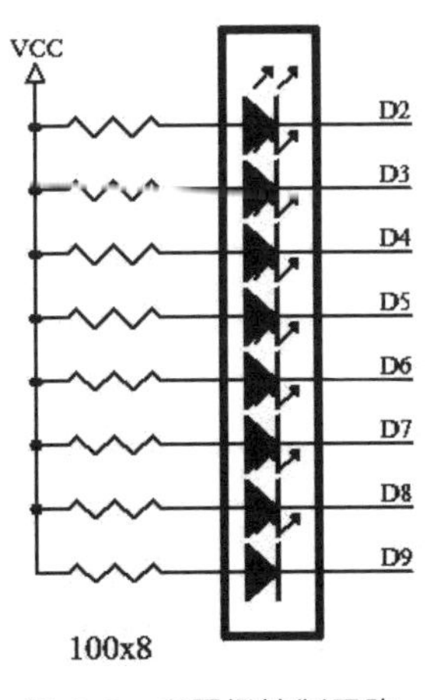

圖 4-6　走馬燈控制電路

程式 Led8.ino

```
int led8[] ={2, 3, 4,  5, 6, 7, 8, 9 };// 設定 LED 接腳
int i,t;
void setup()// 初始化設定
{
 for(i=0; i<8; i++)
  pinMode(led8[i], OUTPUT);
}

void led8_bl()// 全亮測試，再熄滅
{
 for(i=0; i<8; i++)  digitalWrite(led8[i], LOW);
 delay(1000);
 for(i=0; i<8; i++)  digitalWrite(led8[i], HIGH);
 delay(1000);
}

void led8L() // 左移
{
 for(t=0; t<8; t++)
  {
   for(i=0; i<8; i++) // 全熄滅
digitalWrite(led8[i], HIGH);
   digitalWrite(led8[t], LOW); delay(100); // 點亮 1LED
  }
}

void led8R()// 右移
{
for(t=7; t>=0; t--)
  {
   for(i=0; i<8; i++) // 全熄滅
digitalWrite(led8[i], HIGH);
   digitalWrite(led8[t], LOW); delay(100); // 點亮 1LED
  }
}
void loop()// 主程式迴圈
{
  led8_bl();// 全亮測試，再熄滅
  led8L(); // 左移
  led8R(); // 右移
}
```

4-4 走馬燈控制二

上一節所介紹的走馬燈是以一次亮一燈方式做左移及右移，來達成展示，一般還可以使用查表的方式來做控制，所謂查表的方法是將一些特定的資料，在此是 LED 展示的變化組合資料先以陣列資料結構存入，在程式中逐一將陣列中的資料取出，送往 LED 輸出埠，便可以完成各種特殊走馬燈展示的效果。存在陣列內的資料可以隨意組合，因此以查表法來做走馬燈控制的變化花樣較多，展示效果較佳。

程式中使用以下函數做位元處理：

```
bitRead(x, n);
```

讀取 x 位元組第 n 位元資料，例如 x=0x11（16 進位）x=B00010001（2 進位）

```
執行 bitRead(x, 0);   傳回 1
執行 bitRead(x, 1);   傳回 0
```

利用此函數可以直接判斷變數位元是 0 或 1，配合 digitalWrite() 函數做輸出控制，進而推動 LED 點亮或是熄滅。

實驗目的

測試連接條型 LED 燈電路，以查表方法做走馬燈控制實驗。

功能

參考圖 4-6 電路，程式執行後 8 個 LED 做出 4 種不一樣的走馬燈花樣展示。

然後持續做走馬燈展示。

程式 Ledt.ino

```
//設定 LED 燈展示資料
byte led1[]={0x7F, 0xBF, 0xDF, 0xEF, 0xF7, 0xFB, 0xFD, 0xFE};
byte led2[]={ 0xFE, 0xFD, 0xFB, 0xF7, 0xEF, 0xDF, 0xBF, 0x7F};
byte led3[]={ 0x7E, 0xBD, 0xDB, 0xE7, 0xE7, 0xDB, 0xBD, 0x7E};
byte led4[]={ 0x7F, 0x3F, 0x1F, 0x0F, 0x07, 0x03, 0x01, 0x00};
int led8[]={2, 3, 4, 5,  6, 7, 8, 9 };  //設定 LED 燈控制位元
void setup()//初始化設定
{
int i;
  for(i=0; i<8; i++)
  pinMode(led8[i], OUTPUT);
}
void led8_bl()  //全亮測試，再熄滅
{
int i;
 for(i=0; i<8; i++)  digitalWrite(led8[i], LOW);
 delay(500);
 for(i=0; i<8; i++)  digitalWrite(led8[i], HIGH);
 delay(500);
}
void rot(byte *pt) //一組走馬燈展示
{
int i,a,b;
  for(i=0; i<8; i++) //一組走馬燈展示有 8 組資料
   {
     for(a=0; a<8; a++) //一組資料有 8 位元
      {
        b=bitRead(pt[i], a); //取出某位元組 1 位元資料
        if(b==1)  digitalWrite(led8[a], HIGH);
          else digitalWrite(led8[a], LOW);
      }
     delay(200);
   }
}
/*-----------------*/
void loop()//主程式迴圈
{
  led8_bl(); delay(1000);
  rot(led1); delay(1000);
  rot(led2); delay(1000);
  rot(led3); delay(1000);
  rot(led4); delay(1000);
}
```

4-5 壓電喇叭測試

喇叭也是常見的輸出裝置，例如當有按鍵按下時，可以嗶一聲，用以指示有按鍵被按下了，也可以用來播放音樂、音效或是做語音錄音重播。一般小型喇叭分為傳統喇叭及壓電喇叭，圖 4-7 左方是壓電喇叭照相，右方則是一般小尺寸喇叭照相，尺寸越大的喇叭可以承受的功率越大，發聲較大聲。

圖 4-7　壓電喇叭及一般小尺寸喇叭照相

壓電喇叭體積比傳統喇叭來得小，它的包裝可以直接焊接在電路板上，在電子材料行買到的壓電喇叭分為兩種：一種稱為自激式壓電喇叭，一種稱為外激式壓電喇叭，前者內建有震盪電路，只需要輸入電壓，壓電喇叭便會自己發出嗶聲，聲音的頻率是固定的。至於外激式壓電喇叭，需要由外部控制脈衝來驅動產生聲音，其功能較類似一般的喇叭，當外部控制脈衝振盪頻率越高時則發聲頻率越高。實驗用的壓電喇叭便是使用外激式壓電喇叭，可以演奏音樂旋律。第 10 章有做實驗說明，如何演奏音樂旋律。

實驗目的

連接壓電喇叭電路，以控制程式驅動壓電喇叭發出嗶聲。

功能

參考圖 4-8 電路，程式執行後，壓電喇叭發出嗶聲 3 聲。喇叭實驗電路可以經過電晶體放大信號，或是直接接數位輸出都會發出嗶聲。

電路圖

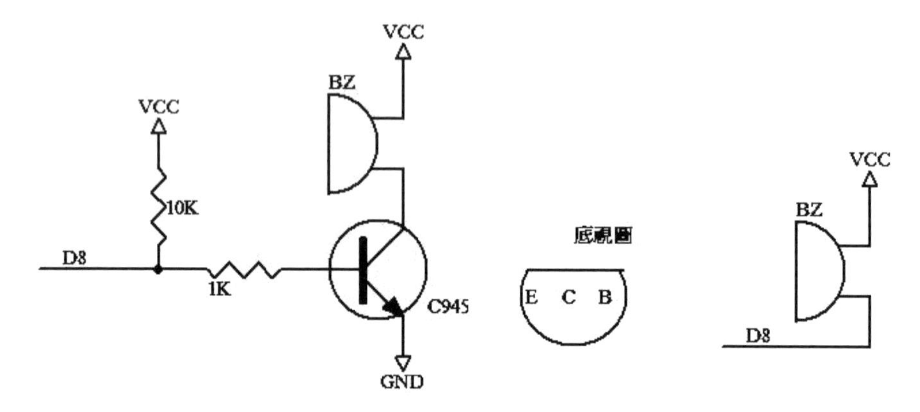

圖 4-8　壓電喇叭控制電路

程式 bz.ino

```
int bz=8;  // 設定喇叭腳位
//---------------------------------------
void setup()// 初始化設定
{
  pinMode(bz, OUTPUT);
  digitalWrite(bz, LOW);
}
//------------------------------------
void be()// 發出嗶聲
{
int i;
 for(i=0; i<100; i++) // 控制嗶聲長度
  {
   digitalWrite(bz, HIGH); delay(1);
   digitalWrite(bz, LOW);  delay(1);
```

```
  }
 delay(100);
}
//-----------------------------------
void loop()// 主程式迴圈
{
  be(); be(); be();   // 發出嗶 3 聲
  while(1);// 無窮迴圈
}
```

4-6 按鍵輸入

一般電子裝置中都設計有按鍵輸入，用以控制程式執行時資料的輸入或是特殊功能的設定及操作，少則幾個按鍵，2 到 4 個即已夠用，如我們手上的電子錶。當要做資料的輸入時可能要 10 個左右的按鍵，像早期隨身攜帶的手機則有十幾個按鍵來輸入電話號碼。

圖 4-9 是小型按鍵照相，按鍵一般的包裝呈現 4 接點，可以三用電表量測一下，當按下時，那兩接點導通，有一個簡單的判斷方法是對角線兩點是控制接點，在實作時方便做判斷。

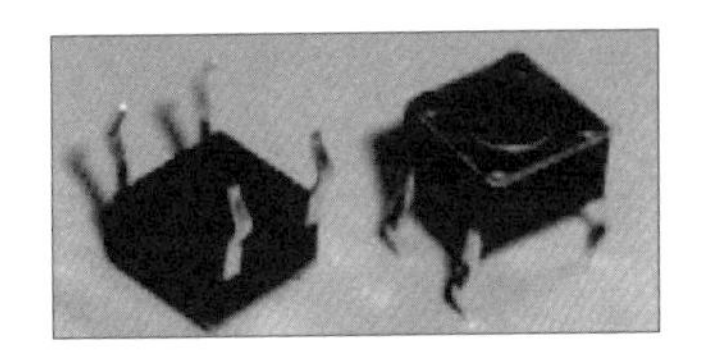

圖 4-9　小型按鍵照相

在控制電路中，如果是按鍵數不多時可以使用一個按鍵對應一條輸入線控制，圖 4-10 為 2 個按鍵的控制輸入電路，使用 D7 及 D10 當做輸入用，由程式來控制，平時輸入端為高電位，當有按鍵按下時則相對位元會呈現低電位，經由輪流掃描判斷輸入端是否低電位，便可以知道按下了哪一按鍵。

程式中設定如下：

```
pinMode(k1, INPUT); // 設定 k1 腳位為輸入
digitalWrite(k1, HIGH);// 設定 k1 腳位為高電位
```

設定 k1 腳位為高電位，啟動 Arduino 輸入端設定為高電位，連接內部提升電阻。當有按鍵按下時會呈現低電位，才能做程式判斷處理。

迴圈中判斷輸入端是否低電位，便知道按下了哪一按鍵，設計如下：

```
char  k1c;
while(1)
  {
    k1c=digitalRead(k1); //讀取 k1 輸入腳位
    if(k1c==0)  led_bl(); //若為低電位表示按鍵按下，LED 閃動
   }
```

實驗目的

測試按鍵控制輸入電路，以程式偵測按鍵是否按下。

功能

參考圖 4-10 電路，程式執行後工作 LED 燈閃動表示程式開始執行，動作如下：

- 按下 K1 鍵，LED 燈閃動 2 下。
- 按下 K2 鍵，LED 燈閃動 4 下。

電路圖

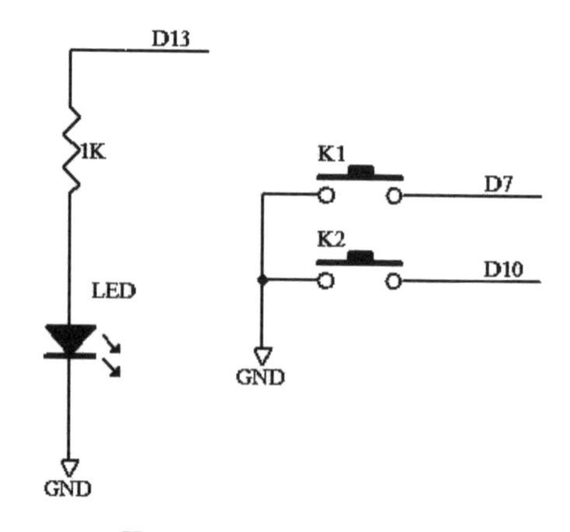

圖 4-10　按鍵控制輸入電路

程式 k2.ino

```
int led= 13;  //設定 LED 腳位
int k1=7;  //設定按鍵 1 腳位
int k2=10; //設定按鍵 2 腳位

void setup()//初始化設定
{
  pinMode(led, OUTPUT);
  pinMode(k1, INPUT);
  digitalWrite(k1, HIGH);
  pinMode(k2, INPUT);
  digitalWrite(k2, HIGH);
}

void led_bl()//設定 LED 腳位
{
int i;
 for(i=0; i<2; i++)
  {
   digitalWrite(led, HIGH); delay(150);
   digitalWrite(led, LOW);  delay(150);
  }
}
void loop()//主程式迴圈
{
char k1c, k2c;
 led_bl();
 while(1)
  {
    k1c=digitalRead(k1); //偵測按鍵 1
    if(k1c==0)  led_bl();

    k2c=digitalRead(k2); //偵測按鍵 2
    if(k2c==0)  { led_bl();  led_bl(); }
  }
}
```

4-7 七節顯示器控制

LED 只能顯示幾個位元的數位狀態，如果要顯示數字的話就要使用七節顯示器。七節顯示器是一般常用的輸出結果顯示元件，可用來顯示 0 到 9 的數字，字型 A 到 F 或是某些特殊的字型，在許多的應用場合中可派上用場，若是要顯示多位數字時，可串接起來利用微電腦程式掃描的方式來驅動。圖 4-11 為實體照相，其中 dot 表示小數點。

七節顯示器可以分為 2 種，一種共陰一種是共陽，二者均有現成的解碼驅動 IC，前者為 7448，後者為 7447。本節實驗是以輸出埠直接控制共陽七節顯示器顯示字型，不必接解碼驅動 IC。

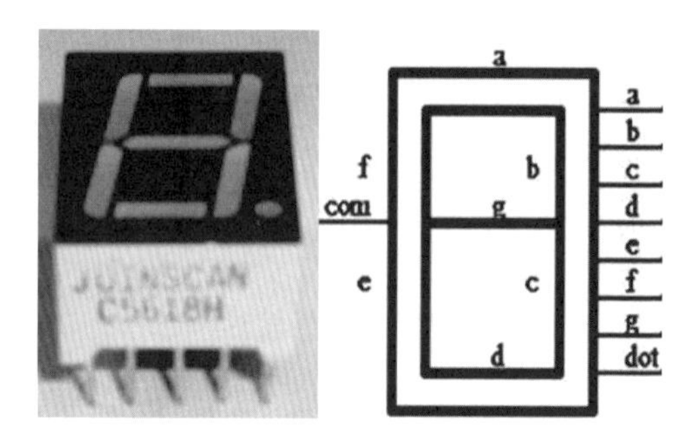

圖 4-11　七節顯示器及接腳

七節顯示器的控制接腳（a、b、c、d、e、f、g、dot）是由輸出埠的 8 個位元來控制，各個位元間加上了限流電阻，對於共陰顯示器，當某位元送出高電位時則點亮相對的顯示器位元。若要共陰七節顯示器顯示數字 1，位元 b、c 皆 ON，其餘位元 OFF，可以推算如下：

輸出位元	b7	b6	b5	b4	b3	b2	b1	b0
資料	dot	g	f	e	d	c	b	a
數值	0	0	0	0	0	1	1	0

所以只要由輸出埠送出 06H 的資料，便可以顯示數字 1。

同理可以推算顯示其他數字送出資料碼如下：

顯示數字	0	1	2	3	4	5	6	7	8	9	A	B	C	D	E	F
資料碼	3FH	06H	5BH	4FH	66H	6DH	7DH	07H	7FH	6FH	77H	7CH	B9H	5EH	79H	71H

同理共陽七節顯示器顯示數字送出資料碼如下：

顯示數字	0	1	2	3	4	5	6	7	8	9	A	B	C	D	E	F
資料碼	C0H	F9H	A4H	B0H	99H	92H	82H	F8H	80H	90H	88H	83H	46H	A1H	86H	8EH

實驗目的

連接共陽七節顯示器電路，以程式控制顯示資料。

功能

參考圖 4-12 電路，程式執行後，共陽七節顯示器顯示資料，每隔 0.5 秒變化顯示數字 0 至 9 及 A 至 F 資料。

電路圖

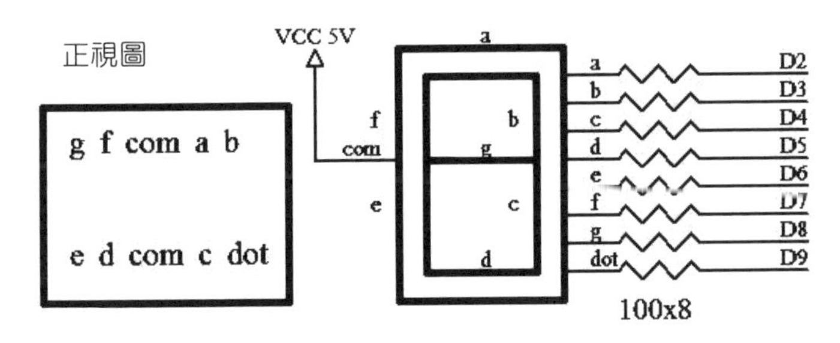

圖 4-12　七節顯示器顯示控制電路

程式 seg.ino

```
int seg8[] ={2, 3, 4, 5,  6, 7, 8, 9 }; // 設定七節顯示器腳位
// 共陰七節顯示器資料碼，可以切換為共陽
byte DATA_7SEG[]={0x3f, 0x06, 0x5b, 0x4f, 0x66,
                  0x6d, 0x7d, 0x07, 0x7f, 0x6f,
                  0x77, 0x7c, 0xb9, 0x5e, 0x79, 0x71 };
void setup()// 初始化設定
{
int i;
 for(i=0; i<8; i++) // 設定七節顯示器腳位為輸出
  pinMode(seg8[i], OUTPUT);
}

void loop()// 主程式迴圈
{
int i;
int a;
boolean b;
  for(i=0; i<16; i++) //16 組顯示資料
    {
     for(a=0; a<8; a++) // 一組資料有 8 位元
      {    // ~  表示反向，共陰切換為共陽
        b=bitRead(~DATA_7SEG[i], a); // 取出某位元組 1 位元資料
        if(b)  digitalWrite(seg8[a], HIGH);
          else digitalWrite(seg8[a], LOW);
      }
      delay(500);
    }
}
```

4-8 繼電器控制介面

繼電器是常用的輸出控制介面，可以做交直流電源或是信號的輸出切換，圖 4-13 是實驗用的繼電器照相，一般通過線圈的工作電壓可以分為 5V 或是 12V 不分極性。當線圈兩端通過直流電壓時，產生磁場將內部接點接通，於是迴路導通。

圖 4-13　實驗用繼電器照相

圖 4-14 是實驗用控制電路。一般在直流線圈的兩端都會加上一保護二極體，用以保護驅動輸出端的電晶體，因為在繼電器 ON/OFF 之間，在線圈上會產生相當大的反電動勢，加上二極體便可迅速將此反向高壓吸收掉。當 D7 控制線送出低電位時，電晶體截止繼電器不導通 OFF，反之當控制線 D7 送出高電位時，電晶體飽和使繼電器導通，迴路接通。

繼電器控制接點說明如下：

- L1 L2：線圈接點，加上工作電壓後，可以聽見繼電器接點切換接通的聲音。
- COM：Common，共通點。輸出控制接點的共同接點。
- NC：Normal Close 常閉點。以 COM 為共同點，NC 與 COM 在平時是呈導通的狀態。
- NO：Normal Open 常開點。NO 與 COM 在平時是呈開路的狀態，當繼電器動作時，NO 與 COM 導通，NC 與 COM 則呈開路（不導通）狀態。

繼電器一般的使用是串接在電氣迴路中，當作可程式控制的電源開關切換用，由繼電器 ON/OFF 的動作，可以用來控制家電（AC 110V）開啟或關閉。在圖中當繼電器 ON 時，使電燈電源迴路接通，因此電燈會亮起。

程式中設計一繼電器狀態變數 fry，初值設為 0，表示繼電器 OFF，偵測到按鍵則做繼電器狀態切換，依照繼電器狀態驅動繼電器 ON 或是 OFF。程式設計如下：

```
while(1)
  {
  k1c=digitalRead(k1); //偵測是否按鍵
  if(k1c==0) //有按鍵
     {
      led_bl();//LED 閃動指示
      fry=1-fry; //0 或 1 繼電器狀態切換
      if(fry==1)  digitalWrite(ry, HIGH);  //繼電器 on
        else      digitalWrite(ry, LOW);  //繼電器 off
     }
  }
```

實驗目的

了解繼電器電氣特性，以程式控制繼電器動作。

功能

參考圖 4-14 電路，程式執行後，工作 LED 燈閃爍一下，表示程式開始執行。

繼電器 OFF，按下 K1 鍵，繼電器 ON，再按下 K1 鍵則 OFF。

電路圖

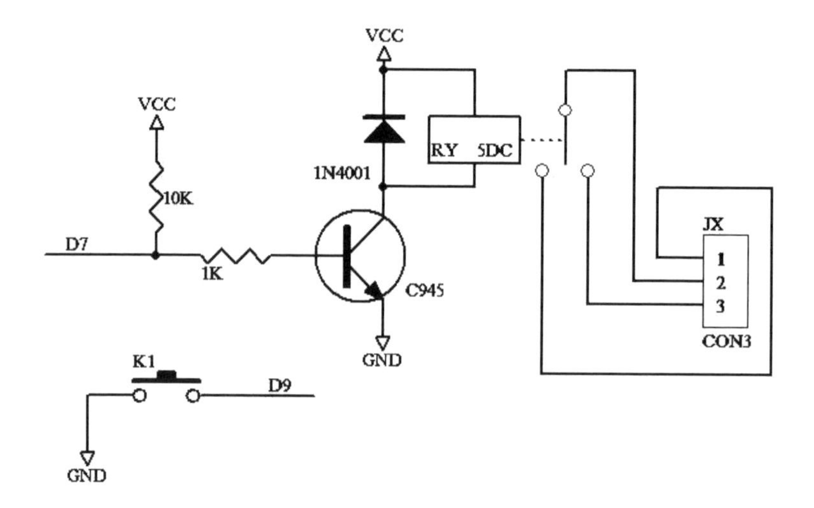

圖 4-14　繼電器控制電路

程式 try.ino

```
int led= 13; // 設定 LED 腳位
int k1=9; // 設定按鍵腳位
int ry=7; // 設定繼電器腳位
char fry=0; // 設定繼電器狀態變數

void setup()// 初始化設定
{
```

```
  pinMode(led, OUTPUT);
  pinMode(k1, INPUT);
  digitalWrite(k1, HIGH);
  pinMode(ry, OUTPUT);
  digitalWrite(ry, LOW);
}

void led_bl()//LED 閃動
{
int i;
 for(i=0; i<2; i++)
  {
   digitalWrite(led, HIGH); delay(150);
   digitalWrite(led, LOW);  delay(150);
  }
}

void loop()// 主程式迴圈
{
char k1c;
 led_bl();
 while(1) // 無窮迴圈
  {
    k1c=digitalRead(k1); // 偵測按鍵
    if(k1c==0) // 有按鍵
     {
      led_bl();//LED 閃動
      fry=1-fry; // 繼電器狀態切換
      if(fry==1) digitalWrite(ry, HIGH);   // 繼電器開
        else     digitalWrite(ry, LOW);  // 繼電器關
     }
  }
}
```

4-9 習題

1. 設計程式，先由 8 只 LED 做走馬燈展示外，同時壓電喇叭發出嗶聲。
2. 若七節顯示器改為共陰七節顯示器，程式應如何修改？
3. 說明繼電器的接腳功能。
4. 繼電器實驗中，修改程式，使在按鍵按下後，繼電器 1 ON 2 秒後才 OFF。
5. 修改控制程式，使壓電喇叭輸出 5KHz 的嗶聲。
6. 試寫一 delay1(int d) 副程式，延遲時間由參數 d 決定，共可延遲 (dx10)ms。
7. 設計程式，七節顯示器以亂數顯示 0 ～ 9，每隔一秒更新一次。
8. 設計程式，亂數值由 8 只 LED 顯示出來，每隔一秒更新一次。

串列介面控制

電腦的通訊介面應用很廣，除了可以做基本資料的傳送，遙控系統的設計外，更可以完成特殊硬體擴充的連線作業，這在做資料收集或是自動控制工程應用上均是相當重要的技術。而 Uno 在通訊介面上便提供了我們方便且好用的功能，如由電腦上傳程式到板上來執行，執行結果會傳回電腦顯示訊息，將電腦當做終端機應用。

在本章中我們將說明串列傳送的通訊原理，及 Uno 串列埠的使用，並以實驗來說明串列資料的接收及傳送，這些都是一些非常基本的測試程式，熟悉這些程式的設計，在以後 Uno 專題製作上用途很多，可以做多顆晶片的系統連線控制，也可以與 PC 做資料傳送。

5-1 串列資料傳送原理

電腦與外界通訊做資料交換的方式，基本上可以分為兩大類，分別為串列及並列傳輸介面。

並列通訊

並列通訊資料傳送的方式，一次送出或接收一個位元組（8 個位元），如圖 5-1 所示，通常在微電腦的 I/O 上會接有介面控制晶片，其資料匯流排可視為是並列傳送的一種，只不過是在微電腦系統內部運作而已，並未對外做通訊。典型的例子如 PC 連結的印表機就是使用並列通訊的方式，稱為 Centronics 介面。其中包含有交握式的控制介面，以保證資料傳送的正確性。使用並列資料傳送的優點是速度快，適合近距離的傳送，對距離較長的電腦通訊，由於傳輸線成本增加、電氣信號衰減等問題，會考慮使用串列通訊的傳送技術。

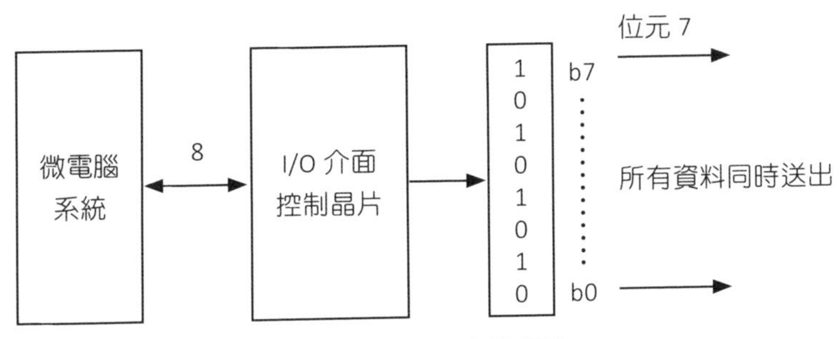

圖 5-1　並列通訊示意圖

串列通訊

串列通訊是以一連串的位元形式將資料傳送出去或接收進來，在任一瞬間則只傳送一個位元，如圖 5-2 所示。資料傳送較費時，但卻可以降低傳輸線的硬體成本，特別適合做較長距離的電腦通訊。典型的串列通訊傳輸方式是使用 RS232 介面，屬於一種非同步傳送格式，使用的相當普遍，像是一些較高級的儀器設備，如自動量測儀器均會提供此一通訊介面，使得與電腦間可以很容易的建立連線，增加整個儀器本身的擴充能力。

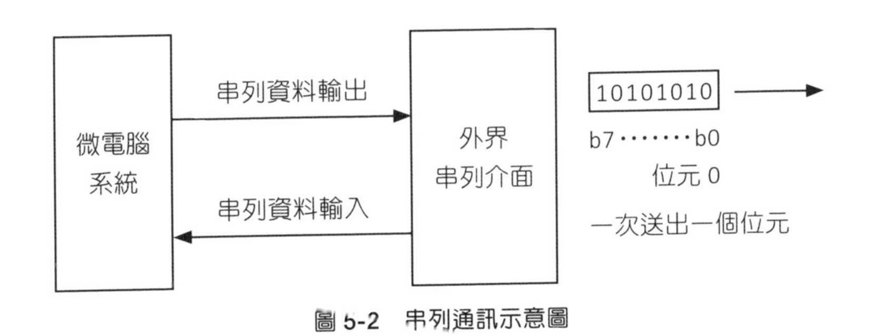

圖 5-2　串列通訊示意圖

非同步串列資料傳送

串列資料傳送，為了保證資料發送端與接收端可以取得同步，正確的傳送資料，在非同步串列資料傳送中，每傳送一筆資料都由一組資料框組成。此資料框的格式共由以下 5 個要項組成：

標記	起始位元	資料位元	同位位元	停止位元

- **標記：**當串列傳輸線上不傳送資料時，它所處的狀態稱為標記狀態，用以告知對方目前是處於待機閒置的狀態下，此信號一直保持在高準位下。
- **起始位元：**在真正傳送資料位元前，會先送出一個低電位的位元，以告知接收端馬上就要送資料出去了，標記一直保持在高電位下，一旦送出起始位元低電位後，在這轉態的瞬間，接收端與發送端便取得同步。
- **資料位元：**真正傳送的資料在起始位元送出後，便逐一將位元一個一個送出去（位元 0 最先送出）。資料的長度可以是 5 到 8 個位元，例如是英文的文字檔，則只要用到 7 個位元傳送即可，使用 8 個位元可以傳送文字檔或任何資料檔。
- **同位位元：**在傳送完每一個位元資料後，接著送出同位檢查位元，用來檢查資料在傳送的過程中是否發生錯誤，同位位元檢查可以是奇同位或偶同位。採用奇同位做同位位元檢查，表示所有資料位元加上同位位元後，"1" 的總數要為奇數，反之偶同位則所有資料位元加上同位位元，"1" 的總數應為偶數個。當然，也可以不使用同位位元檢查，在資料傳送中，少傳一個位元，可增快傳輸速度。
- **停止位元：**在一連串的傳送位元的最後一個位元稱為停止位元，用以表示一個位元組的資料已傳送完畢。停止位元可以是 1 個、1.5 個或 2 個，依需要而做選擇。很明顯的，在串列傳輸中，加入開始及結束位元的主要功能是讓收發兩端可以隨時取得同步，使得資料傳輸無誤。圖 5-3 為位元組 6BH 經串列傳輸介面送出時的波形圖，傳送一個位元組共花了 11 個位元寬的傳送時間。除了資料項 8 位元外多加了起始、停止及同位檢查位元，其中可以看出同位檢查是採用奇同位，因為資料項加上同位位元，共有 5 個 "1"，奇數個 "1"。至於傳送的速度到底多快，這就與鮑率（Baud Rate）有關。

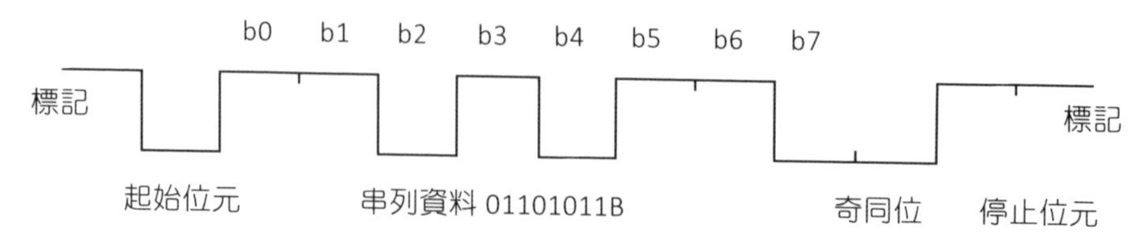

圖 5-3　串列資料 "6BH" 送出時波形圖

非同步串列資料傳送的速度多快，與其傳輸率——鮑率有關。每秒鐘可以傳送幾個位元的資料稱為鮑率，其單位是 BPS（Bit Per Second）。典型的傳輸率有 2400、4800、9600 和 19200 BPS。

以 9600 BPS 為例，表示每秒可以傳送 9600 位元的資料，若傳送如圖 5-3 的資料，共花了 11 個位元，以 9600 除以 11 可以得到 873，表示每秒可以傳送 873 個位元組，鮑率越高傳送時間愈短，至於應採用何種傳輸率來傳送資料呢？此乃收發雙方的事，兩方均要一致，便不會有問題。只要資料傳輸不出錯，當然是越快越好，較常使用的非同步串列傳輸通訊協定為 9600 8 N 1（9600 8 N 1），即鮑率為 9600 BPS，傳送或接收 8 個資料位元，沒有同位檢查，1 個停止位元，而起始位元一直會存在著。

5-2 RS232 串列介面介紹

傳統電腦含有一個串列通訊介面 COM1，其傳送規格都是採用 RS232 標準規格，圖 5-4 是輸入與輸出電位標準，為了提高雜訊免疫能力、防止雜訊干擾產生誤動作，採用雙極性、負邏輯方式來表示，以 +5V ～ +15V 代表邏輯 0，以 -5V ～ -15V 代表邏輯 1，在此準位設定下做資料傳送，在實際通訊應用中約有 3V 的雜訊邊界，在這範圍內可以提供很好的抗雜訊能力，其傳送速度可以達 20KBPS，最遠傳送距離可達 50 呎。

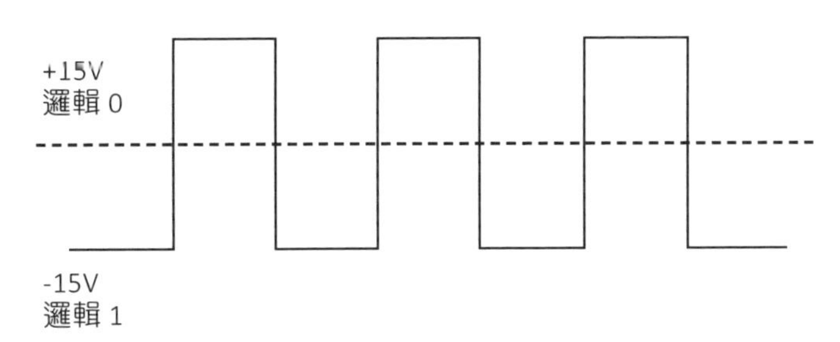

圖 5-4　RS232 傳送信號的準位採用負邏輯方式來表示

早期電腦後端的 RS232 連接頭一般有兩種，一種是 9 支腳位，另一種是 25 支腳位皆為公接頭。圖 5-5 是其實體照相，圖 5-6 是其接腳編號。注意公接頭與母接頭方向剛好相反，因此接腳編號順序也相反，做實驗時需要特別注意，仔細看一下接頭內部就有接腳編號標明，先確認一下再做實驗連接。

圖 5-5　RS232 9 PIN 公接頭照相

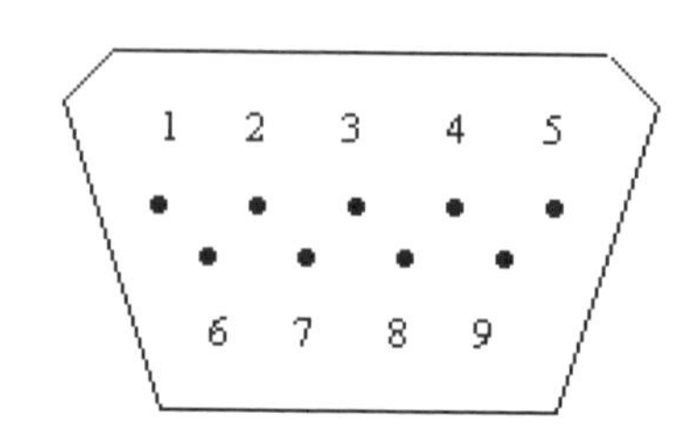

圖 5-6　RS232 9 PIN 公接頭接腳編號

表 5-1 是 RS232 9 支腳位其相關信號說明，RS232 串列介面早期是與數據機（MODEM）相連接，是一個很好的應用實例。因此其控制接腳中，包含有與數據機互相作交握式信號通訊傳送的控制信號。表 5-2 是 RS232 9 支與 25 支腳位信號對照，早期 RS232 介面規格訂定是以 25 支腳位為主，因為與數據機相連接，將信號減化為 9 支腳位，現在看到的 RS232 通信介面接腳都是以 9 支腳位為主。

表 5-1　RS232 9 支腳位信號定義

腳位	信號	信號功能
1	CD	載波信號偵測（Carrier Detect）
2	RXD	接收資料（Receive）
3	TXD	發送資料（Transmit）
4	DTR	資料端備妥（Data Terminal Ready）
5	GND	接地（Ground）
6	DSR	資料備妥（Data Set Ready）
7	RTS	要求傳送（Request To Send）
8	CTS	清除來傳送（Clear To Send）
9	RI	鈴響偵測（Ring Indicator）

表 5-2 RS232 9 支與 25 支腳位信號對照

9 PIN 腳位	信號	25 PIN 腳位
1	CD	8
2	RXD	3
3	TXD	2
4	DTR	20
5	GND	7
6	DSR	6
7	RTS	4
8	CTS	5
9	RI	22

RS232 接腳相關信號動作說明如下：

- **CD 接腳**：此接腳由數據機來控制，當數據機偵測到有載波信號時，輸出高電位表示通知電腦，目前是在連線中。
- **RXD 接腳**：電腦接收數據機所傳過來的數位信號接腳，此接腳會隨著信號做高低電位的變化。
- **TXD 接腳**：電腦向數據機傳送的數位信號接腳，此接腳會隨著信號做高低電位的變化。
- **DTR 接腳**：此接腳由電腦來控制，輸出高電位表示通知數據機，電腦這邊已經備妥，可以接收資料了。
- **GND 接腳**：電腦串列介面與數據機間的共同接地線，兩端的地線準位必須一致，才不會使傳送的信號不穩定，出現飄移錯誤動作。
- **DSR 接腳**：此接腳由數據機來控制，輸出高電位表示通知電腦，數據機這邊已將資料備妥，可以傳送給電腦了。

■ **RTS 接腳**：此接腳由電腦來控制，通知數據機將資料送出，當數據機收到此控制信號號後，便會將由電話線上收到的資料傳給電腦。

■ **CTS 接腳**：此接腳由數據機來控制，通知電腦將資料送出，數據機會將電腦送過來的資料，經由電話線路傳送出去。

■ **RI 接腳**：當數據機偵測到有電話鈴響信號時，送出此信號通知電腦。若數據機設為自動應答模式時，則會自動接聽電話。

5-3 Arduino 串列介面

由於電腦 USB 介面應用的普及，已成電腦周邊裝置連線的主流，圖 5-7 為電腦 USB 介面與連接頭，USB1.1 介面傳輸速度為 12Mbps，USB2.0 介面傳輸速度可達 480Mbps。Uno 提供 USB 介面來與電腦連線，上傳程式驗證執行結果。圖 5-8 為 Uno USB 介面連接頭，內部為四線連接，中間兩線傳送與接收資料，旁邊兩線提供 5v 電源與地線。因此 Uno USB 介面可以提供 3 種應用：

■ 連線測試程式時，提供 5v 電源。

■ 上傳程式。

■ 串列介面監控程式執行結果。

圖 5-7　電腦 USB 介面與連接線

圖 5-8　Uno USB 介面與連接線

若是以最小電路設計製作實驗板，則可以透過 USB 到串列介面轉換器與電腦連線，來上傳程式，圖 5-9 是 USB 介面轉換器照相，它有以下腳位：

- 5V：5V 電源供電。
- 3.3V：3.3V 電源供電。
- RXD：下載程式或通訊的接收腳位。
- TXD：下載程式或通訊的發送腳位。
- 地線。

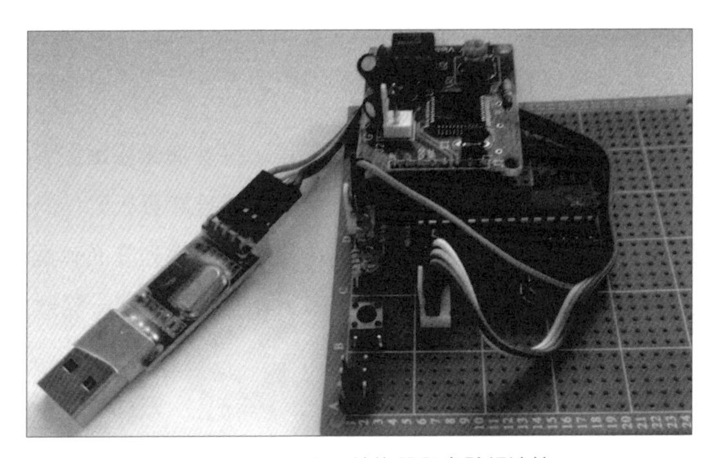

圖 5-9　USB 介面轉換器與實驗板連接

利用介面轉換器與 Arduino 最小電路製作實驗板連接，串列介面腳位需互換如下：

- RXD：連接 Arduino TX0 發送腳位。
- TXD：連接 Arduino RX0 接收腳位。

在 Uno 板上有晶片提供 USB 介面到串列介面 TTL 準位轉換，可以與 Arduino 控制晶片連線，由 D0 腳位（標示為 RX0）接收，D1 腳位（標示為 TX0）發送資料，因此在以 Uno 板或最小電路實驗板做實驗時，D0 與 D1 腳位不要連接任何硬體，以免串列介面造成干擾，工作不正常。

5-4 Arduino 傳資料到電腦

Arduino 系統內建有串列介面連線的 Serial 程式庫，提供以下基本動作：

- 串列介面初始化：與通訊端建立相同通訊協定，準備通訊。
- 串列介面輸出：Arduino 由串列端口送出資料。
- 串列介面輸入：Arduino 由串列端口接收資料。
- 串列介面監控視窗：Arduino 在電腦上的執行檔，監控串列介面資料進出，使用者只需要使用程式庫功能，以簡單的控制程式碼直接驅動串列介面顯示接收資料，或是發送資料出去，而不必花時間去寫低階的硬體控制指令。

串列介面監控視窗是一項很好用的除錯工具，只要通訊協定鮑率設定好，便可以顯示進來的資料，也可以發送資料出去，達成遙控開發板動作的應用或是除錯。Uno 開發板上有 TX（發送）及 RX（接收）LED，當串列介面有資料交換時，或是程式碼上傳時，LED 都會閃動作指示。串列介面監控視窗一開啟，會自動啟動 Arduino 程式執行，方便使用者觀看執行結果。

串列介面控制常用指令如下：

```
Serial.begin(9600); // 初始化串列介面鮑率設定為 9600 BPS
Serial.print ("hello, world");  // 輸出資料
Serial.read();// 讀取資料
```

前面介紹過串列傳輸通訊協定，Arduino 在通訊協定上，也是使用（9600 8 N 1)：

- 鮑率 9600 BPS。
- 傳送或接收 8 個資料位元。

- 沒有同位檢查。
- 1 個停止位元。

實驗目的

Arduino 傳資料到電腦，電腦端接收訊息。

功能

執行後，打開串列介面監控視窗，串列介面收到 Uno 傳來資料。

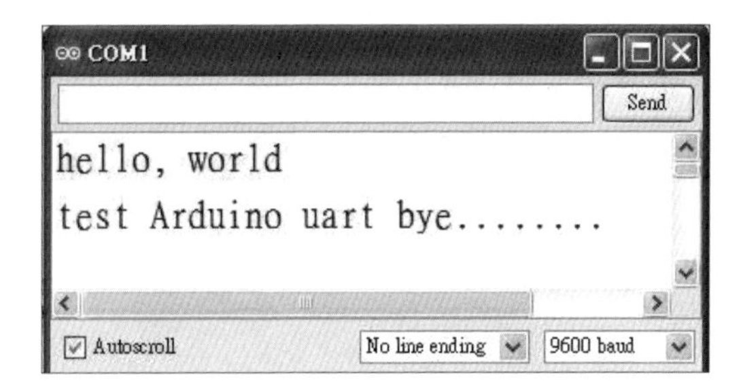

圖 5-10　串列介面收到 Uno 傳來資料

程式 ar_tx.ino

```
void setup()// 初始化設定
{
 Serial.begin(9600);
}
void loop()// 主程式迴圈
{
 Serial.print("hello, world ");
 Serial.print("\ntest Arduino uart ");// \n 表示送出換行
 Serial.println("bye........\n");
 while(1); // 無窮迴圈
}
```

5-5 Arduino 串列輸出格式

Arduino 程式開發上，經常會用到串列介面監控變數執行結果，最常用到的指令是輸出資料 Serial.print() 函數，可以輸出各種格式的變數，使用者可以查看網路線上 Arduino 系統中的參考說明檔：https://www.arduino.cc/reference/en/language/functions/communication/serial/print/，執行結果如圖 5-11，這樣可以快速查看 Serial.print() 函數用法。

圖 5-11　線上的 Serial.print 說明檔

Serial.print() 函數，可以輸出各種格式的變數，範例列舉如下：

```
Serial.print(78) 顯示 78
Serial.print(1.23456)           顯示 1.23
Serial.print('N')       顯示 N
Serial.print("Hello world.") 顯示 Hello world.
```

輸出各種格式 "BIN" 二進位，"OCT" 八進位，"DEC" 十進位，"HEX" 十六進位，範例如下：

```
Serial.print(78, BIN)     顯示 1001110
Serial.print(78, OCT)     顯示 116
Serial.print(78, DEC)     顯示 78
Serial.print(78, HEX)     顯示 4E
```

控制浮點輸出顯示小數點後幾位，範例如下：

```
Serial.print(1.23456, 0)     顯示 1
Serial.print(1.23456, 2)     顯示 1.23
Serial.print(1.23456, 4)     顯示 1.2346
```

實驗目的

Arduino 傳資料到電腦，電腦端接收訊息，觀看 Arduino 串列輸出格式。

功能

執行後，打開串列介面監控視窗，串列介面收到 Uno 傳來資料。

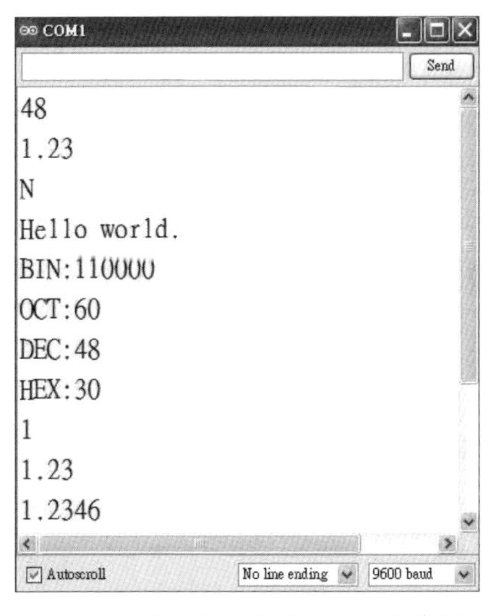

圖 5-12　串列介面收到 Uno 傳來資料

程式 ar_txf.ino

```
void setup()// 初始化設定
{
 Serial.begin(9600);
}

void loop()// 主程式迴圈
{
int a=48;
float f=1.23456;
 Serial.println(a);
 Serial.println(f);
 Serial.println('N');
 Serial.println("Hello world.");

 Serial.print("BIN:");
 Serial.println(a, BIN);
 Serial.print("OCT:");
 Serial.println(a, OCT);
 Serial.print("DEC:");
 Serial.println(a, DEC);
 Serial.print("HEX:");
 Serial.println(a, HEX);

 Serial.println(f, 0);
 Serial.println(f, 2);
 Serial.println(f, 4);
 while(1);
}
```

5-6 Arduino 接收資料控制 LED 燈

前面介紹過 Arduino 串列介面讀取資料，是使用 Serial.read() 函數，但還是要看控制晶片內，串列介面資料緩衝區是否有收到資料，使用函數 Serial.available() 可以檢查緩衝區是否有資料備妥，執行後：

- 傳回 0，表示沒有資料。
- 傳回 n，表示接收到 n 位元組數的資料。

再使用 Serial.read() 函數讀取緩衝區的第一筆資料。

由於串列介面的硬體連接方式簡單，因此在 Arduino 初期軟體開發上，可以經由電腦串列介面監控視窗與控制板連線，進行簡易的程式設計控制及除錯。本節電腦端送出控制指令 "123" 可以控制外界 LED 做出反應，硬體控制板上無需按鍵，也可以控制程式動作流程。

實驗目的

電腦端送出控制指令，Arduino 接收電腦傳來的資料控制 LED 燈動作。

功能

執行後，打開串列介面監控視窗，電腦端可接收 Uno 傳來訊息。電腦端可以輸入指令傳到 Uno 控制板，控制 LED 做出反應。Uno 接收電腦傳來的指令，反應如下：

- 數字 1：由串列介面回應輸出 "1"，LED 閃動 2 下。
- 數字 2：由串列介面回應輸出 "2"，LED 閃動 4 下。
- 數字 3：由串列介面回應輸出 "3"，LED 閃動 6 下。

圖 5-13　串列介面輸入指令與接收 Uno 傳來資料

電路圖

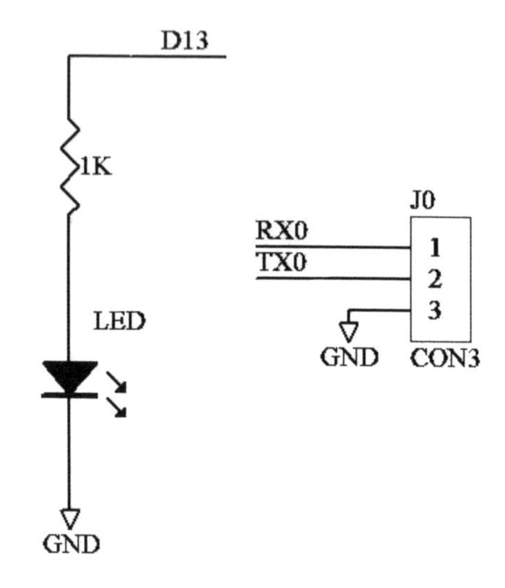

圖 5-14　Arduino 接收資料控制 LED 燈閃動

程式 rs.ino

```
int led = 13; // 設定 LED 腳位
//---------------------------------------
void setup() { // 初始化設定
  Serial.begin(9600);
  pinMode(led, OUTPUT);
}
//------------------------------------
void led_bl()//LED 閃動
{
int i;
 for(i=0; i<2; i++)
  {
   digitalWrite(led, HIGH); delay(150);
   digitalWrite(led, LOW);  delay(150);
  }
}
//------------------------------------
void loop()// 主程式迴圈
```

```
{
char c;
  led_bl();
 Serial.print("uart test : ");
 while(1)
  {
  if (Serial.available() > 0) //若有收到資料
    {
     c= Serial.read(); //讀取資料
     if(c=='1')
       {Serial.print("1 ");led_bl();}
     if(c=='2')
       {Serial.print("2 ");led_bl();led_bl(); }
     if(c=='3')
       {Serial.print("3 ");led_bl();led_bl(); led_bl();}
    }
 }
}
```

5-7 Arduino 串列介面輸出亂數

Arduino 初期軟體開發上，可以經由電腦串列介面監控視窗與控制板連線，將處理結果經由串列介面傳回電腦上而顯示在螢幕上，控制板上傳回哪些資料呢？一般有以下幾種：

- 程式執行中的變數值，例如經過函數執行後的結果。
- 所讀取的輸入取樣資料，包括數位輸入或是類比輸入值。
- 經過運算或是演算法處理後的結果。

程式設計如果能夠掌握這些變數的變化，便可以輕易的除錯，特殊硬體介面只需要依專門控制軟體來驅動看結果，因此一個有經驗的系統設計工程師，只要擅用以上的除錯技巧，不需要建立很複雜的硬體介面，也不需要借助於昂貴的開發工具，便可以有效率的完成專案的軟硬體整合開發測試。

Arduino 內建有亂數產生函數 random(no)，可以產生 0 到 no-1 的亂數，我們怎麼知道它產生的亂數是否有效？是否不重複？將執行結果經由串列介面傳送回電腦端顯示出結果，便可以驗證軟體執行的正確性。

實驗目的

由串列介面監控視窗觀察 Arduino 亂數產生函數執行結果。

功能

執行後，打開串列介面監控視窗，串列介面收到 Uno 傳來的亂數執行結果。

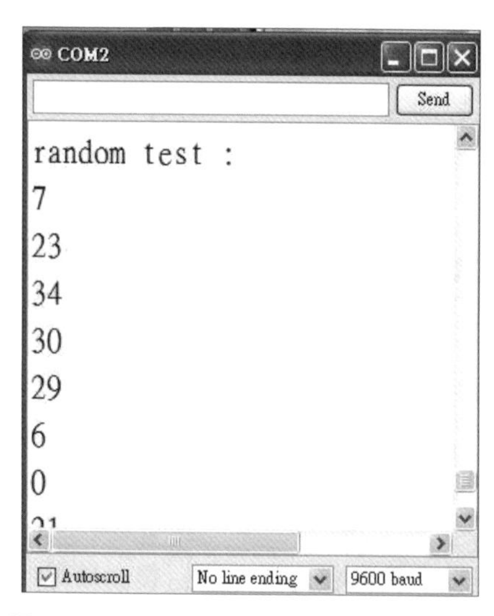

圖 5-15　串列介面收到 Uno 傳來亂數資料

程式 ran_ur.ino

```
void setup()// 初始化設定
{
  Serial.begin(9600);
  Serial.println("random test : ");
}
```

```
void loop()// 主程式迴圈
{
int r;
 r=random(42); // 產生亂數
 Serial.println(r);// 輸出亂數
 delay(300); // 延遲 0.3 秒
}
```

5-8 習題

1. 說明如何利用串列介面來進行 Arduino 程式設計除錯。
2. 說明非同步串列資料傳送中，資料框組成要項。
3. 說明串列資料傳送中同位位元檢查的目的。
4. 說明非同步串列傳輸通訊協定（9600 8 N 1），意義為何？
5. 說明非同步串列傳輸通訊協定鮑率的意義。
6. 若傳輸通訊協定為（19200 8 N 1），則每秒可以傳送多少個位元組。
7. 說明 RS232 規格傳送資料的準位為何？
8. 說明下列 RS232 接腳控制信號意義為何？

   DTR、DSR、RTS、CTS、RI

9. 寫一 Arduino 程式，使用通訊協定為（9600 8 N 1）與 PC 建立連線，當 PC 上按鍵，則 Arduino 做出相對的回應：

   PC 按鍵 1 → 回應："KEY 1 TEST"

   PC 按鍵 2 → 回應：" KEY 2 TEST"

MEMO

LCD 介面控制

LCD（液晶顯示器）在電子產品設計中使用率相當高，普通的七節顯示器只能用來顯示數字，若要顯示英文文字時，則會選擇使用 LCD，常見的使用場合有量測儀器及高級電子產品。我們在電子材料行買到的 LCD，其背面含有控制電路，其上面有專門的晶片來完成 LCD 的動作控制，在自行設計的介面中，只要送入適當的命令碼和顯示的資料，LCD 便會將其字元顯示出來，在程式控制上非常方便。本章將介紹 Arduino Uno 如何控制 LCD 顯示資料。

6-1 LCD 介紹

小尺寸 LCD 可以分為兩型，一種是文字模式 LCD，另一種為繪圖模式 LCD。市面上有各個不同廠牌的文字顯示型 LCD，仔細的查看一下，我們可以發現大部份的控制器皆是使用同一顆晶片來做控制，編號為 HD44780A，一般它提供有以下幾種顯示類型：

- 16 字 x 1 列。
- 16 字 x 2 列。
- 20 字 x 2 列。
- 24 字 x 2 列。
- 40 字 x 2 列。

LCD 特性

- +5V 供電，亮度可調整。
- 內藏振盪電路，系統內含重置電路。
- 提供各種控制命令，如清除顯示器、字元閃爍、游標閃爍、顯示移位等多種功能。
- 顯示用資料 RAM 共有 80 個位元組。

■ 字元產生器 ROM 有 160 個 5x7 點矩陣字型。

■ 字元產生器 RAM 可由使用者自行定義 8 個 5x7 的點矩陣字型。

接腳說明

圖 6-1 是實驗用 LCD 實體照相圖，一般市售的 LCD 均有統一的接腳，值得注意的是其他廠牌的 LCD 接腳圖第 1、2 支接腳可能有別，有的第 1 支腳接 +5V，有的第 1 支腳卻是接地，使用者在購買 LCD 時最好能拿到原廠的接腳圖，確認一下，較有保障。

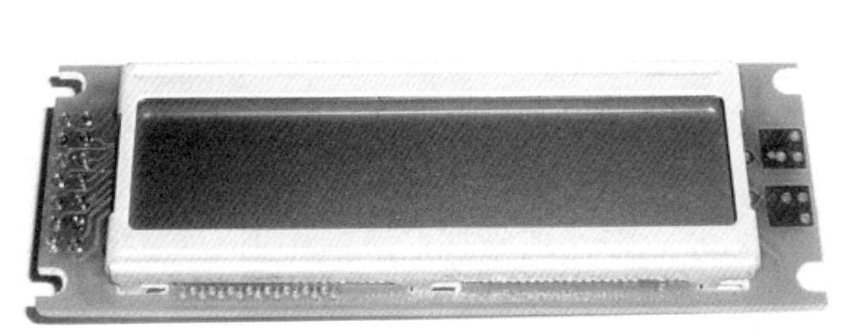

圖 6-1　LCD 實體圖及接腳圖

其接腳功能說明如下：

■ d0 ～ d7：雙向的資料匯流排，LCD 資料讀寫方式可以分為 8 位元及 4 位元 2 種，以 8 位元資料進行讀寫 d0 ～ d7 皆有效，若以 4 位元方式進行讀寫，則只用到 d7 ～ d4。

■ RS：暫存器選擇控制線，當 RS=0 時，並且做寫入的動作時，可以寫入指令暫存器，若 RS=0，且做讀取的動作，可以讀取忙碌旗號及地址計數器的內容。如果 RS=1 則為讀寫資料暫存器用。

■ R/W：LCD 讀寫控制線，R/W=0 時，LCD 執行寫入的動作，R/W=1 時做讀取的動作。

- EN：致能控制線，高電位動作。
- VCC：電源正端。
- VO：亮度調整電壓輸入控制接腳，當輸入 0V 時字元顯示最亮。
- GND：電源地端。

圖 6-2 是另一款橫排接腳 LCD 實體圖及腳位拍照。標明不同之接腳功能如下：

- VSS：電源地端。
- VDD：電源正端。
- A：背光電源正端，接一 300 歐姆電阻到 +5V。
- K：背光電源地端。

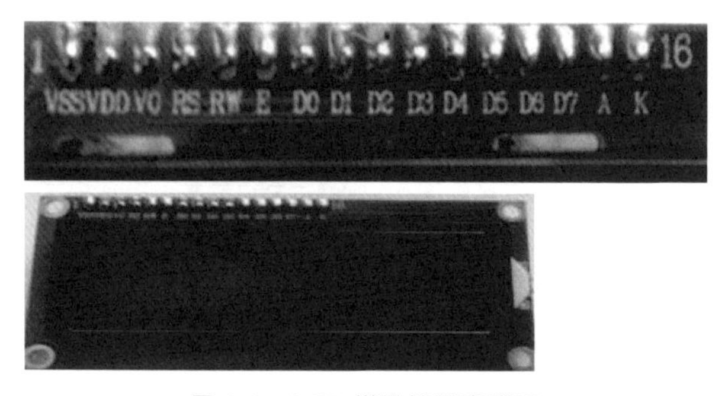

圖 6-2　LCD 橫排接腳實體圖

LCD 內部的記憶體

LCD 內部記憶體共分為 3 種：

- 固定字型 ROM，稱為 CG（Character Generator）ROM。
- 資料顯示 RAM，稱為 DD（Data Display）RAM。
- 使用者自訂字型 RAM，稱為 CG RAM。

CG ROM

CG ROM 內儲存著 5x7 點矩陣的字型，這些字型均已固定，例如我們將 "A" 寫入 LCD 中，就是將 "A" 的 ASCII 碼 41H 寫至 DDRAM 中，同時至 CG ROM 中將 "A" 的字型點矩陣資料找出來而顯示在 LCD 上。

DD RAM

DD RAM 內用來儲存寫至 LCD 內部的字元，DD RAM 的位址分佈從 00H 到 67H，分別代表 LCD 的各行位置，如下表所示，例如我們要將 "A" 寫入第 2 行的第 1 個位置，就先設定 DD RAM 位址為 40H，而後寫入 41H 至 LCD 即可。

(1) 16 字 x 1 行

顯示位置	0	1	2	….	13	14	15
第一行 DDRAM 位址	00H	01H	02H	….	0DH	0EH	0FH

(2) 20 字 x 2 行

顯示位置	0	1	2	….	17	18	19
第一行 DDRAM 位址	00H	01H	02H	….	11H	12H	13H
第二行 DDRAM 位址	40H	41H	42H	….	51H	52H	53H

CG RAM

此區域只有 64 位元組，可由使用者將自行設計的字型寫入 LCD 中，一個字的大小為 5x8 點矩陣，共可以儲存 8 個字型，其顯示碼為 00H 到 07H。

控制方式

以 CPU 來控制 LCD 模組，LCD 模組其內部可以看成兩組暫存器，一個為指令暫存器，一個為資料暫存器，由 RS 接腳來控制。所有對指令暫存器或資料暫存器的存取均需檢查 LCD 內部的忙碌旗號（Busy Flag），此旗號用來告知 LCD 內部正在工作，並不允許接收任何的控制命令。而此一位元的檢查可以令 RS=0 時，讀取位元 7 來加以判斷，當此位元為 0 時，才可以寫入指令或資料暫存器。

LCD 控制指令

LCD 控制指令有以下幾項：

- **清除顯示器**：指令碼為 0x01，將 LCD DD RAM 資料全部填入空白碼 20H，執行此指令將清除顯示器的內容，同時游標移到左上角。
- **游標歸位設定**：指令碼為 0x02，位址計數器被清除為 0，DD RAM 資料不變，游標移到左上角。
- **設定字元進入模式**：指令格式為

B7	B6	B5	B4	B3	B2	B1	B0
0	0	0	0	0	1	I/D	S

  - I/D：位址計數器遞增或遞減控制，I/D=1 時為遞增，I/D=0 時為遞減。每次讀寫顯示 RAM 中字元碼一次則位址計數器會加一或減一。游標所顯示的位置也會同時向右移一個位置（I/D=1）或向左移一個位置（I/D=0）。
  - S：顯示幕移動或不移動控制，當 S=1 時，寫入一個字元到 DD RAM 時，顯示幕向左（I/D=1）或向右（I/D=0）移動一格，而游標位置不變。當 S=0 時，則顯示幕不移動。

- **顯示器開關**：指令格式為

B7	B6	B5	B4	B3	B2	B1	B0
0	0	0	0	1	D	C	B

- D：顯示幕開啟或關閉控制位元，D=1 時，顯示幕開啟，D=0 時，則顯示幕關閉。
- C：游標出現控制位元，C=1 則游標會出現在位址計數器所指的位置，C=0 則游標不出現。
- B：游標閃爍控制位元，B=1 游標出現後會閃爍，B=0，游標不閃爍。

■ **顯示游標移位**：指令格式為

B7	B6	B5	B4	B3	B2	B1	B0
0	0	0	1	S/C	R/L	X	X

X 表示 0 或 1 皆可。

S/C	R/L	動作
0	0	游標向左移
0	1	游標向右移
1	0	字元和游標向左移
1	1	字元和游標向右移

■ **功能設定**：指令格式為

B7	B6	B5	B4	B3	B2	B1	B0
0	0	1	DL	N	F	X	X

- DL：資料長度選擇位元。DL=1 時為 8 位元資料轉移，DL=0 時則為 4 位元資料轉移，使用 D7 ～ D4 4 個位元，分 2 次送入一個完整的字元資料。
- N：顯示幕為單列或雙列選擇。N=0 為單列顯示，N=1 則為雙列顯示。
- F：大小字元顯示選擇。F=1 時為 5x10 點矩陣字會大些，F=0 則為 5x7 點矩陣字型。

■ **CG RAM 位址設定**：指令格式為

B7	B6	B5	B4	B3	B2	B1	B0
0	1	A5	A4	A3	A2	A1	A0

設定 CG RAM 位址為 6 位元的地址值，便可對 CG RAM 讀／寫資料。

■ **DD RAM 位址設定**：指令格式為

B7	B6	B5	B4	B3	B2	B1	B0
1	A6	A5	A4	A3	A2	A1	A0

設定 DD RAM 為 7 位元的地址值，便可對 DD RAM 讀／寫資料。

■ **忙碌旗號讀取**：指令格式為

B7	B6	B5	B4	B3	B2	B1	B0
BF	A6	A5	A4	A3	A2	A1	A0

- LCD 之忙碌旗號 BF 用以指示 LCD 目前的工作情況。
- 當 BF=1 時，表示正在做內部資料的處理，不接受外界送來的指令或資料。
- 當 BF=0 時，則表示已準備接收命令或資料。當程式讀取此資料的內容時，位元 7 表示忙碌旗號。
- 另外 7 個位元的地址值表示 CG RAM 或 DD RAM 中的位址，至於是指向那一位址則依最後寫入的位址設定指令而定。

■ **寫資料到 CG RAM 或 DD RAM 中**：先設定 CG RAM 或 DD RAM 位址，再寫資料到其中。

■ **從 CG RAM 或 DD RAM 中讀取資料**：先設定 CG RAM 或 DD RAM 位址，再讀取其中的資料。

6-2 LCD 介面設計

LCD 介面設計可以分為 8 位元及 4 位元控制方式，傳統的控制方式是用 8 位元 d0 ～ d7 資料線來傳送控制命令及資料，而 4 位元控制方式是使用 d4 ～ d7 資料線來傳送控制命令及資料，如此一來 Uno 使用的輸出控制線便可以減少了，省下來的控制線可以做其他硬體的設計。使用 4 位元資料線做控制時需分兩次來傳送，先送出高 4 位元資料，再送出低 4 位元資料。在書中有關 LCD 的控制是使用此一方式來設計，以最少的控制線來驅動 LCD 介面。圖 6-3 為 4 位元控制電路，以 Uno6 條輸出控制線來做控制。

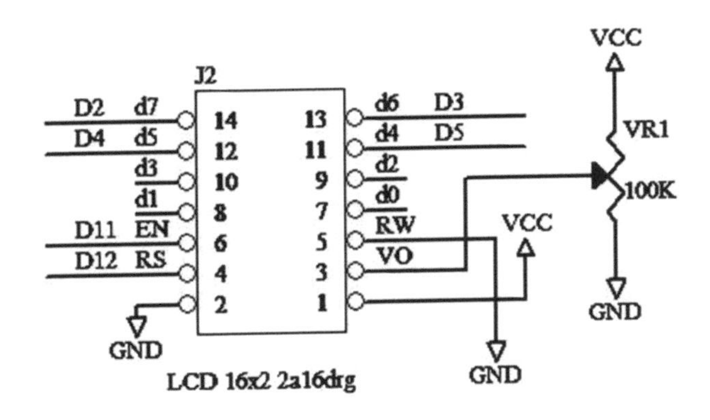

圖 6-3　LCD 電路設計

控制信號説明如下：

- **R/W LCD 讀寫控制線**：直接接地，由於 R/W–0 時，LCD 執行寫入的動作，R/W=1 時則做讀取的動作。因此簡化設計後，則無法對 LCD 做讀取的動作。所有控制資料的寫入需加入適當的延遲，以配合 LCD 內部控制信號的執行。
- **RS 暫存器選擇控制線**：當 RS=0 時，可以寫入指令暫存器，如果 RS=1 則為寫入資料暫存器用。

- **EN 致能控制線**：高電位動作，高電位時 LCD 動作致能有效。
- **VO 亮度調整控制接腳**：直接接地，使字元顯示最亮。接可變電阻可以調整背光的亮度。
- **d0 ～ d7 雙向的資料匯流排**：LCD 資料讀寫方式以 4 位元方式進行寫入，只用到 d7 ～ d4。

6-3 LCD 顯示器測試

Arduino 系統安裝目錄下程式庫中，有其控制程式碼，在程式中加入以下指令：

```
#include <LiquidCrystal.h>
```

將程式庫含括進來，便可以直接使用。有興趣研究者可以參考其程式寫法。對於使用者，只需要應用程式庫，以簡單的控制程式碼，直接驅動 LCD 顯示資料，而不必花時間去寫低階的詳細硬體控制指令。

在程式中對照圖 6-3 電路圖，相關控制信號驅動 LCD 腳位宣告在以下物件：

```
LiquidCrystal lcd(12, 11, 5, 4, 3, 2);  //設定 lcd  腳位
```

LCD 介面控制常用指令如下：

```
lcd.begin(16, 2); //初始化 lcd 介面，使用 2 行 16 字元模式
lcd.print("hello, world1");  //顯示資料
lcd.setCursor(0, 0); //設定游標於第一列起始位置
lcd.setCursor(0, 1); //設定游標於第二列起始位置
```

實驗目的

以 4 位元控制方式，測試 LCD 基本顯示功能。

功能

參考圖 6-3，控制 LCD 顯示訊息。執行後，LCD 顯示幕出現：

圖 6-4　LCD 顯示測試

程式 lcd.ino

```
#include <LiquidCrystal.h> //引用程式庫
LiquidCrystal lcd(12, 11, 5, 4, 3, 2);  //設定 lcd  腳位
void setup() {   //初始化設定
 lcd.begin(16, 2); //初始化 lcd 介面，使用 2 行 16 字元模式
 lcd.print("hello, world1");  //顯示資料
}
//-----------------------------------
void loop()//主程式迴圈
{
 delay(1000);  //延遲 1 秒
 lcd.setCursor(0, 0);// 設定游標於第一列起始位置
lcd.print("hello, world2");
 delay(1000);  //延遲 1 秒
 lcd.setCursor(0, 1); //設定游標於第二列起始位置
lcd.print("test line2");
 while(1); /無窮迴圈
}
```

6-4 自創 LCD 字型

前面介紹 LCD 內部記憶體時曾提及 CG RAM 的位置，此區域用來儲存使用者自行定義的字型，共可以儲存 8 個字，而每一個字的大小為 5x8 點矩陣，而顯

示碼的編號為 00H 到 07H，例如要將編號 0 的字顯示出來，只要將 00H 寫到 DD RAM 內，則會將 CG RAM 內位址 00H ～ 07H 所存放的字型顯示在 LCD 上，同理將 01H 寫入 DD RAM 內則會取用 CG RAM 位址 08H ～ 0FH 內的字型做顯示，以此類推。

至於怎麼自己創造字型呢？可以在一 5x8 的方格內填入自己的字型，例如要顯示 " ㄅ " 字，如圖 6-5 所示，可以將此造型轉換為 8 個位元組的資料而存在一個陣列內：

```
byte pat[8]={0x04, 0x08, 0x1f, 0x01, 0x01, 0x09, 0x06, 0x00};
```

其中每個位元組的最高 3 個位元未使用到，可以填為 "0"，有用到的點填 "1"，否則填 "0"。

LCD 控制自創字型，函數使用如下：

```
lcd.createChar(字型編號, 字型資料); // 填入特殊字型資料
lcd.write(字型編號); // 顯示該字型
```

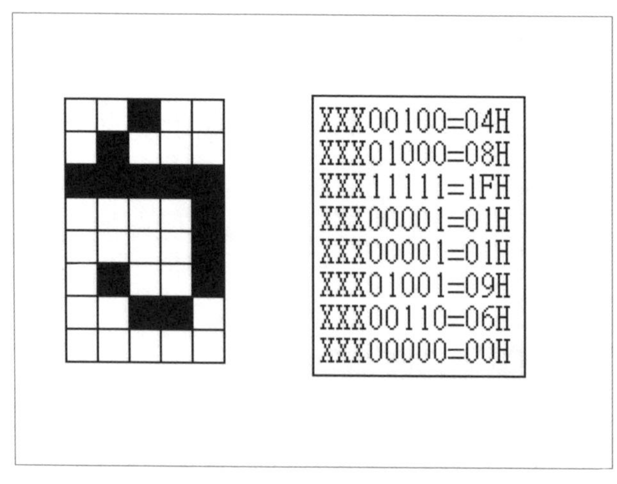

圖 6-5 " ㄅ " 字型資料設計

實驗目的

以 4 位元控制方式，測試 LCD 自創字型顯示功能。

功能

參考圖 6-3，控制 LCD 顯示自創字型。執行後，LCD 顯示特殊字型。

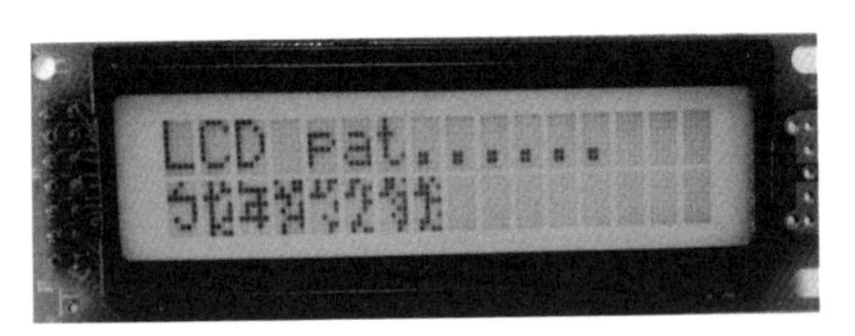

圖 6-6　LCD 顯示特殊字型測試

程式 lcdf.ino

```
// 字型資料設計
byte LCD_PAT[]= {0x04, 0x08, 0x1F, 0x01, 0x01, 0x09, 0x06, 0x00};
byte LCD_PAT1[]={0x0A, 0x0B, 0x3C, 0x09, 0x09, 0x0B, 0x0C, 0x0B};
byte LCD_PAT2[]={0x10, 0x1f, 0x02, 0x0f, 0x0a, 0x1f, 0x02, 0x00};
byte LCD_PAT3[]={0x33, 0x0B, 0x3C, 0x05, 0x09, 0x07, 0x09, 0x08};
byte LCD_PAT4[]={0x0B, 0x0A, 0x3C, 0x01, 0x01, 0x04, 0x03, 0x02};
byte LCD_PAT5[]={0x0C, 0x0B, 0x3A, 0x03, 0x02, 0x04, 0x0C, 0x0B};
byte LCD_PAT6[]={0x0D, 0x0C, 0x3B, 0x05, 0x03, 0x05, 0x03, 0x02};
byte LCD_PAT7[]={0x0A, 0x0D, 0x3C, 0x07, 0x04, 0x05, 0x0C, 0x0B};

#include <LiquidCrystal.h> // 引用 LCD 程式庫
LiquidCrystal lcd(12, 11, 5, 4, 3, 2); // 設定 LCD 腳位
void setup() {  // 初始化設定
 lcd.begin(16, 2);
 lcd.print("hello, world1");
// 填入特殊字型資料
 lcd.createChar(0, LCD_PAT);
 lcd.createChar(1, LCD_PAT1);
 lcd.createChar(2, LCD_PAT2);
 lcd.createChar(3, LCD_PAT3);
 lcd.createChar(4, LCD_PAT4);
 lcd.createChar(5, LCD_PAT5);
```

```
 lcd.createChar(6, LCD_PAT6);
 lcd.createChar(7, LCD_PAT7);
}
//--------------------------------
void loop()// 主程式迴圈
{
int i;
 lcd.setCursor(0, 0); // 設定游標於第一列起始位置
 lcd.print("LCD pat......");
 lcd.setCursor(0, 1); // 設定游標於第二列起始位置
 for(i=0; i<8; i++) lcd.write(i); // 顯示特殊字型
 while(1); // 無窮迴圈
}
```

6-5 LCD 倒數計時器

本節將利用 Arduino 結合 LCD 顯示器，設計一個簡易的倒數計數器，可以放在家中使用，例如煮泡麵，煮開水，小睡片刻，做一小段時間計時。當倒數計時為 0 時則發出嗶聲提示，通知倒數終了，該做些重要的事了。本實驗可以學習 Arduino 計時器時間計時處理、按鍵掃描、LCD 顯示的設計方法。

Arduino 倒數計時器程式設計，使用 millis() 函數，用來判斷是否過了 1 秒鐘，millis() 函數執行後會傳回開始執行到目前所經過的時間，單位是毫秒（mS），只要執行過 1000 次，表示過了 1 秒鐘，程式可以設計如下：

```
unsigned long ti=0;
while(1)// 迴圈
  {
if(millis()-ti>=1000)   // 過了 1 秒鐘
  {
   ti=millis(); // 記錄舊的時間計數
   show_tdo(); // 更新倒數時間顯示資料
  }
 }
```

時間過了 1 秒鐘後，要做工作是更新倒數時分資料，並判斷時分資料是否為 0，若為 0 時則發出嗶聲提示。嗶聲中同時偵測按鍵操作，若有按鍵，重新設定倒數計時時間為 5 分鐘。

實驗目的

以 4 位元控制方式，設計 LCD 倒數計時器。

功能

倒數計時器執行結果參考圖 6-7，電路圖參考圖 6-8。

圖 6-7 LCD 顯示倒數計時

倒數計時器的基本功能如下：

- 使用文字型 LCD（16x2）來顯示目前倒數的時間。
- 顯示格式為 " 分分：秒秒 "。
- 按鍵操作重新設定倒數計時時間為 5 分鐘。
- 當計時為 0 時則發出嗶聲。
- 重置後內定倒數計時時間為 5 分鐘。

電路圖

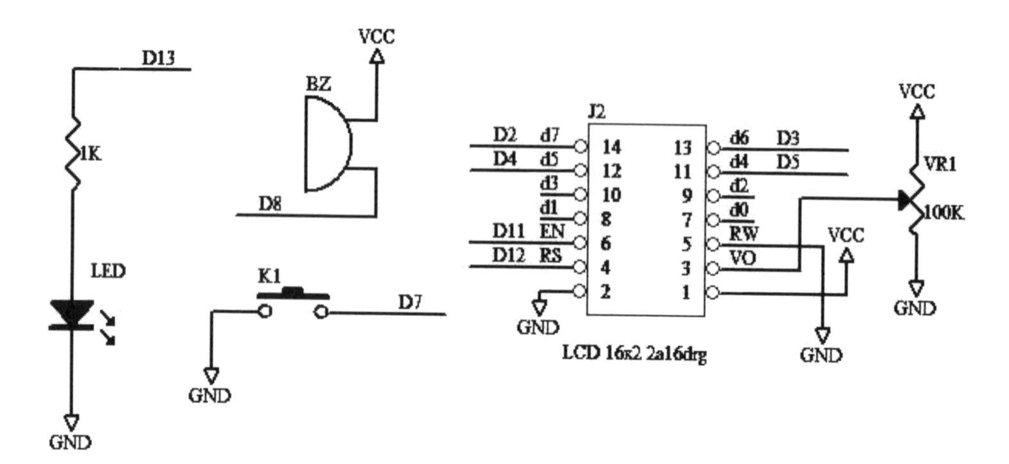

圖 6-8　倒數計時器電路圖

程式 tdo1.ino

```
#include <LiquidCrystal.h> // 引用 LCD 程式庫
int led = 13; // 設定 LED 腳位
int k1 =7; // 設定按鍵腳位
int bz=8; // 設定喇叭腳位

int mm=5, ss=1; // 倒數初值
unsigned long ti=0; // 時間變數
//-------------------------------------
LiquidCrystal lcd(12, 11, 5, 4, 3, 2); // 設定 LCD 腳位
void setup() { // 初始化設定
lcd.begin(16, 2);
  Serial.begin(9600);
  pinMode(led, OUTPUT);
  pinMode(k1, INPUT);
  digitalWrite(k1, HIGH);
  pinMode(bz, OUTPUT);
  digitalWrite(bz, LOW);
}
//-----------------------------------
```

```
void led_bl()//LED 閃動
{
int i;
 for(i=0; i<2; i++)
  {
   digitalWrite(led, HIGH); delay(150);
   digitalWrite(led, LOW); delay(150);
  }
}
void be()// 發出嗶聲
{
int i;
 for(i=0; i<100; i++)
  {
   digitalWrite(bz, HIGH); delay(1);
   digitalWrite(bz, LOW); delay(1);
  }
}
//-----------------------------------------
void show_tdo() // 顯示倒數資料
{
int c; // 取出分的十位數，顯示出來
 c=(mm/10);  lcd.setCursor(0,1);lcd.print(c); // 取出分的個位數，顯示出來
 c=(mm%10);  lcd.setCursor(1,1);lcd.print(c);
             lcd.setCursor(2,1);lcd.print(":"); // 取出秒的十位數，顯示出來
 c=(ss/10);  lcd.setCursor(3,1);lcd.print(c); // 取出秒的個位數，顯示出來
 c=(ss%10);  lcd.setCursor(4,1);lcd.print(c);
}
//------------------------------------
void loop()// 主程式迴圈
{
char k1c;
 led_bl();be();
 lcd.setCursor(0, 0);lcd.print("AR TDO ");
 show_tdo();  // 顯示倒數資料
 while(1) // 迴圈
  {
        if(millis()-ti>=1000)  // 過了 1 秒鐘
         {
           ti=millis();// 記錄舊的時間計數
          show_tdo();// 更新倒數時間顯示資料
```

```
        if (ss==1 && mm==0) //判斷倒數時間到了？
         while(1)
           {
            be();//嗶聲
            k1c=digitalRead(k1);    //偵測按鍵是否按下？
            if(k1c==0) //若有按鍵，重新設定倒數時間 5 分鐘
               {
            be();// 嗶聲
            k1c=digitalRead(k1); // 偵測按鍵是否按下？
            if(k1c==0) // 若有按鍵，重新設定倒數時間 5 分鐘
               {
                be();// 嗶聲
                led_bl();//LED 閃動
                mm=5; ss=1; // 更新倒數時間資料
                show_tdo();// 倒數時間顯示資料
                break; // 跳離迴圈
                }

           }
        ss--; // 過了 1 秒鐘，計數秒數減一
        if(ss==0) // 計數秒數若為 0
           { mm--; // 分減一
            ss=59; // 秒數設為 59
            }
    }// 1 sec // 過了 1 秒鐘
k1c=digitalRead(k1);
if(k1c==0) // 若有按鍵，重新設定倒數時間 5 分鐘。
   {be(); led_bl(); mm=5; ss=1; show_tdo();    }
  }
}
```

6-6 習題

1. 說明一般文字模式 LCD 如何顯示簡單中文字型。
2. 修改控制程式使 LCD 顯示以下訊息：

```
pc  c i/o test
Arduino   test
```

3. 說明 LCD 模組下列接腳功能：

```
R/W   RS   EN  VO
```

4. 修改控制程式使 LCD 顯示個人學號及生日。
5. 說明以 4 位元控制方式存取 LCD 介面的原理。
6. 何謂 LCD CG（Character Generator）ROM，DD（Data Display）RAM 及 CG RAM。

MEMO

類比至數位轉換介面

類比至數位轉換器，簡稱 ADC（Analog-Digital Converter）是將連續類比信號轉換為數位信號的元件，一般外界的物理量像電流、位移、溫度、壓力、重量、聲音等均可以經過感知器介面處理而轉換為類比的電壓，屬於類比信號，經過 ADC 介面做信號轉換成為數位信號後，方能由電腦端做資料的儲存或是運算處理。本章介紹 Arduino 如何來做類比至數位轉換處理。

7-1 類比至數位轉換應用

ADC 介面一般用在數位介面或微電腦的介面輸入控制上，典型的應用有以下幾種：

- 自動電壓，電流量測。
- 數位電表。
- 數位示波器。
- 溫度量測。
- 電子秤設計。
- 聲音數位化錄音。
- 影像數位化錄影。

其中後二項在電腦多媒體的應用尤其重要，像音效卡即內含有聲音錄音的 ADC 介面，而影像數位化錄影則需有影像數位化轉換的 ADC 處理晶片，由於影像信號頻寬相當高，因此用在影像處理的 ADC 晶片其轉換速度只須幾十奈秒（ns），相對的價格昂貴。

7-2 類比至數位轉換架構

圖 7-1 是一般 ADC 的組成架構圖，外界的物理量像聲音，經過麥克風的感知器拾取微弱的信號變化後，送至小信號放大器將微弱信號提升至一定的位準後而送至 ADC 晶片做信號轉換，所輸出的數位信號再經數位介面讀入電腦做進一步的分析及處理。

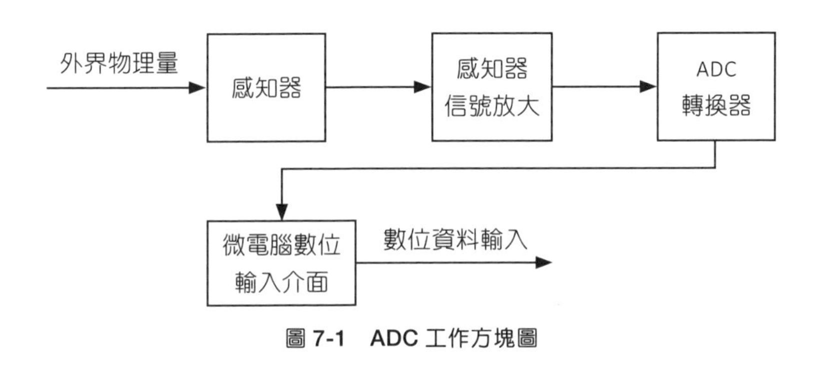

圖 7-1　ADC 工作方塊圖

在實作上，微電腦數位輸入介面一般使用 PC 或是單晶片（如 8051）做控制，本章介紹 Arduino 內建 ADC 介面，可以簡化電路設計。

7-3 Arduino 類比至數位轉換

Arduino Uno 開發板上，提供有 6 組類比輸入接腳標示為 A0 ～ A5，內建 10 位元 ADC 介面，可將輸入的類比電壓 0 ～ 5V 轉換為 0 ～ 1023（2 的 10 次方）數位資料供處理，其中解析度計算如下：

5V/1024=4.88mV

在程式設計方面，Arduino 提供函數 analogRead（控制腳位）來讀取類比輸入電壓，可以簡化程式設計。

若輸入電壓為 v，經過 ADC 轉換為數值 c，二者的關係如下：

$$v=(c/1023)x5$$

在 C 的程式設計中可以以下程式來完成：

```
v=( (float)c/1023.0)* 5.0;
```

實驗目的

讀取由可變電阻產生的直流電壓轉換的數位變化值。

功能

參考圖 7-3 電路，讀取可變電阻產生的直流電壓變化，最大電壓為 5V，最小電壓為 0V，並將數位讀值及轉換電壓傳回 PC 顯示在螢幕上。

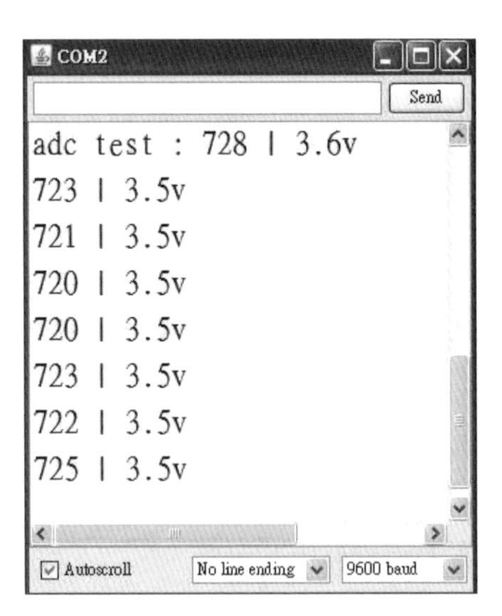

圖 7-2　PC 端顯示輸入電壓及轉換值

電路圖

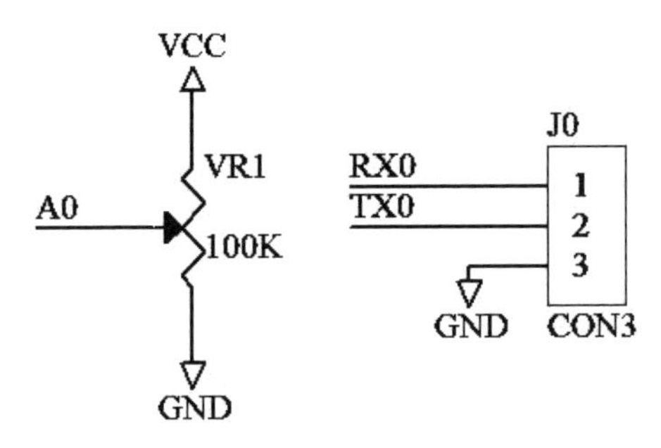

圖 7-3　Arduino 讀取輸入電壓電路

程式 ADCF.ino

```
int ad=A0; // 設定類比輸入接腳為 A0
int adc; // 設定類比輸入變數
//---------------------------------------
void setup()// 初始化設定
{
  Serial.begin(9600);  // 初始化通訊介面
}
//------------------------------------
void loop()  // 主程式迴圈
{
float v;
  Serial.print("adc test : "); // 由串列介面送出執行訊息
  while(1) // 無窮迴圈
  {
   adc=analogRead(ad);  // 讀取資料
   Serial.print(adc); // 將數值由串列介面送出
Serial.print(" | ");
   v=( (float)adc/1023.0)* 5.0;// 計算轉換電壓
   Serial.print(v,1);
   Serial.print('v');
   Serial.println();
   delay(1000); // 延遲 1 秒
  }
}
```

7-4 LCD 電壓表

前面介紹過 LCD 顯示功能，本節結合 Arduino ADC 轉換介面及 LCD 顯示功能，讀取外部直流電壓輸入，直接顯示在 LCD 上當作電壓表。輸入的類比電壓範圍為 0 ～ 5V，解析度 4.88mV。可以用來測試數位電路一般電壓量測，或是測試舊電池電壓是否過低不能使用。

實驗目的

設計一套 LCD 電壓表，可以顯示電壓範圍為 0 ～ 5V。

功能

參考圖 7-5 電路，調整可變電阻，使輸入端的直流電壓產生變化，將 ADC 轉換數值及電壓顯示在 LCD 上。

圖 7-4　LCD 電壓表顯示

電路圖

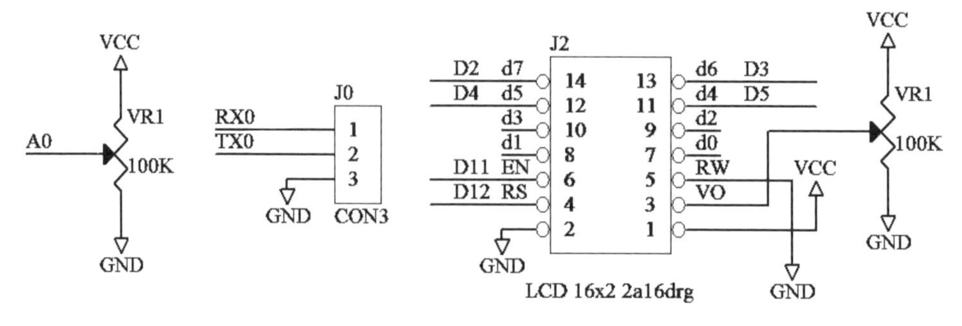

圖 7-5　電壓表實驗電路

程式 ADCL.ino

```
#include <LiquidCrystal.h> //引用 LCD 程式庫
int ad=A0; //設定類比輸入接腳為 A0
int adc; //設定類比輸入變數
//-----------------------------------
LiquidCrystal lcd(12, 11, 5, 4, 3, 2); //設定 LCD  腳位
void setup() { //初始化設定
  lcd.begin(16, 2);
  lcd.print("adc test.... ");
  Serial.begin(9600);
}
//--------------------------------
void loop()  //主程式迴圈
{
float v;
  Serial.print("adc test : ");
  lcd.setCursor(0, 0);lcd.print("AR i/p volt:");
 while(1)
  {
   adc=analogRead(ad); //讀取類比輸入
   lcd.setCursor(0, 1);lcd.print("     ");
   lcd.setCursor(0, 1);lcd.print(adc);
   Serial.print(adc); Serial.print(' ');

   v=( (float)adc/1023.0)* 5.0; //計算轉換電壓
   lcd.setCursor(12, 0);//設定 LCD 第一行游標位置
   lcd.print(v,1); //顯示轉換電壓
   lcd.setCursor(15, 0);
   lcd.print('v');
   delay(500);
  }
}
```

7-5 光敏電阻控制 LED 亮滅

光敏電阻是以材料硫化鎘（CdS）製成的感光用元件，用在自動化測試光源的場合，例如光控防盜、照度計、數位相機、智慧型互動式玩具、路燈自動點亮照明上。市面上電子材料行內，可以買到各式各樣不同半徑大小的光敏電阻來做

實驗，圖 7-6 是實驗用的光敏電阻照相。其特性是其兩端的電阻值會隨著亮度增強時，電阻值下降，當全黑時，其內阻高達數百 K 歐姆，有些內阻很高接近斷路般，但是只要偵測到光源時，其內阻會立即下降。

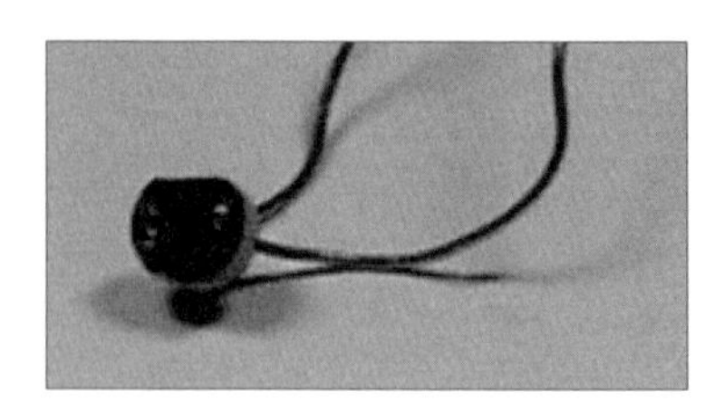

圖 7-6　實驗用光敏電阻

實驗目的

設計一個 LCD 電路，在輸入端連接有光敏電阻，即時顯示轉換的數位變化值，天黑時自動點亮 LED 燈。

功能

參考圖 7-7 電路，在 A0 輸入端連接有光敏電阻，程式執行後 LCD 會顯示 ADC 的轉換數值資料，觀察以下實驗結果：

- 當光敏電阻放置於一般亮度時，觀察 LCD 顯示變化，轉換數值約 100。
- 以手慢慢遮住光敏電阻，觀察 LCD 顯示變化結果，轉換數值漸漸增加。
- 手慢慢遮住光敏電阻模擬天黑時，可以自動點亮 LED 燈照明用。

電路圖

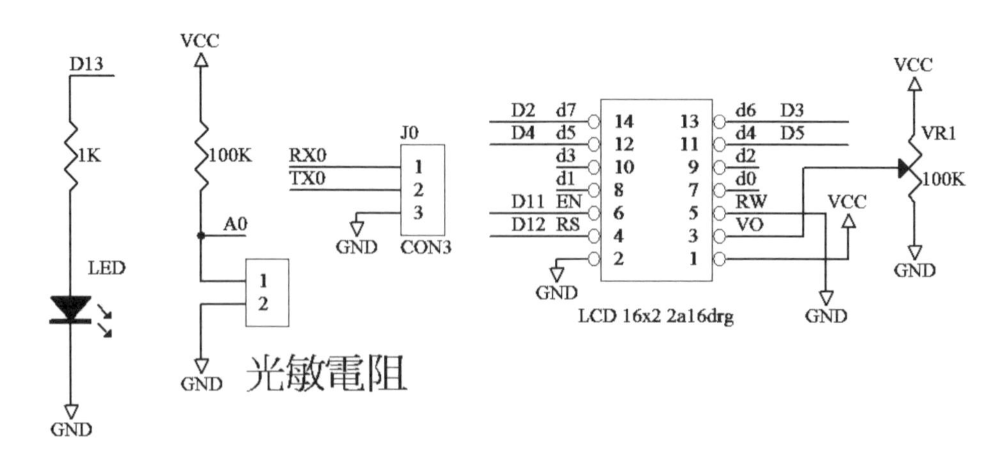

圖 7-7　光敏電阻實驗電路

程式 ADC_LED.ino

```
#include <LiquidCrystal.h>  //引用 LCD 程式庫
int ad=A0;  //設定類比輸入腳位
int adc; //設定類比變數
int led = 13; //設定 LED 腳位
//--------------------------------------
LiquidCrystal lcd(12, 11, 5, 4, 3, 2); //設定 LCD 腳位
void setup() {//初始化設定
  lcd.begin(16, 2);
  lcd.print("adc test.... ");
  Serial.begin(9600);
  pinMode(led, OUTPUT);
  digitalWrite(led, LOW);
}
//-----------------------------------
void loop()//主程式迴圈
{
float v;
  Serial.print("adc test : ");
 lcd.setCursor(0, 0);lcd.print("AR i/p volt:");
 while(1)
  {
   adc=analogRead(ad); //讀取類比輸入
   lcd.setCursor(0, 1);lcd.print("      ");
   lcd.setCursor(0, 1);lcd.print(adc);
   Serial.print(adc); Serial.print(' ');

   v=( (float)adc/1023.0)* 5.0; //計算轉換電壓
   lcd.setCursor(12, 0); //設定 LCD 第一行游標位置
   lcd.print(v,1); //顯示轉換電壓
   lcd.setCursor(15, 0);
   lcd.print('v');
//模擬天黑時，轉換數值>700 點亮 LED
   if(adc>700) digitalWrite(led, HIGH);
          else digitalWrite(led, LOW);
   delay(500);
  }
}
```

7-6 習題

1. 何謂類比至數位轉換器，簡稱 ADC ？

2. 列舉 ADC 典型的應用 3 種。

3. 8 位元 ADC 晶片若讀取數位資料值為 C，實際量測電壓值為 V，二者的關係為何？

4. Arduino 若讀取數位資料值為 C，實際量測電壓值為 V，二者的關係為何？

5. 設計程式當類比輸入讀值為 2.5V 時，壓電喇叭嗶一聲。

數位至類比轉換介面

數位至類比轉換器，簡稱 DAC（Digital-Analog Converter）是將數位信號轉換成連續的類比信號的元件，輸入數位控制信號，可以輸出可變的電壓，由於 Arduino 控制板硬體的限制，雖然無法輸出真正連續可變的類比電壓，但是以模擬類比輸出方式來達成控制的目的，本章介紹 Arduino 如何來做數位至類比轉換實驗，輸出可變電壓推動 LED 顯示不同的亮度。

8-1 數位至類比轉換應用

數位至類比轉換器 DAC 是將數位信號轉換成連續的類比信號的元件，一般用在數位介面或微處理機的介面輸出控制上，典型的應用有以下幾種：

- 數位雷射唱盤 CD 的放音轉換。
- 電腦 VGA 介面卡中的顯像輸出轉換電路。
- 直流馬達速度控制。
- 數位式電源供給器。
- 任意波形產生器。
- 電腦合成樂器控制。
- FM 音源器的輸出轉換。
- 電腦數位放音控制。

其中的電腦數位放音在許多的較新型的電子產品中都可以看到，幾乎任何的產品需要語音提示的場合，皆可派上用場，熟悉此控制介面技巧將可以在自行設計的產品中加入語音的功能，提升產品的附加價值。

8-2 數位至類比介面架構

圖 8-1 是一般 DAC 介面的組成架構，由電腦送出的數位資料經由並列輸出介面將數值信號栓鎖在 DAC 控制晶片上，再經由 DAC 做數位至類比信號轉換，最後輸出相對的類比信號。在實作上微電腦介面可以使用 PC 或是單晶片 8051 做控制，而並列數位輸出控制可以採用以下幾種方式：

- 使用輸出栓鎖器，如 74LS374。
- 8255 輸出。
- 直接由單晶片 I/O 來控制。

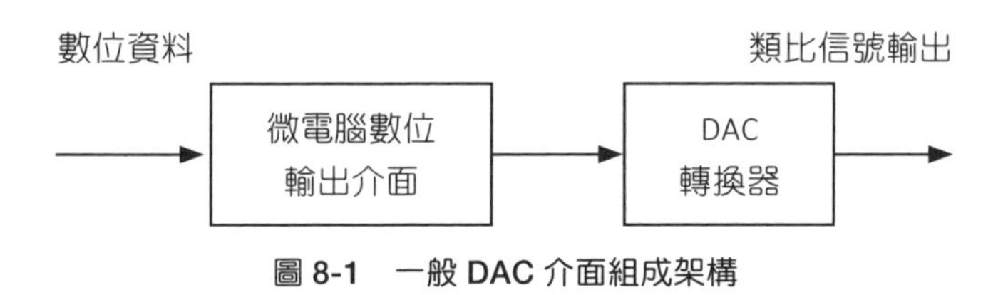

圖 8-1　一般 DAC 介面組成架構

由於 Arduino 控制板晶片硬體的限制，無法真正達成 DAC 的控制效果，但是以模擬類比輸出方式來做控制，在某些應用場合仍可達到控制的目的。

8-3 Arduino 數位至類比轉換控制

脈波寬度調變，簡稱 PWM（Pulse Width Modulation）是種控制直流馬達運轉的傳統方法，Arduino 控制板使用此技術，來模擬類比輸出信號。圖 8-2 PWM 工作原理，驅動電壓的頻率相同，但是波形的寬度（工作週期 Duty Cycle）不同，當工作週期越長，表示加在直流馬達的平均功率越大，轉速越快。反之平均功率越小，轉速越慢。

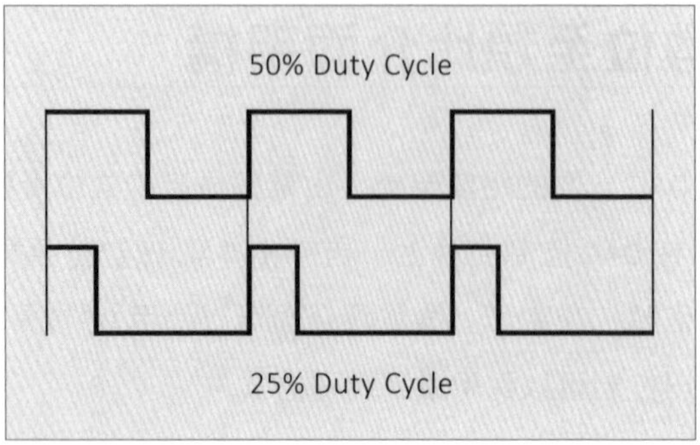

50% Duty Cycle

25% Duty Cycle

圖 8-2　PWM 工作原理

PWM 輸出電壓計算如下：

```
vo 輸出電壓 = 高電位值 x 工作週期
若工作週期為 50%，vo=5v x 50%=2.5V
若工作週期為 25%，vo=5v x 25%=1.25V
```

在程式設計方面，Arduino 提供函數 analogWrite（控制腳位 , 數值）來輸出類比電壓，可以簡化程式設計。其中：

- 輸出控制腳位為 D3、D5、D6、D9、D10、D11（Uno 板上標有 '～' 符號）。
- 數值為數位輸出值，介於 0 ～ 255 之間。

輸出電壓 Vo=5vx（數位輸出值 /255）

【實例】

1. 當數位值為 255，工作週期為 100%：執行 analogWrite（3,255）指令後，D3 腳位輸出 5V。
2. 當數位值為 128，工作週期為 50%：執行 analogWrite（3,128）指令後，D3 腳位輸出 2.5V。
3. 當數位值為 0，工作週期為 0：執行 analogWrite（3,0）指令後，D3 腳位輸出 0V。

8-4 量測輸出電壓

Arduino 以 PWM 方式控制達成數位至類比電壓轉換的輸出，我們以實驗來驗證其輸出電壓的準確性，送出不同準位的數位控制信號，轉換出不同輸出電壓，延遲 1 秒後再送出下組信號，迴圈持續輸出轉換電壓。

實驗目的

由 Arduino 控制模擬輸出類比電壓。

功能

參考圖 8-3，Arduino D10 腳位輸出不同電壓值，程式送出數值 255、128、0 不同準位的控制信號，以三用電表量測實際的輸出電壓值變化，並觀察 LED 亮度變化。

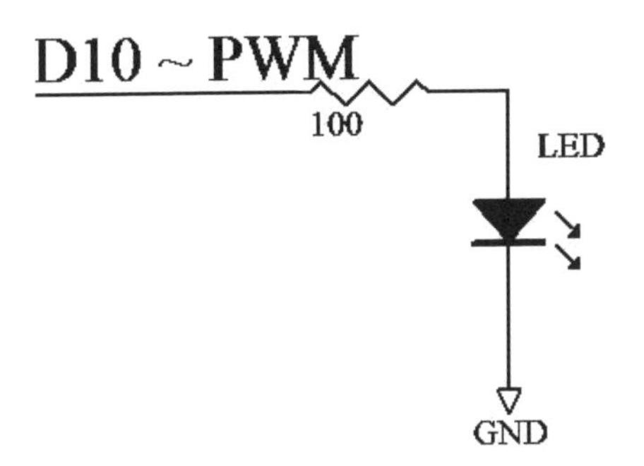

圖 8-3　D10 腳位輸出不同電壓值

程式 dac_vo.ino

```
int led=10;  // 設定 LED 腳位
void setup()// 初始化設定
{
  pinMode(led, OUTPUT);
```

```
}
void loop() //主程式迴圈
{
 analogWrite(led,255);  //送出最高準位
 delay(1000);           //延遲 1 秒
 analogWrite(led,128);  //送出中間準位
 delay(1000);           //延遲 1 秒
 analogWrite(led,0);    //送出最低準位
 delay(1000);           //延遲 1 秒
}
```

8-5 可變電阻調整 LED 亮度

本節實驗以可變電阻來調整 LED 亮度，做一個簡單的數位調光器，第 7 章已經介紹過以類比輸入方式讀取可變電阻的轉動電壓變化值，讀值範圍介於 0 ～ 1023 之間，而類比輸出值介於 0 ～ 255 之間，可以使用 map() 函數去做對應調整，寫法如下：

```
輸出值 map( 輸入值， 輸入範圍起始值，輸入範圍結束值，
               調整範圍起始值， 調整範圍結束值 );
```

程式設計如下：

```
vo=map(adc,0,1023, 0,254);
```

其中 adc 為可變電阻數位讀值，vo 為類比輸出值，將此值輸出到類比輸出腳位，便可以推動 LED 顯示不同的亮度。

實驗目的

調整可變電阻來調整 LED 亮度。

功能

參考圖 8-4，可變電阻輸出接到 A0 類比輸入腳位，LED 接到 PWM 輸出腳位 D10，調整可變電阻，數位讀值產生變化，經過對應調整輸出可變電壓到 LED，便可以調整 LED 亮度。

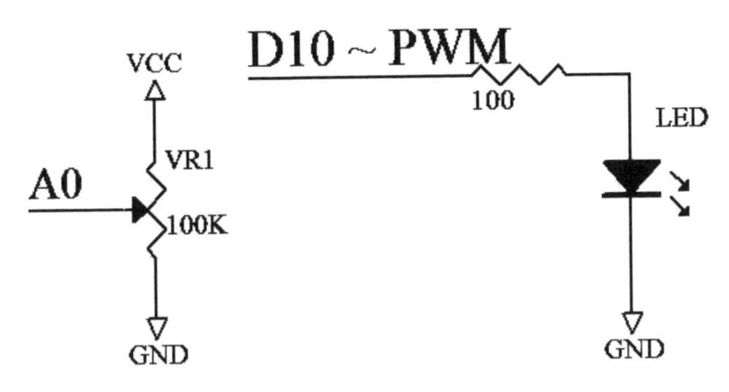

圖 8-4　可變電阻來調整 LED 亮度

程式 dac_led.ino

```
int ad=A0; // 設定類比輸入接腳為 A0
int led=10; // 設定 LED 接腳
int adc; // 設定類比輸入變數
int vo; // 設定輸出可變電壓變數
void setup()// 初始化設定
{
  pinMode(led, OUTPUT);
}
void loop()// 主程式迴圈
{
 adc=analogRead(ad);  // 讀取類比輸入
 vo=map(adc,0,1023, 0,254);  // 對應調整輸出可變電壓
 analogWrite(led,vo); // 輸出可變電壓到 LED
 delay(500); // 延遲 0.5 秒
}
```

8-6 習題

1. 何謂數位至類比轉換器？
2. 列舉 DAC 典型的應用 3 種。
3. 說明 Arduino 類比輸出控制原理。
4. 說明脈波寬度調變控制原理。
5. 設計程式，調整可變電阻來調整 3 顆 LED 顯示不同亮度。

Arduino 感知器實驗

Arduino 提供基本控制功能，包括數位輸入輸出，類比輸入輸出，應用廣泛，有了基本開發工具後，搭配一些常用的感知器，如溫濕度模組、振動開關、超音波測距模組等元件，便可做出有趣的實驗及互動作品。本章介紹 Arduino 如何來與常用感知器模組結合來做實驗。

9-1 溫濕度顯示實驗

室內溫度及濕度影響居家生活的品質，例如下雨天時，濕度偏高，由濕度值的追蹤記錄可以預測下雨的機率，此外植物、養殖魚、花類也會對溫度的變化有所反應，溫濕度顯示一般應用如下：

- 居家室內溫濕度顯示。
- 溫室溫濕度顯示。
- 防火保全應用。
- 工廠實驗室溫濕度監控。
- 氣象偵測實驗裝置。

溫度感知器模組很多，如 DS1821、AD590、熱敏電阻等，本實驗使用 DHT11 溫濕度模組，圖 9-1 為實體圖，一塊模組提供溫度及濕度資料，以單一串列介面雙向控制讀取數位資料，只需一條數位控制線，便可以存取雙組資料，方便實驗進行。

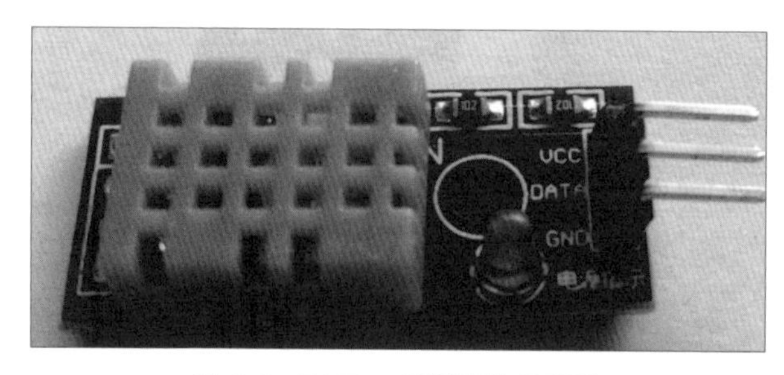

圖 9-1　DHT11 溫濕度模組實體

在 Arduino 程式設計方面，Github 官網支援有程式庫，官網連結：

https：//github.com

搜索關鍵字 dht11，找到 dht11 程式庫，拷貝到系統檔案目錄 libraries 下，程式中載入檔頭宣告：

```
#include < dht11.h>
```

便可以如下程式碼存取溫濕度資料：

- DHT11.read（數位控制腳位），讀取溫濕度資料，傳回 0，表示讀取成功。
- DHT11.humidity 表示濕度資料。
- DHT11.temperature 表示溫度資料。

實驗目的

Arduino 控制板連接感知器模組，以數位控制存取感知器模組資料，顯示溫濕度值。

功能

參考圖 9-3 電路，程式執行後 LCD 會顯示轉換數值資料，電腦串口監視端，也可以接收並顯示資料。

圖 9-2　溫濕度模組顯示資料

電路圖

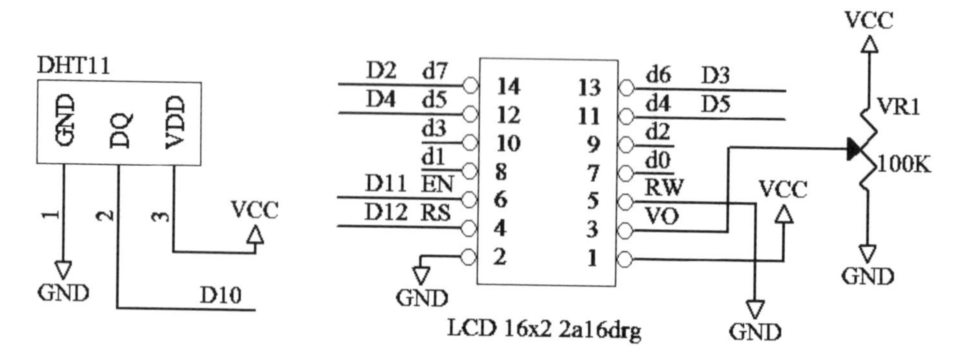

圖 9-3　溫濕度模組實驗電路

程式 dthL.ino

```
#include <dht11.h>  // 引用溫濕度程式庫
#include <LiquidCrystal.h> // 引用 LCD 程式庫
LiquidCrystal lcd(12, 11, 5, 4, 3, 2); // 設定 lcd  腳位

dht11 DHT11;     // 設定溫濕度物件
int cio= 10;  // 設定控制腳位
void setup()  // 初始化設定
{
 Serial.begin(9600);  // 初始化串列介面
 Serial.println("DTH11 test:");
  lcd.begin(16, 2);  // 初始化 LCD 介面
  lcd.print("AR DHT11      ");
}

void loop()// 主程式迴圈
{
int c;
  c=DHT11.read(cio); // 讀取模組資料
  if (c==0)
   {
// 電腦串口顯示轉換數值資料
    Serial.print("hum %:");
    Serial.print(DHT11.humidity);
    Serial.print("   temp oC: ");
```

```
    Serial.println(DHT11.temperature);
//LCD 顯示轉換數值資料
    lcd.setCursor(0, 1);
    lcd.print( (int)DHT11.humidity);
    lcd.print("%");lcd.print("    ");
    lcd.print((int)DHT11.temperature);
    lcd.print("oC");
   }
  else Serial.println("DTH11 i/o error");
  delay(1000); //延遲一秒
}
```

9-2 人體移動偵測實驗

晚上走在店家門口，燈光會自動點亮照明，關鍵元件是使用人體移動偵測感知器，外觀如圖 9-4，在感知器上方安裝有白色半透明透鏡，裡面有焦電型感知器，其元件特性是隨外界溫度變化時產生電子信號，輸出高或低電位識別信號做為應用控制，以人體移動的現象來偵測是否有人或是生物靠近現場。只需一條數位控制線，便可以偵測現場狀況，偵測到有人移動時，輸出高電位信號。

圖 9-4　人體移動偵測模組實體

使用者買到模組，應先詳看使用說明，才能正確應用模組來做實驗。模組上有兩組可變電阻調整及一組跳線設定下：

- 調整延遲時間。
- 調整距離靈敏度。
- 跳線設定工作模式 HI 及 LO，可以重複觸發偵測及不可以重複觸發偵測。

1. 一般偵測到有人移動時，輸出高電位信號。在不可以重複觸發偵測下，感應輸出高電位信號，延遲一段時間，輸出由高電位轉為低電位。
2. 可以重複觸發偵測模式下，偵測到有人移動時，輸出高電位信號，在這期間，若再次偵測到有人移動時，輸出持續在高電位，直到人離開後，感應輸出變為低電位信號。

人體移動偵測一般應用如下：

- 節能照明。
- 人體移動自動錄影。
- 防盜偵測應用。
- 自走車人機互動應用。
- 機器人人機互動應用。

實驗目的

Arduino 控制板連接感知器模組，程式判斷是否有人移動。

功能

參考圖 9-5 電路，程式執行後判斷是否有人移動，有人移動則 LED 亮起，否則 LED 熄滅。

電路圖

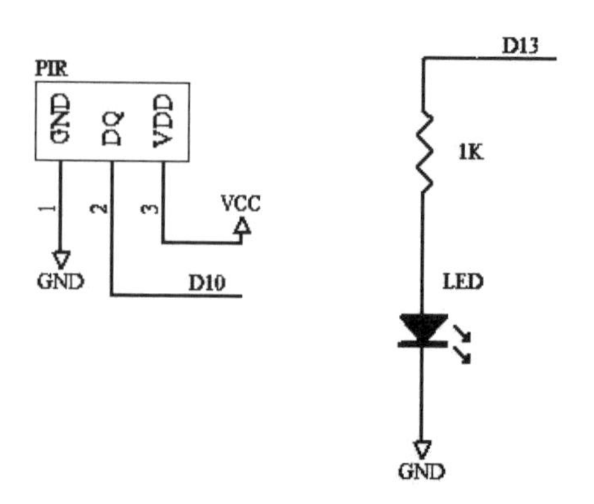

圖 9-5　人體移動實驗電路

程式 pir.ino

```
int led = 13; // 設定 LED 控制腳位
int pir =10; // 設定感知器控制腳位
//--------------------------------------
void setup()// 初始化設定
{
  pinMode(led, OUTPUT);
  pinMode(pir, INPUT);
  digitalWrite(pir, HIGH);
}
//----------------------------------
void led_bl()  //LED 閃動
{
int i;
 for(i=0; i<2; i++)
  {
   digitalWrite(led, HIGH); delay(150);
   digitalWrite(led, LOW);  delay(150);
  }
}
//----------------------------------
void loop()// 主程式迴圈
{
 led_bl();  //LED 閃動
 while(1)
  { // 偵測到有人移動時，輸出高電位信號，LED 亮起
    if( digitalRead(pir)==1)  digitalWrite(led, HIGH);
      else   digitalWrite(led, LOW);
  }
}
```

9-3 超音波測距實驗

量測前方物體距離的感知器，有許多方法，最普遍通用的方式，是使用超音波發射及接收配對的感知器來設計，超音波測距一般應用如下：

- 測距距離顯示。
- 前方距離偵測。
- 自動門開啟。
- 自走車避障。
- 防盜偵測應用。

圖 9-6 是超音波發射接收動作示意圖，當發射的超音波信號碰到物體時，會反射回來，接收的感知器可以測得信號。由於聲音在空氣中行進的速度是可計算的，由控制器發射超音波信號後，開始計時，再接收迴波，多久後可以收到迴波信號，便可以知道前方物體距離。一般超音波發射接收動作控制程序如下：

- 啟動發射超音波信號。
- 計時開始。
- 偵測是否收到迴波信號。
- 是否超過計時時間。
- 收到迴波信號停止計時。
- 依據計時時間計算前方物體距離。

其中是否超過計時時間處理程序，是在避免前方物體過遠，超過系統能偵測的範圍，時間到則自動離開偵測程序。看似複雜的控制程序，現在已經有廠商將其功能做成模組化，稱為超音波收發模組，圖 9-7 是其外型照相，有了模組化的設計，我們便可以 Arduino 來控制超音波模組，進行距離偵測實驗及相關專題應用。控制接腳如下：

- VCC：5V 輸入。
- TRIG：觸發信號輸入。
- ECHO：返回信號波寬輸出。
- GND：接地。

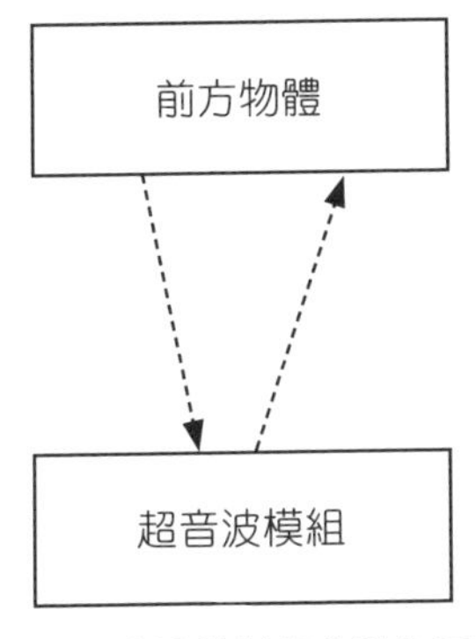

圖 9-6　超音波發射接收動作示意圖

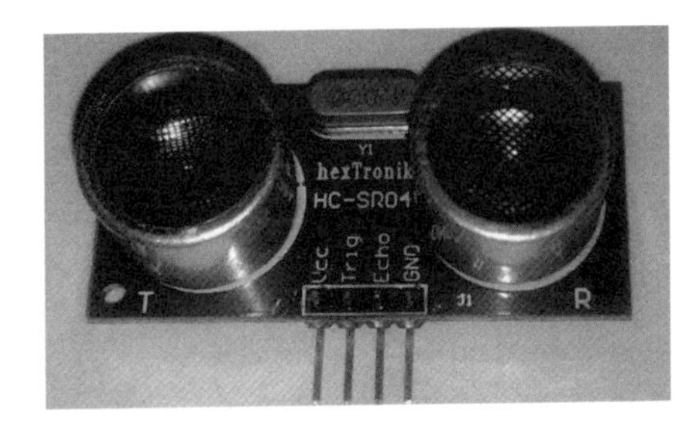

圖 9-7　超音波收發模組

圖 9-8 為超音波模組動作時序圖，動作原理為外界送入觸發信號，啟動發射超音波信號，計時開始，若前方有障礙物，超音波信號會反射回來，接收的感知器可以測得信號，停止計時，並輸出高電位脈波信號，控制器計算高電位時間寬度，可以根據以下公式算出前方障礙物多遠：

距離 = 高電位時間寬度 x 聲速（340m/s）/2

轉為 C 程式碼計算公式為：

```
D= (float)Tco * 0.017;    // D:cm   Tco: us
```

float 是將變數轉喚為浮點型態計算。

其中距離 D 單位公分 cm，高電位時間寬度 Tco 單位微秒 us。

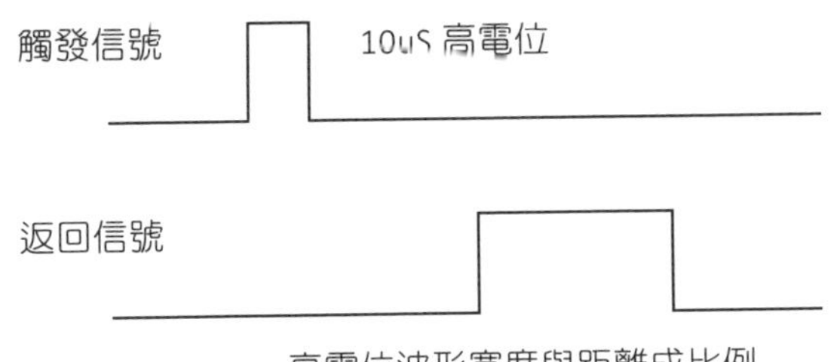

圖 9-8　超音波模組動作時序圖

Arduino 系統中已經內建函式計算高電位脈衝時間寬度，使用以下函數：

```
pulseIn(echo, HIGH);
```

測試 echo 腳位，高電位脈衝時間寬度值為何。傳回值單位為微秒 us。

因此高電位脈衝時間寬度量測程式，可以設計如下：

```
unsigned long tco()
{
// 發出觸發信號
  digitalWrite(trig, HIGH); // 設定高電位
  delayMicroseconds(10);   // 延遲 10 us
  digitalWrite(trig, LOW); // 設定低電位
  return pulseIn(echo, HIGH); // 傳回高電位脈衝時間寬度值
}
```

實驗目的

Arduino 控制超音波模組，將測距資料傳回電腦端顯示出來，並顯示於 LCD。

功能

參考圖 9-10 電路，程式執行後 LCD 會顯示超音波模組測距資料。

圖 9-9　超音波模組顯示前方物體距離

電路圖

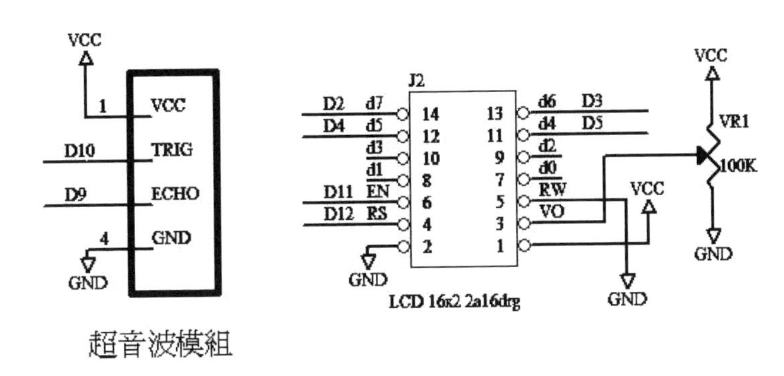

圖 9-10　超音波模組測距實驗電路

程式 son.ino

```
#include <LiquidCrystal.h>// 引用 LCD 程式庫
LiquidCrystal lcd(12, 11, 5, 4, 3, 2); // 設定 lcd  腳位
int trig = 10;  // 設定觸發腳位
int echo = 9; // 設定返回信號腳位
float cm;  // 設定返回信號腳位
void setup()// 初始化設定
{
  Serial.begin(9600);
  Serial.print("sonar test:");
  lcd.begin(16, 2);
  lcd.print("AR SO measure");
  pinMode(trig, OUTPUT);
  pinMode(echo, INPUT);
}

unsigned long tco() // 高電位脈衝時間寬度量測
{
  // 發出觸發信號
  digitalWrite(trig, HIGH); // 設定高電位
  delayMicroseconds(10);  // 延遲 10 us
  digitalWrite(trig, LOW); // 設定低電位
  return pulseIn(echo, HIGH); // 傳回量測結果
}
```

```
void loop()// 主程式迴圈
{
  cm=(float)tco()*0.017;// 計算前方距離
  Serial.print(cm);  // 串口顯示資料
  Serial.println(" cm");
  lcd.setCursor(0, 1);
  lcd.print("              ");
  lcd.setCursor(0, 1);
  lcd.print(cm,1); //LCD 顯示資料
  lcd.print(" c m");
  delay(500);
}
```

9-4 超音波測距警示實驗

超音波模組量測前方物體距離後，除了顯示資料外，便是警示通報，用於避障行動平台上，當前方不同距離出現障礙物時，可以即時發出聲響避免碰撞發生。

實驗目的

Arduino 控制超音波模組，將測距資料顯示於 LCD 模組，距離過近時，發出嗶聲警示。

功能

參考圖 9-11 電路，Arduino 硬體連接 LCD 模組，並控制超音波模組，將測距資料顯示於 LCD 模組，依前方 3 段不同距離，壓電喇叭發出 3 段不同聲響做距離警示，設定如下：5、10、15cm。

電路圖

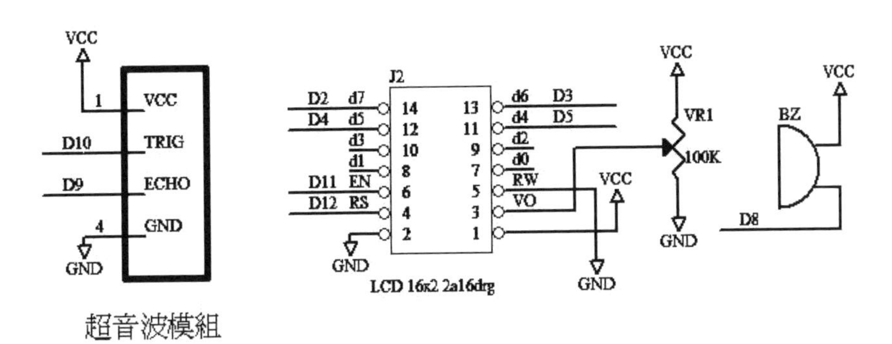

圖 9-11　超音波模組測距警示實驗電路

程式 sonbe.ino

```
#include <LiquidCrystal.h>  //引用 LCD 程式庫
LiquidCrystal lcd(12, 11, 5, 4, 3, 2); //設定 lcd  腳位
int trig = 10; //設定觸發腳位
int echo = 9; //設定返回信號腳位
float cm;  //設定距離變數
int bz=8; //設定喇叭腳位
void setup()//初始化設定
{
  Serial.begin(9600);
  Serial.print("sonar test:");
  lcd.begin(16, 2);
  lcd.print("AR SO measure");
  pinMode(trig, OUTPUT);
  pinMode(echo, INPUT);
  pinMode(bz, OUTPUT);
  digitalWrite(bz, LOW);
  be();
}
//高電位脈衝時間寬度量測
unsigned long tco()
{
  digitalWrite(trig, HIGH);
  delayMicroseconds(10);
  digitalWrite(trig, LOW);
  return pulseIn(echo, HIGH);
}
```

```
//---------------------------------------------------
void be()// 發出嗶聲
{
int i;
 for(i=0; i<100; i++)
  {
   digitalWrite(bz, HIGH); delay(1);
   digitalWrite(bz, LOW); delay(1);
  }
delay(50);
}
//-------------------------------------------------------
void loop()// 主程式迴圈
{
  cm=(float)tco()*0.017;
  Serial.print(cm);
  Serial.println(" cm");
  lcd.setCursor(0, 1);
  lcd.print("                ");
  lcd.setCursor(0, 1);
  lcd.print(cm,1);  lcd.print(" c m");
// 發出 3 段不同聲響做距離警示
 if( (cm>10.0) && (cm<=15.0) ) be();
 if( (cm> 5.0) && (cm<=10.0) ) { be(); be(); }
 if( (cm> 0.0) && (cm<= 5.0) ) { be(); be(); be(); }
 delay(500);
}
```

9-5 磁簧開關實驗

應用於防盜裝置的感知器，有許多方法，最普遍採用的方式，是使用磁簧開關，圖 9-12 是磁簧開關實體圖，一端是磁鐵，一端是磁簧開關，磁簧開關拉出 2 條接線出來，合併時輸出接線是短路，當分離時輸出接點開路。因此可以安裝於門窗處，用於偵測大門或是窗戶被打開，防止宵小闖入。一旦偵測到分離時，系統發出警報聲，可應用如下：

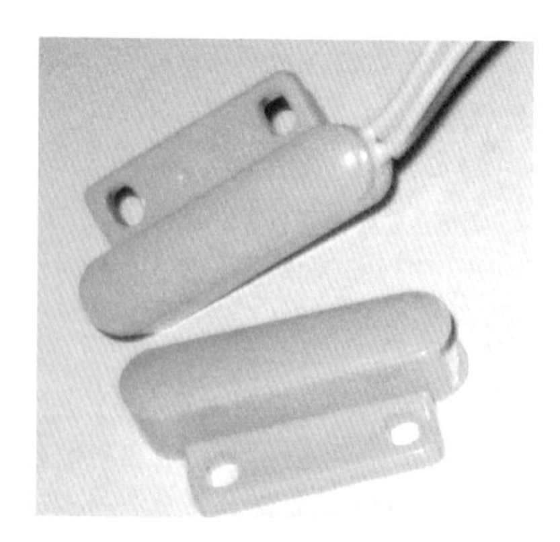

圖 9-12　磁簧開關實體圖

- 門窗防盜。
- 抽屜被打開。
- 打靶得分偵測。
- 互動玩具對打應用。

實驗目的

Arduino 控制板連接磁簧開關，在輸入端連接磁簧開關，測試磁簧開關分離狀態。

功能

參考圖 9-13 電路，程式執行後，當磁簧開關合併時輸出接線是短路，輸出端呈現低電位。當分離時，輸出端呈現高電位，LED 閃動，發出嗶聲警示。

電路圖

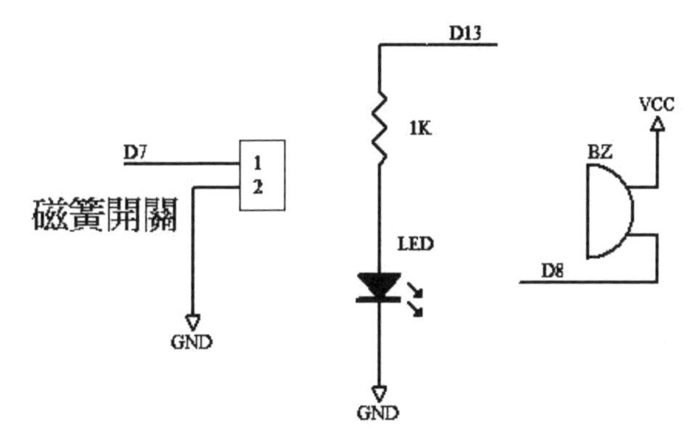

圖 9-13　磁簧開關實體圖

程式 msw.ino

```
int led = 13; //設定觸發腳位
int sw =7; //設定開關腳位
int bz=8;  //設定喇叭腳位
//--------------------------------------
```

```
void setup()// 初始化設定
{
  pinMode(led, OUTPUT);
  pinMode(sw, INPUT);
  digitalWrite(sw, HIGH);
  pinMode(bz, OUTPUT);
  digitalWrite(bz, LOW);
}
//------------------------------------
void led_bl()//LED 閃動
{
int i;
 for(i=0; i<2; i++)
  {
   digitalWrite(led, HIGH); delay(150);
   digitalWrite(led, LOW);  delay(150);
  }
}
//------------------------------------
void be()  // 發出嗶聲
{
int i;
 for(i=0; i<100; i++)
  {
   digitalWrite(bz, HIGH); delay(1);
   digitalWrite(bz, LOW);  delay(1);
  }
 delay(100);
}
//-----------------------------------------
void loop()// 主程式迴圈
{
 led_bl();be();
 while(1)    // 磁簧開關分離時，高電位動作
 if( digitalRead(sw)==1)
  {
   led_bl(); //LED 閃動
   be(); // 發出嗶聲
  }
}
```

9-6 振動開關實驗

應用於防盜裝置的感知器，還有一些是使用振動開關，又稱為滾珠開關，圖 9-14 是振動開關實體圖，一般設計內部為一顆滾珠，搭配機構設計，二端子輸出，用於物體振動狀態偵測。通常感知器在靜止時，為導通狀態，當遇到外力震動、搖動或滾動時，則呈現不穩定狀態，二端子輸出為導通與不導通之間來回切換。搭配控制器應用時，一但偵測到振動時，系統發出警報聲。振動開關一般應用如下：

圖 9-14　振動開關實體圖

- 抽屜被打開。
- 物體傾倒偵測。
- 打靶得分偵測。
- 互動玩具對打應用。
- 汽車機車防盜振動偵測。
- 運動器材。

由於我們無法預測振動開關目前狀態是導通或是開路，因此分為兩種狀態來測試，若是導通變為開路則啟動，若是原先開路變為導通也會啟動，程式設計如下：

```
while(1) //迴圈
  {
// 導通變為開路 0-->1
        if( digitalRead(bsw)==0 )   //原先狀態為導通
         {
```

```
        delay(50); // 延遲 50mS
        for(c=0; c<100; c++)// 掃描 100 次是否轉態
         if( digitalRead(bsw)==1)    // 狀態變為開路
           { led_bl(); be();  break; }// 啟動閃燈嗶聲警示
      }
// 開路變為導通 1-->0
     if( digitalRead(bsw)==1 ) // 原先狀態為開路
      {
        delay(50);  // 延遲 50mS
        for(c=0; c<100; c++)    // 掃描 100 次是否轉態
         if( digitalRead(bsw)==0 ) // 狀態變為導通
          { led_bl(); be(); break; } // 啟動閃燈嗶聲警示
      }
  }
}
```

實驗目的

Arduino 控制板連接振動開關，測試振動開關狀態。

功能

參考圖 9-15 電路，程式執行，以手觸摸振動開關，LED 會閃動，發出嗶聲警示。

電路圖

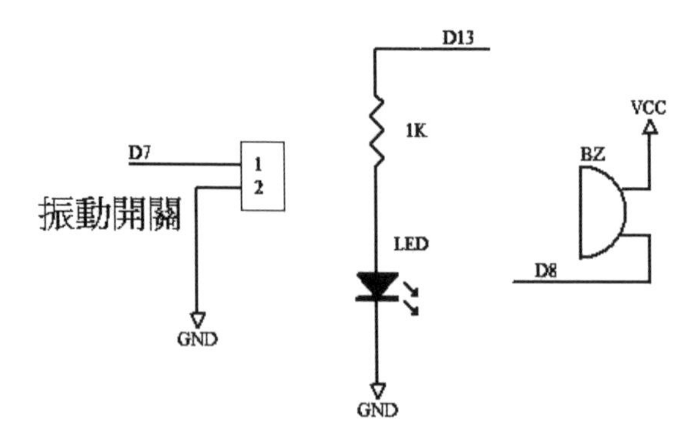

圖 9-15 振動開關實驗電路

程式 bsw.ino

```
int led = 13; //設定LED腳位
int bsw =7; //設定開關腳位
int bz=8; //設定喇叭腳位
//---------------------------------------
void setup()//初始化設定
{
  pinMode(led, OUTPUT);
  pinMode(bsw, INPUT);
  digitalWrite(bsw, HIGH);
  pinMode(bz, OUTPUT);
  digitalWrite(bz, LOW);
}
//-----------------------------------
void led_bl()//LED 閃動
{
int i;
 for(i=0; i<2; i++)
  {
   digitalWrite(led, HIGH); delay(150);
   digitalWrite(led, LOW);  delay(150);
  }
}
//-----------------------------------
void be()//發出嗶聲
{
int i;
 for(i=0; i<100; i++)
  {
   digitalWrite(bz, HIGH); delay(1);
   digitalWrite(bz, LOW);  delay(1);
  }
 delay(100);
}
//-----------------------------------------
void loop()//主程式迴圈
{
int c;
led_bl();be();
 while(1)
  {
```

```
// 導通變為開路 0-->1
        if( digitalRead(bsw)==0 )
         {
          delay(50);
          for(c=0; c<100; c++)
           if( digitalRead(bsw)==1)
             { led_bl(); be();  break; }
         }

// 開路變為導通 1-->0
        if( digitalRead(bsw)==1 )
         {
          delay(50);
          for(c=0; c<100; c++)
           if( digitalRead(bsw)==0 )
            { led_bl(); be(); break; }
         }
   }
}
```

9-7 水滴土壤濕度實驗

在居家生活中，對各種植物盆栽的栽種，是許多人的休閒活動及興趣，其中對土壤濕度的掌控，是影響植物能否茂盛成長的關鍵因素。對於專業大型溫室環境參數的掌控，土壤濕度更是重要的監控參數。本節土壤濕度的偵測實驗，可以應用於植物盆栽的自動加水控制應用中，例如加上水泵自動供水澆灌等應用。

土壤濕度偵測應用原理，有時也用於雨滴偵測實驗中，圖 9-16 是土壤濕度感知器安裝於小電路板上的拍照圖，圖 9-17 為雨滴偵測模組，有 4 支腳位輸出：

- 5v 電源接腳。
- 地端。
- DO 數位輸出，5v 或是 0v，由可變電阻調整。

■ AO 類比信號輸出，表示土壤濕度或雨滴偵測的導電程度，低電壓輸出表示導電程度佳，完全導通是 0.3V，電壓輸出越高表導電程度差。

DO 數位輸出是 5v 或是 0v，由可變電阻調整感知器導電程度的臨界電壓，當感測器輸出電壓超過臨界電壓，數位輸出端子會輸出低電位，表示濕度高或是偵測到雨滴，同時板上 LED 指示燈會亮起。這樣的調整不是很精確，有些感知器模組不容易調整出來，經過 ADC 轉換，得到數位資料後，便可以精確的以程式來控制。

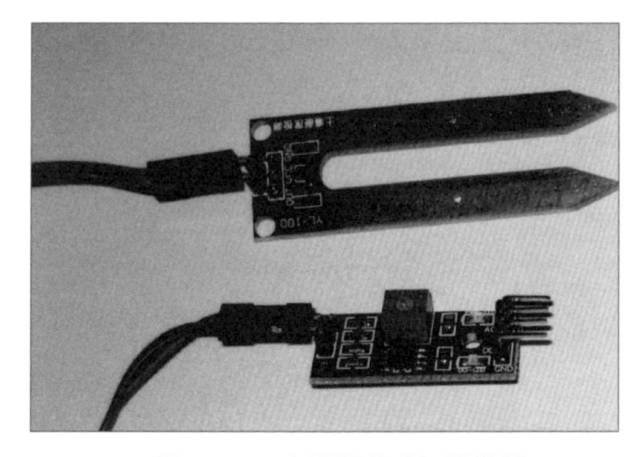

圖 9-16　土壤濕度感知器模組

圖 9-17　雨滴偵測感知器模組

土壤濕度偵測應用如下：

■ 偵測土壤相對濕度。

■ 植物盆栽自動給水。

雨滴偵測感知器應用如下：

■ 偵測下雨時機。

■ 下雨警報器。

■ 落水偵測器。

落水偵測器應用廣泛，例如救生衣自動膨脹成救生圈，在緊急情況時，可以發揮救命的功效。

實驗目的

Arduino 控制板連接 LCD 電路，在類比輸入端 A0 連接有感知器，即時顯示土壤相對濕度的數位變化值。

功能

參考圖 9-19 電路，程式執行後 LCD 會顯示轉換數值資料，觀察以下實驗結果：

1. 未插入土壤時，數值為 1023 最高。
2. 剛插入土壤時，數值約 700。
3. 再插入深一些，數值約 500。
4. 放入水中，數值約 300。

當得到以上實驗數位資料後，便可以依需要，精確的以程式來控制動作點。

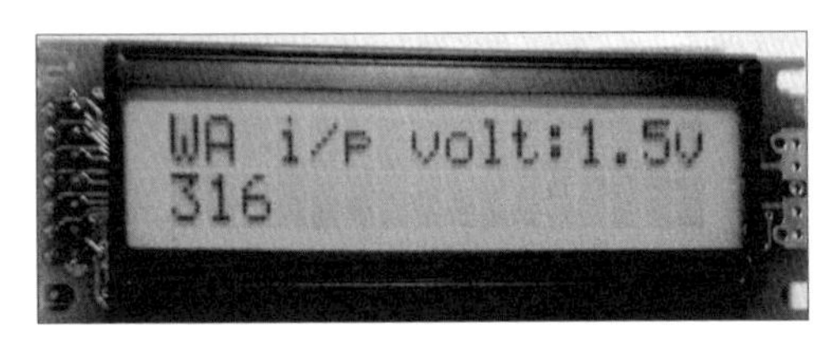

圖 9-18　水滴或土壤濕度實驗資料

電路圖

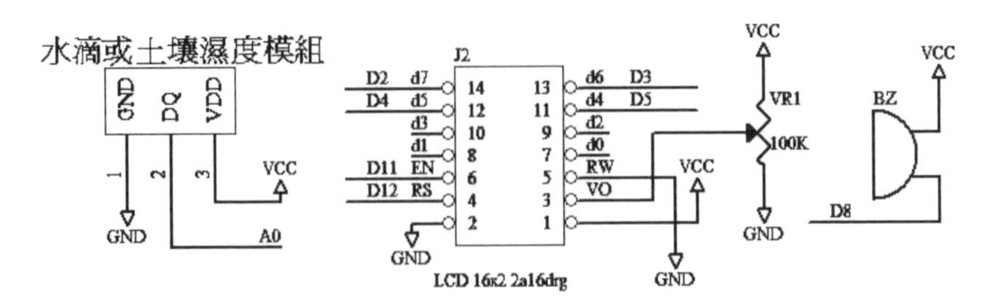

圖 9-19　水滴或土壤濕度實驗電路

程式 wa.ino

```
#include <LiquidCrystal.h> //引用 LCD 程式庫
int ad=A0; //設定類比輸入腳位
int adc; //設定類比變數
int bz=8; //設定喇叭腳位
LiquidCrystal lcd(12, 11, 5, 4, 3, 2); //設定 LCD 腳位
void setup()//初始化設定
{
  lcd.begin(16, 2);
  pinMode(bz, OUTPUT);
  digitalWrite(bz, LOW);
}
//-----------------------------------
void be()//發出嗶聲
{
int i;
 for(i=0; i<100; i++)
  {
   digitalWrite(bz, HIGH); delay(1);
   digitalWrite(bz, LOW);  delay(1);
  }
 delay(100);
}
//----------------------------------------
void loop()//主程式迴圈
{
float v;
 lcd.setCursor(0, 0);lcd.print("WA i/p volt:");
 while(1) //無窮迴圈
  {
   adc=analogRead(ad); //讀取類比輸入值
   lcd.setCursor(0, 1);lcd.print("      ");
   lcd.setCursor(0, 1);lcd.print(adc); //LCD 顯示類比輸入值
   v=( (float)adc/1023.0)* 5.0;  //計算轉換電壓值
   lcd.setCursor(12, 0);
   lcd.print(v,1); //LCD 顯示轉換電壓值
   lcd.setCursor(15, 0);
   lcd.print('v');
   delay(500);
   if(adc<400) { be(); be(); } //類比輸入值過低發出嗶聲
  }
}
```

9-8 瓦斯煙霧實驗

瓦斯氣體感測器，使用的氣敏材料是二氧化錫（SnO2），當感知器偵測到有毒氣體時，感知器的電導率會隨空氣中汙染氣體濃度增加而迅速大增。加上負載電阻，便可以將電導率的變化，轉換成輸出電壓變化，用以表示氣體濃度高低。

此外對香菸及拜拜的香產生的煙霧，感知器也會起濃度變化。當火災的發生，初期的現象是有毒的煙霧，有毒氣體的產生，再來溫度上升，因此本實驗裝置將可以用於火災初期的預警。

瓦斯感知器一般應用如下：

- 瓦斯洩漏偵測警報器。
- 瓦斯煙霧偵測器。
- 有毒氣體濃度測試器。
- 特殊毒氣濃度如二氧化碳參考驗證。
- 對香菸及拜拜的香偵測。

瓦斯感知器編號除了 TGS800，在拍賣網站上常見的感知器編號為 MQ2，用於瓦斯偵測，或是用於有毒氣體偵測，都可以拿來做測試，圖 9-20 是 MQ2 包裝，圖 9-21 是感知器模組拍照圖，一般有 4 支腳位輸出：

- 5v 電源接腳。
- 地端。
- DO 數位輸出，5v 或是 0v，由可變電阻調整。
- AO 類比信號輸出，低濃度時 0.3V，最高濃度輸出 4V。

圖 9-20　是 MQ2 包裝

圖 9-21　安裝於小電路板上的拍照圖

數位輸出是以可變電阻來調整臨界電壓，當感測器輸出電壓超過臨界電壓，數位輸出端子會輸出低電位，表示濃度值過高，同時板上 LED 指示燈會亮起。類比信號輸出是將感測器感測的濃度值，轉換為電壓輸出，低濃度時輸出電壓低，高濃度時輸出電壓增加。

此類感知器冷開機通電後，需要預熱 10 至 20 秒左右，輸出電壓會持續拉高，等內部加熱器開始加熱完成，輸出電壓值會下降，再變為穩定，若接線正常，感知器會發熱為正常現象，如果溫度過高就可能接線錯誤了。如果沒有溫度，可能感知器已損壞。

感知器應用需先了解原理及測試方法，氣體感測器會感測氣體濃度，轉換為電壓輸出，測試時可以打火機瓦斯做實驗。對於電壓變化的輸出，可以比較器加上調整臨界值方法來設計，但不是很精確，有些感知器差異性過大不不容易調整出來，但掌握濃度（電壓）變化，經過 ADC 轉換，得到濃度資料後，便可以很精確的以控制程式，掌握不同感知器的應用程度。

了解接腳圖及工作原理後，便可以參考接腳圖來做測試實驗：

1. 加入 5v 電源。
2. 檢查感知器溫度是否升高。
3. 以電表量測電壓是否升高再下降。

4. 當穩定後，以打火機施放一點瓦斯出來，看看輸出電壓是否快速升高，若一切正常，便可以做下一步濃度實驗了。

實驗目的

Arduino 控制板連接瓦斯感知器模組，由 LCD 顯示瓦斯偵測值。

功能

參考圖 9-23 電路，程式執行後 LCD 會顯示瓦斯偵測值，超過臨界值 200 則發出嗶聲警示。

圖 9-22 瓦斯偵測值顯示在 LCD 上

電路圖

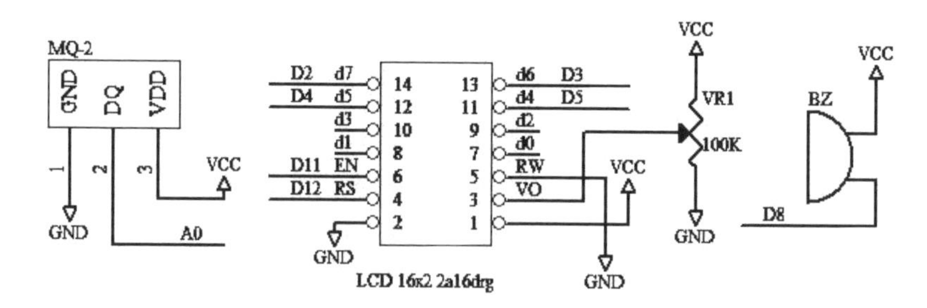

圖 9-23 瓦斯偵測實驗電路

程式 gas.ino

```
#include <LiquidCrystal.h> //引用 LCD 程式庫
int bz=8; //設定喇叭腳位
int ad=A0; //設定類比輸入腳位
int adc; //設定類比變數
int gv; //設定臨界值
//---------------------------------------
LiquidCrystal lcd(12, 11, 5, 4, 3, 2); //設定 lcd  腳位
void setup()//初始化設定
{
  lcd.begin(16, 2);
  lcd.print("adc test.... ");
  Serial.begin(9600);
  pinMode(bz, OUTPUT);
  digitalWrite(bz, LOW);
}

void be()//發出嗶聲
{
int i;
 for(i=0; i<100; i++)
  {
   digitalWrite(bz, HIGH); delay(1);
   digitalWrite(bz, LOW);  delay(1);
  }
}
//------------------------------------
void loop()//主程式迴圈
{
int i;
 be();
 lcd.setCursor(0, 0); lcd.print("GAS heating....");
 for(i=0; i<3; i++)  delay(1000);//延遲 3 秒
 be();
 while(1)
  {
   adc=analogRead(ad);//讀取瓦斯濃度
   lcd.setCursor(0, 1);lcd.print("      ");
   lcd.setCursor(0, 1);
   lcd.print(adc); //顯示於 lcd
   //將數值經由串列介面傳送到 PC 端顯示出來
```

```
    Serial.print(adc); Serial.print(' ');
    //低於某一臨界值則區穩定(實驗值) 開始偵測
    if(adc<500) break;
    delay(500);
   }
//-------------------------------------
  be();// 發出嗶聲
  lcd.setCursor(0, 0);lcd.print("GAS check       ");
  gv=200; //臨界值設定
  lcd.setCursor(10, 0);lcd.print(gv);
  while(1)// 開始偵測
   {
    adc=analogRead(ad);
    lcd.setCursor(0, 1);lcd.print("      ");
    lcd.setCursor(0, 1);lcd.print(adc);
    Serial.print(adc); Serial.print(' ');
    //超過臨界值則發出警報聲響通知
    if(adc>gv)
     { be();
       lcd.setCursor(8, 1);lcd.print("GAS!!!");
     }
    else {lcd.setCursor(8, 1);lcd.print("       ");}
    delay(500);
   }
}
```

9-9 習題

1. 說明超音波測距原理。

2. 設計程式，當溫度高於 32 度時，壓電喇叭嗶一聲。

3. 設計程式，超音波測距偵測到靠近 25cm 時，發出嗶 1 聲警示。

4. 距離靠近 15cm 時，發出嗶 2 聲警示。

5. 設計程式，LCD 顯示溫濕度及瓦斯濃度偵測值。

音樂音效控制

壓電喇叭或喇叭是常用的輸出裝置，用於發出固定或是可變頻率的聲響警示，或是播放語音應用等場合。第 4 章曾經介紹過驅動壓電喇叭發出固定頻率的聲響警示實驗，本章將介紹有關驅動喇叭更有趣的實驗，包括音階音效測試實驗及如何演奏歌曲，您可以在 Arduino 上很容易的設計出這些功能。

10-1 音調測試

聲音是由震動產生，不同的音源有不同的音頻分布。音頻的單位是赫芝（Hz），表示每秒震動幾次，頻率越高每秒震動次數越高，音頻的範圍位於 20Hz ～ 200KHz，其中一般人可聽見的音頻範圍介於 20Hz ～ 20KHz 之間。日常生活中有各種不同的聲音，有人類發聲、動物叫聲、樂器聲、音效聲、音階測試聲、噪音等，研究聲音的產生與應用，是個有趣的實驗。Arduino 內建有音調產生功能，由控制腳位輸出特定頻率的音調，格式如下：

```
tone(控制腳位, 頻率, 持續時間);
tone(控制腳位, 頻率);
noTone(控制腳位);
```

持續時間單位為毫秒（ms），若未設定持續時間則持續發聲，直到執行 noTone() 指令為止才會靜音。

實驗目的

測試音調功能，產生不同頻率的音調。

功能

參考圖 10-1 電路，程式執行後，可以聽到以下不同頻率的音調產生：500Hz、1000Hz、1500Hz、2000Hz、2500Hz、3000Hz，中間靜音 0.5 秒。音效或是音調都可以經過電晶體放大信號，或是直接接數位輸出都會發聲。

電路圖

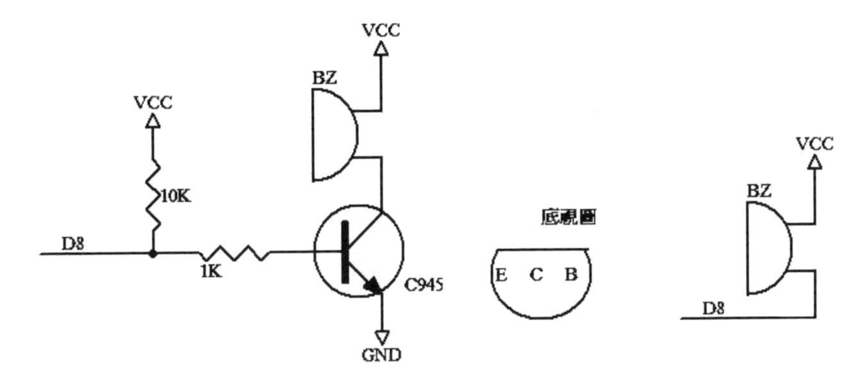

圖 10-1 音效音調實驗電路

程式 tone1.ino

```
int bz=8; // 設定喇叭腳位
void setup()// 初始化設定
{
  pinMode(bz, OUTPUT); // 設定腳位為輸出模式
  digitalWrite(bz, LOW); // 設定腳位為低電位
  be();    // 嗶一聲
  delay(1000);// 延遲 1 秒
}
//----------------------------------------
void be()// 嗶一聲
{
int i;
 for(i=0; i<100; i++)
  {
   digitalWrite(bz, HIGH); delay(1); // 設定高電位
   digitalWrite(bz, LOW); delay(1); // 設定低電位
  }
}
//----------------------------------------

void loop()// 主程式迴圈
{
 tone(bz, 500, 300);    delay(500); noTone(bz);
 tone(bz, 1000,300);    delay(500); noTone(bz);
 tone(bz, 1500,300);    delay(500); noTone(bz);
```

```
 tone(bz, 2000,300);    delay(500); noTone(bz);
 tone(bz, 2500,300);    delay(500); noTone(bz);
 tone(bz, 3000,300);    delay(500); noTone(bz);
}
```

10-2 音效控制

Arduino 可以產生特定頻率的音調，將音調參數加以改變，將發音延長時間參數加以改變，二者組合一下，可以設計出好玩的各種音效實驗。

實驗目的

驅動喇叭產生音效。

功能

參考圖 10-1 電路，程式執行後，產生以下 3 種音效：

- 救護車音效。
- 音階音效。
- 雷射槍音效。

程式 ef1.ino

```
int bz=8;  // 設定喇叭腳位
void setup()// 設定初值
{
  pinMode(bz, OUTPUT); // 設定腳位為輸出模式
  digitalWrite(bz, LOW); // 設定腳位為低電位
  be();// 嗶一聲
  delay(1000); // 延遲 1 秒
}

//---------------------------------------
void be()// 嗶一聲
```

```
{
int i;
 for(i=0; i<100; i++)
  {
   digitalWrite(bz, HIGH); delay(1); //設定高電位
   digitalWrite(bz, LOW); delay(1); //設定低電位
  }
}
//--------------------------------------
void ef1()//救護車音效
{
int i;
 for(i=0; i<5; i++)
  {
   tone(bz, 500);  delay(300); //頻率 500 H z
   tone(bz, 1000);  delay(300); //頻率 1000 H z
  }
  noTone(bz); delay(1000);
}
//--------------------------------------
void ef2() //音階音效
{
int i;
 for(i=0; i<10; i++)
  {
   tone(bz, 500+50*i);  delay(100);  //頻率可變化
  }
  noTone(bz); delay(1000);
}
//--------------------------------------
void ef3() //雷射槍音效
{
int i;
 for(i=0; i<30; i++)
  {
   tone(bz, 700+50*i);  delay(30); //頻率變化幅度變大
  }
  noTone(bz); delay(1000);
}
//--------------------------------------
void loop()//主程式
{
 ef1();//救護車音效
 ef2();//音階音效
 ef3();//雷射槍音效
}
```

10-3 音階控制

前面看過驅動喇叭發出特定頻率的控制方法，本節介紹如何產生各種頻率的聲音，可以由喇叭發出 "DO"、"RE"、"ME"..... 的音調，下表列出各個音符對應頻率值：

簡譜	1	2	3	4	5	6	7	$\overline{1}$	$\overline{2}$	$\overline{3}$	$\overline{4}$	$\overline{5}$	$\overline{6}$	$\overline{7}$
音符	C5	D5	E5	F5	G5	A5	B5	C6	D6	E6	F6	G6	A6	B6
頻率	523	587	659	698	784	880	987	1046	1174	1318	1396	1567	1760	1975

實驗目的

驅動喇叭產生完整兩個 8 度音階。

功能

參考圖 10-2 電路，程式執行後，喇叭發出兩個 8 度音階。按下 K1 鍵再度發出聲音。

電路圖

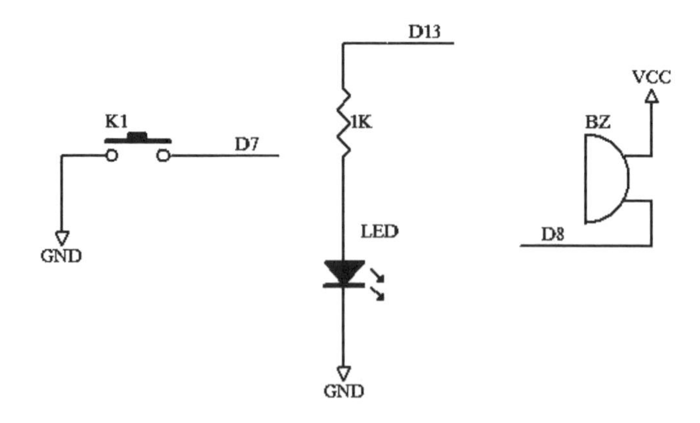

圖 10-2　音調演奏實驗電路

程式 tone2.ino

```
// 音調對應頻率值
int f[]={0, 523, 587, 659, 698, 784, 880, 987,
         1046, 1174, 1318, 1396, 1567, 1760, 1975};
int led = 13; // 設定 LED 腳位
int k1 = 7; // 設定按鍵腳位
int bz=8; // 設定喇叭腳位
void setup()// 設定初值
{
  pinMode(led, OUTPUT); // 設定腳位為輸出模式
  pinMode(k1, INPUT); // 設定腳位為輸入模式
  digitalWrite(k1, HIGH); // 輸入高電位設定
  pinMode(bz, OUTPUT); // 設定腳位為輸出模式
  digitalWrite(bz, LOW); // 設定低電位
}
//----------------------------------------
void led_bl() //LED 閃動
{
int i;
 for(i=0; i<2; i++)
  {
   digitalWrite(led, HIGH); delay(150);  //LED 亮
   digitalWrite(led, LOW);  delay(150); //LED 滅
  }
}
//----------------------------------------
void be()// 嗶一聲
{
int i;
 for(i=0; i<100; i++)
  {
   digitalWrite(bz, HIGH); delay(1); // 設定高電位
   digitalWrite(bz, LOW); delay(1); // 設定低電位
  }
}
//----------------------------------------
void so(char n) // 發出特定音階單音
{
 tone(bz, f[n],500);
 delay(100);
 noTone(bz);
```

```
}
//-------------------------------------
void test()// 測試各個音階
{
char i;
 so(1); led_bl();
 so(2); led_bl();
 so(3); led_bl();
 for(i=1; i<15; i++) { so(i); delay(100); }
}
/*-----------------------------------------*/
boolean k1c;// 按鍵狀態
void loop()// 主程式
{
 test();// 測試各個音階
  while(1)// 無窮迴圈
  {
   k1c=digitalRead(k1); // 是否按下 k1 鍵
   if(k1c==0)  test();  // 按下 k1 鍵則測試各個音階發聲
  }
}
```

10-4 演奏歌曲

上一節已看過如何控制各個單音音階，將各個單音連結在一起便可以組成一支曲子或是演奏一段旋律，為了方便音階設計，曲子音階表示直接以數字表示。例如曲子音階指標資料陣列如下：

```
char song[]={3,5,5,3,2,1,2};
```

表示："ME"、"SO"、"SO"、"ME"、"RE"、"DO"、"RE" 演奏時節奏較快，一拍約 300 ms，讀者可以依自己喜愛而改變其演奏的速度。

實驗目的

測試驅動喇叭演奏一首歌曲。

功能

參考圖 10-2 電路，程式執行後，聽見喇叭演奏一段旋律，若按下 K1 鍵則喇叭再次演奏旋律。

程式 song.ino

```
//音調對應頻率值
int f[]={0, 523,  587,  659,  698, 784,   880, 987,
         1046, 1174, 1318, 1396, 1567, 1760, 1975};
// 旋律音階
char song[]={3,5,5,3,2,1,2,3,5,3,2,3,5,5,3,2,1,2,3,2,1,1,100};
// 旋律音長拍數
char len[]= {2,1,1,2,1,1,1,2,1,1,1,2,1,1,2,1,1,1,2,1,1,1,100};

int led = 13; // led設定led腳位
int k1 = 7;   //設定按鍵腳位
int bz=8;    //設定喇叭腳位
void setup()//設定初值
{
  pinMode(led, OUTPUT); //設定腳位為輸出模式
  pinMode(k1, INPUT); //設定腳位為輸入模式
  digitalWrite(k1, HIGH); /輸入高電位設定
  pinMode(bz, OUTPUT); //設定腳位為輸出模式
  digitalWrite(bz, LOW); //設定低電位
}
//----------------------------------------
void led_bl()//LED 閃動
{
int i;
 for(i=0; i<2; i++)
  {
   digitalWrite(led, HIGH); delay(150);
   digitalWrite(led, LOW);  delay(150);
  }
}
```

```
//--------------------------------------
void be()// 嗶一聲
{
int i;
 for(i=0; i<100; i++)
  {
   digitalWrite(bz, HIGH); delay(1);
   digitalWrite(bz, LOW); delay(1);
  }
}
//--------------------------------------
void so(char n) // 發出特定音階單音
{
 tone(bz, f[n],500);
 delay(100);
 noTone(bz);
}
//--------------------------------------
void test()// 測試各個音階
{
char i;
 so(1); led_bl();
 so(2); led_bl();
 so(3); led_bl();
 for(i=1; i<15; i++) { so(i); delay(100); }
}
//--------------------------------------
void ptone(char t, char l)// 發出特定音階單音
{
 tone(bz, f[t],300*l);
 delay(100);
 noTone(bz);
}
//--------------------------------------
void  play_song(char *t, char *l)  // 演奏一段旋律
{
 while(1)
  {
   if(*t==100) break;
   ptone(*t++, *l++);
   delay(5);
  }
```

```
}
/*-----------------------------------------*/
boolean k1c; // 按鍵狀態
 void loop()// 主程式迴圈
{
 test();  // 測試各個音階
play_song(song, len); // 演奏旋律
  while(1)
   {
    k1c=digitalRead(k1); / 按下 k1 鍵則演奏旋律
    if(k1c==0) { test(); play_song(song, len); }
   }
}
```

10-5 習題

1. 修改原始程式來改變演奏的速度，一拍 500ms。

2. 歌曲 " 兩隻老虎 " 的簡譜如下：

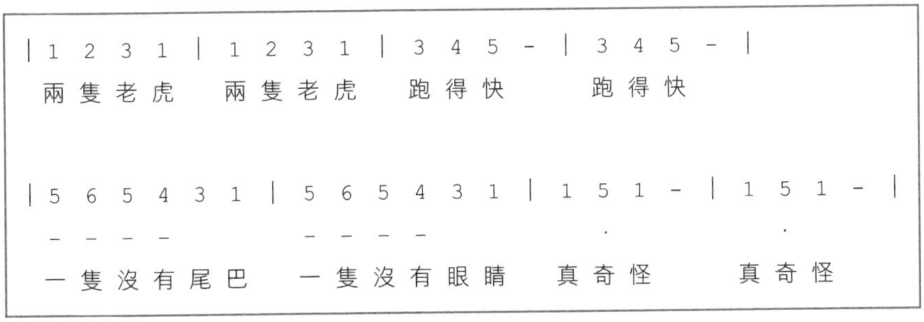

```
| 1  2  3  1 | 1  2  3  1 | 3  4  5  - | 3  4  5  - |
  兩 隻 老 虎   兩 隻 老 虎   跑 得 快       跑 得 快

| 5  6  5  4  3  1 | 5  6  5  4  3  1 | 1  5  1  - | 1  5  1  - |
  -  -  -  -         -  -  -  -              .            .
  一 隻 沒 有 尾 巴    一 隻 沒 有 眼 睛    真 奇 怪       真 奇 怪
```

請將其資料重新輸入程式中而演奏出來。

3. 修改原始程式由喇叭發出 "DO"、"SI"、"LA"... 的音階，演奏順序倒過來。

4. 由喇叭發出 2KHZ 的聲音，持續 3 秒，若按下 K1 鍵則喇叭再次發出聲音。

MEMO

紅外線遙控器實驗

家中許多的電器產品，例如電視機、冷氣、音響、電風扇等，都是以紅外線遙控的方式來做控制，紅外線遙控器除了做特定家電的遙控外，還有許多的應用可以做開發及研究，本章將介紹如何以 Arduino 來做紅外線遙控器解碼實驗，並舉例做應用，可將傳統的裝置裝上遙控器，方便操作。

11-1 紅外線遙控應用

紅外線遙控是最低成本的人機介面互動遙控方式，在按鍵中有基本功能遙控，或是做較複雜的功能設定。可以快速的切換各種功能應用，或是由諸多功能選項中擇一來執行，紅外線遙控應用列舉如下：

- 一般家電電視機、冷氣、音響、電風扇專用遙控器遙控家電。
- 遙控玩具車、玩具機器人、互動寵物遙控。
- 遙控電源、燈具應用。
- 控制器的資料輸入。
- 控制器各式功能切換設定。
- 紅外線遙控投票表決器。
- 互動寵物動作資料傳送。
- 無線數據資料傳送。
- 紅外線遙控器資料儲存再利用。

除了遙控的應用外，遙控器還可以做控制器的資料輸入，當控制器的硬體支援有限時，又要做數字資料輸入，便是遙控器派上用場的時候，有方便攜帶及控制簡單的優點。遙控器按鍵輸入應用時，控制端需要遙控器解碼功能，才能知道目前按下了哪一按鍵，作後續的相關應用。

11-2 紅外線遙控器動作原理

紅外線遙控器是以紅外線發光 LED，發射波長 940nm 的紅外線不可見光來傳送信號。一般遙控器系統分為發射端及接收端兩部分，發射端經由紅外線發射 LED 送出紅外線控制信號，這些信號經由紅外線接收模組接收端接收進來，並對其控制信號做解碼而做相對的動作輸出，完成遙控的功能。圖 11-1 是紅外線發射 LED、紅外線接收模組的照相。

圖 11-1　紅外線發射 LED 及接收模組

圖 11-2 為紅外線發射器的工作方塊圖，當按下某一按鍵後，遙控器上的控制晶片（例如 8051）便進行編碼產生一組控制碼，結合載波電路的載波信號（在台灣一般使用 38KHz）而成為合成信號，經過放大器提升功率而推動紅外線發射二極體，將紅外線信號發射出去，所要發射的控制碼必需加上載波才能使信號傳送的距離加長，一般遙控器的有效距離為 7 公尺。

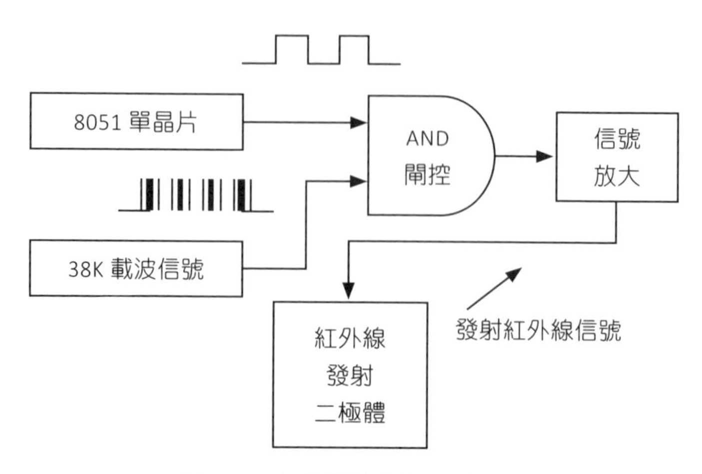

圖 11-2　紅外線發射器工作方塊圖

圖 11-3 為紅外線接收的工作方塊圖，其主要控制元件為紅外線接收模組，其內部含有高頻的濾波電路，專門用來濾除紅外線合成信號的載波信號（38KHz）而送出發射器的控制信號。當紅外線合成信號進入紅外線接模組，在其輸出端便可以得到原先的數位控制編碼，只要經由單晶片解碼程式進行解碼，便可以得知按下了哪一按鍵，而做出相對的控制處理，完成紅外線遙控的動作。

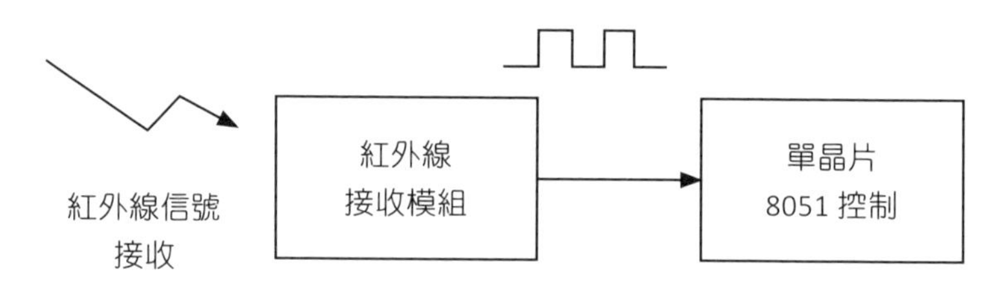

圖 11-3　紅外線接收工作方塊圖

由於每家廠商設計出來的遙控器一定不一樣，即使是使用相同的控制晶片，也會做特殊的編碼設計，以避免遙控器間互相的干擾。在本章的實驗中，將以 TOSHIBA 電視遙控器及實驗用名片型遙控器為例子來做說明，參考圖 11-4，這款電視遙控器使用國內遙控器最常使用的編碼晶片 PT 2221 或是相容晶片。

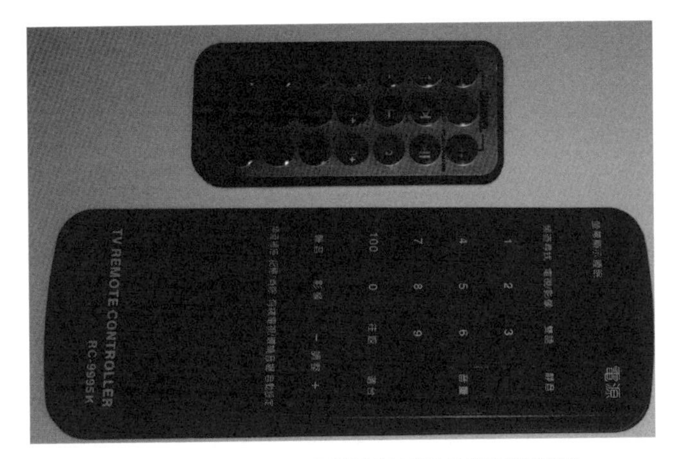

圖 11-4　TOSHIBA 電視遙控器及實驗用遙控器

圖 11-5 是編碼晶片 PT 2221 發射的紅外線信號編碼格式，編碼方式是使用 32 位元編碼，紅外線信號編碼由以下 3 部分組成：

- 前導信號。
- 編碼資料。
- 結束信號。

其中的編碼資料包含廠商固定編碼及按鍵編碼，廠商固定編碼為避免與其他家電廠商重複，而按鍵編碼則是遙控器上的各個按鍵編碼。

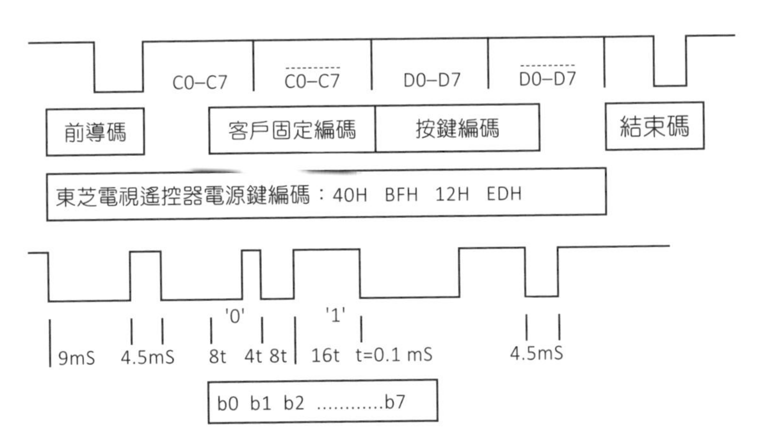

圖 11-5　紅外線發射信號編碼格式

例如按下遙控器的電源（POWER）鍵，則會發送出以下的 4 位元組出去：

```
" 40 BF 12 ED"
```

其中 "40 BF" 為廠商固定編碼，"12 ED" 則為電源按鍵編碼，廠商編碼只要是 TOSHIBA 電視遙控器是固定的，各個按鍵編碼則依按鍵不同而不一樣。

各個位元編碼方式是以波寬信號來調變，低電位 0.8mS 加上高電位 0.4mS 則編碼為 '0'，低電位 0.8mS 加上高電位 1.6mS 則編碼為 '1'。當按下遙控器上的某一按鍵則會產生特定的一組編碼，結合 38KHz 載波信號而發射出去，加上載波信號可以增加發射距離。

如何觀察紅外線遙控器信號，一般我們可以用以下幾種方法來觀察紅外線信號的存在：

- 以邏輯筆偵測信號的發射。
- 以儲存式示波器來觀察其數位波形。
- 以單晶片程式來解碼其數位波形。
- 以電腦來解碼其數位波形並畫出其波形。

紅外線接收模組，內部含有高頻的濾波電路，用來濾除紅外線合成信號的載波信號，輸出原始數位控制信號。台灣常見的載波頻率有 36KHz、38KHz、40KHz，一般若使用 38KHz 濾波的紅外線接收模組來做實驗，接近的發射頻率，仍然可以看到原始數位控制信號波形。

圖 11-6 是觀察紅外線遙控器信號的簡易實驗電路，可以邏輯筆接觸紅外線接收模組的信號輸出端（OUT），便可以偵測。當按下遙控器某一按鍵時，數位信號發射出去，紅外線接收模組收到信號後，在輸出端會出現原先數位信號資料，邏輯筆脈波 LED 便會閃動，這是檢測紅外線遙控器好壞最簡單的方法。

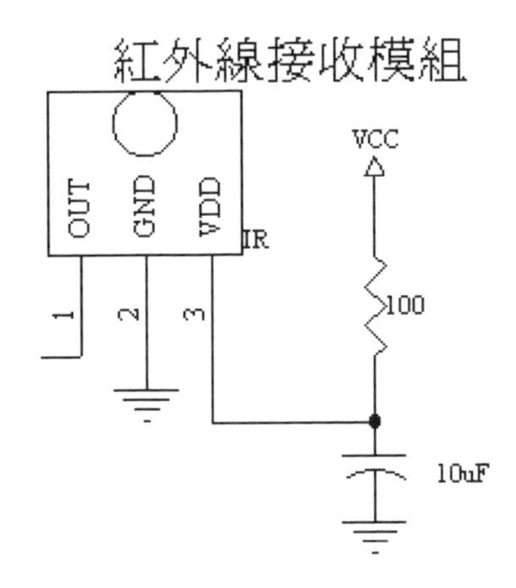

圖 11-6　觀察紅外線遙控器信號的簡易實驗電路

過去是以儲存式示波器來觀察 TOSHIBA 電視遙控器所發射的信號，由於紅外線數位信號並非週期信號，因此必須靠儲存式示波器的記憶功能，來記錄並追蹤其信號的存在，由觀察示波器的波形來驗證其信號的格式，是設計解碼程式的第一步，多去觀察其信號的格式便了解其解碼程式的原理。想觀察遙控器其信號的格式及其他進階應用，如紅外線遙控器資料儲存再利用，可以參考第 14 章說明。

11-3 紅外線遙控器解碼實驗

看過 TOSHIBA 電視遙控器所發射的信號格式分析後，本節以 Arduino 程式來做遙控器解碼實驗，早期實驗室曾經以 8051C 程式設計過此款遙控器的解碼程式，直接移植過來便可以使用，原始程式碼分析可以參考第 2 章說明，有興趣者可以研究一下，否則直接引用，先複製 rc95a 目錄（含程式碼），到系統檔案目錄 libraries 下，程式中加入以下指令：

```
#include <rc95a.h>
```

實驗用遙控器為名片型遙控器，如圖 11-4 所示。遙控器解碼功能僅適用長度 36 位元之遙控器，過長無法解碼。遙控器解碼功能僅適用載波 38K 接近之遙控器，載波差距太大也無法解碼。

實驗目的

測試名片型紅外線遙控器按鍵輸入解碼。

功能

參考圖 11-8 電路，紅外線接收模組的電源電路，可以直接接 +5V，或是串接電阻、電容，避免電源雜訊干擾。程式執行後，當依序按下數字鍵 0、1 ～ 9，由串列介面送出 4 位元組的資料。程式下載後，要開啟串列介面監控視窗，才能看到結果。

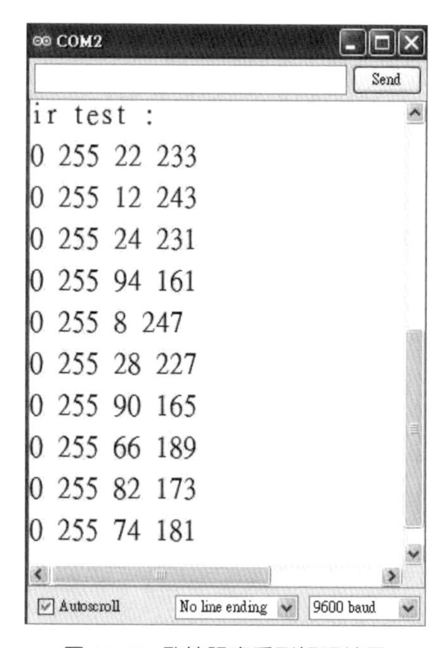

圖 11-7　監控視窗看到解碼結果

其中 "0 255" 為廠商固定編碼，"22 233" 則為按鍵 0 編碼，廠商編碼只要是該款（特定晶片）遙控器是固定的，各個按鍵編碼則依按鍵不同而不一樣。

電路圖

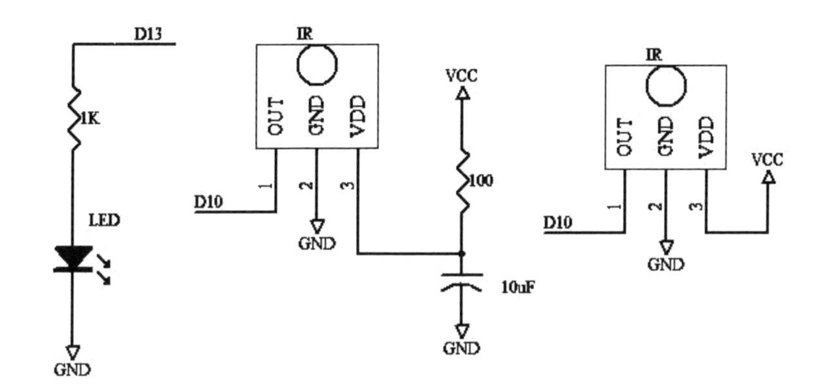

圖 11-8　紅外線遙控器按鍵解碼電路

程式 dir.ino

```
#include <rc95a.h> // 引用紅外線遙控器解碼程式庫
int cir =10; // 設定信號腳位
int led = 13; // 設定 LED 腳位
void setup()// 初始化設定
{
  pinMode(led, OUTPUT);
  pinMode(cir, INPUT);
  Serial.begin(9600);
}
void led_bl()//LED 閃動
{
int i;
 for(i=0; i<2; i++)
  {
   digitalWrite(led, HIGH); delay(150);
   digitalWrite(led, LOW); delay(150);
  }
}
```

```
/*-------------------------------------------------------------*/
void test_ir()//紅外線遙控器解碼
{
int c, i;
 while(1) //無窮迴圈
  {
loop:
//迴圈掃描是否有遙控器按鍵信號？
   no_ir=1; ir_ins(cir); if(no_ir==1) goto loop;
// 發現遙控器信號 .，進行轉換 .........................................................
   led_bl(); rev();
//串列介面顯示解碼結果
   for(i=0; i<4; i++)
   {c=(int)com[i]; Serial.print(c); Serial.print(' '); }
   Serial.println();
   delay(300);
  }
}
//-------------------------------------------------------
void loop()//主程式迴圈
{
led_bl();
 Serial.println("ir test : "); test_ir();
}
```

11-4 紅外線遙控器解碼顯示機

紅外線遙控器解碼器應用很廣，如遙控器檢修、測試、設計應用程式，有時要攜帶到別處作測試，因此將紅外線遙控器解碼輸出到 LCD 上，成為解碼顯示機，可做生產線上測試用。

實驗目的

測試名片型紅外線遙控器按鍵輸入，解碼顯示於 LCD。

功能

參考圖 11-10 電路，程式執行後，當按下遙控器按鍵後，解碼 4 筆資料，顯示於 LCD 上，如下圖所示，壓電喇叭會做出如下反應：

- 按鍵 1：壓電喇叭嗶 1 聲。
- 按鍵 2：壓電喇叭嗶 2 聲。
- 按鍵 3：壓電喇叭嗶 3 聲。

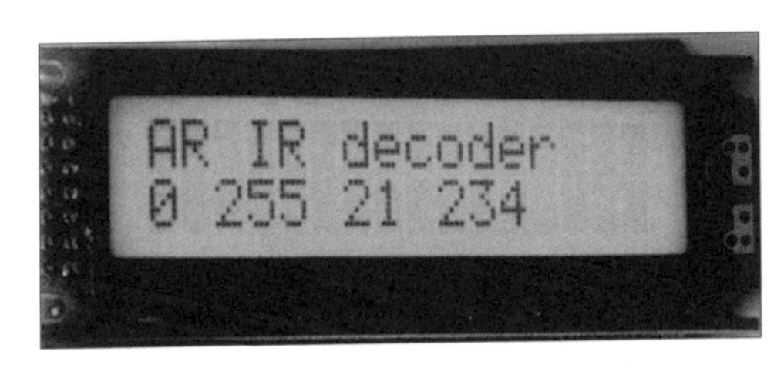

圖 11-9　LCD 顯示遙控器解碼

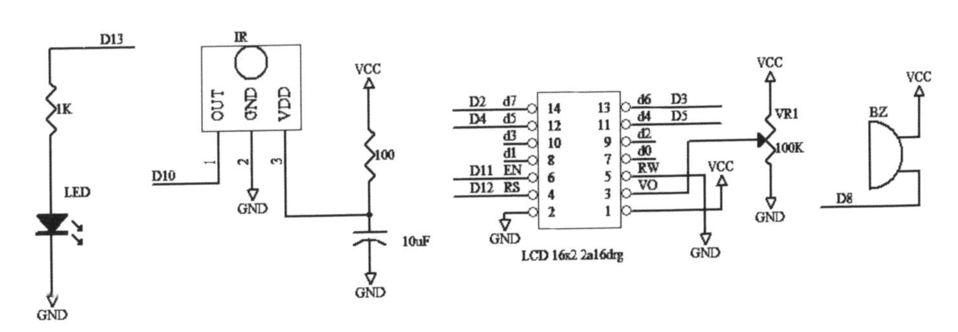

圖 11-10　LCD 遙控器解碼顯示電路

程式 dirL.ino

```
#include <rc95a.h>  //引用紅外線遙控器解碼程式庫
#include <LiquidCrystal.h> //引用 LCD 程式庫
LiquidCrystal lcd(12, 11, 5, 4, 3, 2); //設定 LCD 腳位
//------------------------------------
```

```
int cir =10;  //設定紅外線遙控器解碼控制腳位
int led = 13; // led設定led腳位
int bz=8;   //設定喇叭腳位
void setup()//設定初值
{
  pinMode(led, OUTPUT);
  pinMode(cir, INPUT);
  pinMode(bz, OUTPUT);
  Serial.begin(9600);
  digitalWrite(bz, LOW);
  lcd.begin(16, 2);
  lcd.print("AR IR decoder");
}

void led_bl()  //LED 閃動
{
int i;
 for(i=0; i<2; i++)
  {
   digitalWrite(led, HIGH); delay(150);
   digitalWrite(led, LOW); delay(150);
  }
}
void be()//嗶聲
{
int i;
 for(i=0; i<100; i++)
  {
   digitalWrite(bz, HIGH); delay(1);
   digitalWrite(bz, LOW); delay(1);
  }
 delay(100);
}
//-------------------------------------------
void test_ir()  //紅外線遙控器解碼
{
int c, i;
 while(1) //無窮迴圈
  {
loop:
//迴圈掃描是否有遙控器按鍵信號?
   no_ir=1; ir_ins(cir); if(no_ir==1) goto loop;
```

```
// 發現遙控器信號 .，進行轉換
   rev();
  lcd.setCursor(0, 1);
  for(i=0; i<4; i++)
   {
// 串列介面顯示解碼結果
     c=(int)com[i]; Serial.print(c);
     Serial.print(' ');
//LCD 介面顯示解碼結果
     lcd.print(c); lcd.print(" ");
   }  Serial.print('|');
   delay(300);
// 執行解碼功能
    if(com[2]==12) be();    // 按鍵 1
    if(com[2]==24) { be(); be();}  // 按鍵 2
    if(com[2]==94) { be(); be(); be();}// 按鍵 3
   }
}
//------------------------------------------------------
void loop()// 主程式迴圈
{
led_bl();be();
 Serial.print("ir test : "); test_ir();
}
```

11-5 習題

1. 列舉紅外線遙控應用實例 4 種。
2. 說明紅外線發射器的工作原理。
3. 說明紅外線信號編碼由哪 3 部分組成。
4. 設計紅外線遙控器程式，當按下 1 ～ 7 鍵，遙控喇叭發出簡譜 1 ～ 7 的音階。

MEMO

伺服機控制

本章是以遙控玩具店，市售標準的遙控伺服機來做實驗，此一裝置在無線電遙控飛機、遙控船上一定會用到，主要是介紹其內部結構及工作原理，並以 Arduino 介面來設計驅動程式，可以精確的控制伺服機動作。了解其工作原理後還可以有其他的應用，凡是需要拉動或是做簡易的機械式傳動機構設計，都有機會用到它。對於非機械科系的同學，只要懂得 Arduino 介面設計，也可以很有效率的設計一些精密的傳動系統，這完全拜伺服機之賜，讓我們可以簡單的電路完成複雜的控制系統整合設計。

12-1 伺服機介紹

一般馬達在做應用時還需要經過減速齒輪及轉換機構，才能實際控制傳動，本節將介紹做傳動實驗時經常會用到的伺服機，以簡化設計齒輪及轉換機構的麻煩。伺服機用在遙控飛機或是遙控船上，作為方向變化控制及加減速控制用，伺服機的優點是扭力大可拉動較重的負荷，並且體積小、重量輕而且省電。

圖 12-1 是傳統比例式遙控器接收機控制器及伺服機照相圖，一組接收機控制器可以同時控制多組伺服機動作。之所以稱為比例式遙控器，是因為手動遙控器的角度，可以同步控制伺服機正反轉，即正轉 90 度或是反轉 90 度。在以下實驗中，將以 Arduino 控制介面直接取代接收機控制器，驅動伺服機轉動。

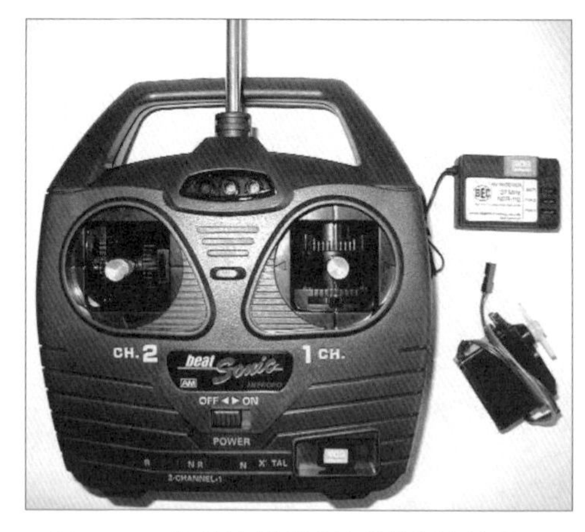

圖 12-1　傳統比例式遙控器發射遙控器、接收機及伺服機照相

一般在較大的遙控玩具店，都可以買到類似的伺服機。實驗用的伺服機廠牌為 FUTABA，編號為 S3003，圖 12-2 為實體照相圖。其產品規格如下：

圖 12-2　實驗用的伺服機編號為 S3003

- 轉速：0.23 秒 /60 度。
- 力距：3.2kg-cm。
- 大小：40.4x19.8x36mm。
- 重量：37.2g。
- 5V 電源供電。

12-2 伺服機控制方式

伺服機體積小，設計上採用特殊積體電路設計，在鬆開螺絲後小心將其零件分解，可以看到其內部零件，如圖 12-3 所示。圖 12-4 是其內部結構圖，可以分為以下幾部分：

- 控制晶片及電路。
- 小型直流馬達。
- 轉換齒輪。
- 旋轉軸。
- 迴授可變電阻。

第 8 章介紹過 PWM 調變控制信號來輸出類比電壓，這樣的信號也用於伺服機控制上，控制晶片接收外部脈衝控制信號輸入，自動將脈衝寬度轉換為直流馬達正反轉的運轉模式，經由轉換齒輪驅動旋轉軸使伺服機可以隨著脈衝信號做等比例正轉或是反轉。當轉動至 90 度時，連動的可變電阻也轉至盡頭，由可變電阻的迴授電壓值（Vf），使得控制晶片可以偵測到馬達已轉至盡頭。迴授可變電阻的目的也可以使伺服機正確轉回到中間位置，因為此時的可變電阻的迴授電壓值正是二分之一。

圖 12-3　伺服機內部零件

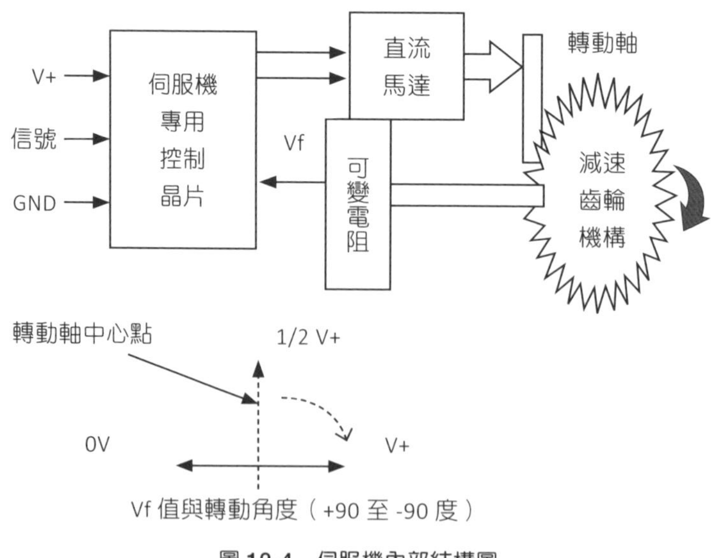

圖 12-4　伺服機內部結構圖

伺服機以 5V 電源便可以推動，控制方式是以脈波調變方式來控制。其外部 3 支接腳如下：

1. 黑色：GND 地線。
2. 紅色：5V 電源線（位置在中間）。
3. 白色：控制信號。

因此即使第 1 及第 3 支腳插反了，也不至於燒毀伺服機，因為輸入的控制信號線接地了，伺服機頂多不動作，算是種保護。

伺服機動作原理是以脈波調變方式來做控制，如圖 12-5 所示，固定週期脈波寬度約 20mS，當送出以下的正脈波寬度時，可以得到不同的控制效果：

- 正脈波寬度為 0.3mS 時，伺服機會正轉。
- 正脈波寬度為 2.5mS 時，伺服機會反轉。
- 正脈波寬度為 1.3mS 時，伺服機會回到中點。

其他廠牌的伺服機動作調變方式應該類似，在波寬上可能有些差異，不過可以驅動程式中經由設定脈波寬度參數來做實驗測試及修正。

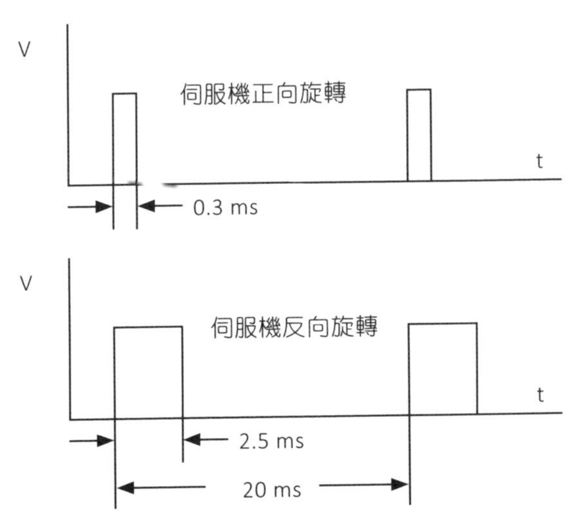

圖 12-5　伺服機動作是以脈波寬度調變方式做控制

一般玩具遙控模型店中所購得的標準伺服機，只能轉動 180 度，即正轉 90 度，反轉 90 度及回到中間點位置。實驗時只需要以一條 I/O 信號線送出數位脈衝信號來控制，伺服機控制電路如圖 12-6 所示。其中 D5 接腳送出脈波驅動信號來做控制，經由 3 PIN 連接座與伺服機相連。

伺服機 3 支接腳在實驗時請勿插錯，注意中間接點為 +5V 電源輸入。理論上雖然有電源保護，但實際上也要小心。伺服機由於大量的使用在遙控飛機等遙控機具上，其電源耗用上很省電，不轉動時待機電流更小。由實驗時送出不同的控制脈波時，伺服機便會正轉或反轉，若以示波器連接其輸出接點可以看到其控制脈波信號。當伺服機轉動，以手指接觸旋轉臂時，可以發現其扭力相當大，即使刻意想去抓住旋轉臂也很困難。相信由實驗結果，讀者對伺服機的控制有更深的印象。

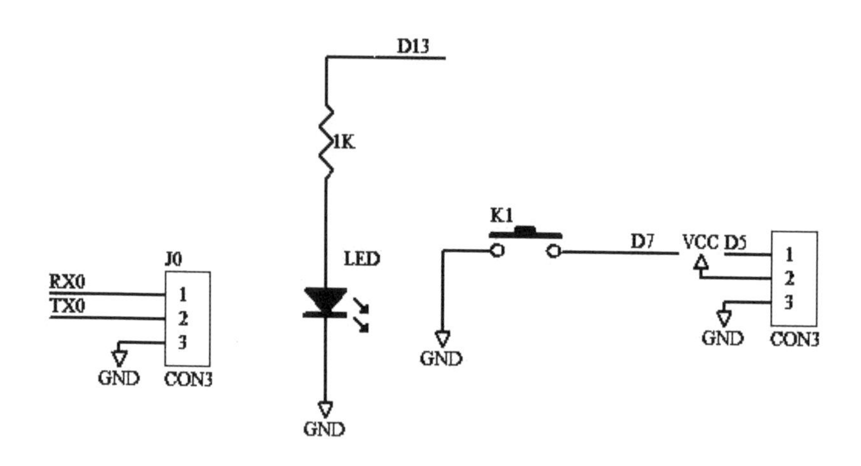

圖 12-6　伺服機控制電路

12-3 伺服機控制實驗

Arduino 系統內建伺服機控制函數，伺服機控制基本程式設計如下：

```
#include <Servo.h>  //引用伺服機程式庫
Servo servo1 ;      //宣告伺服機物件
servo1.attach(腳位);  //設定連接伺服機腳位
servo1.write(角度);  //控制伺服機轉動某角度
delay(時間);     //延遲
servo1.detach(); //拆除伺服機
```

其中腳位必須能提供 PWM 信號的接腳。標準型伺服機角度是 0 ～ 180 度，若是轉動 360 度的伺服機，正反轉控制如下：

```
servo1.write(0);  //正轉
servo1.write(180);//反轉
```

使用 Arduino 內建函數可以輕易控制多顆伺服機轉動特定角度，若搭配適合的傳動機構設計，應用範圍相當廣泛。若是控制多顆伺服機同時啟動，電源的驅動電流要加大，需外加 5V 電源供給器，否則伺服機無法正常工作。

實驗目的

驗證以 PWM 信號推動伺服機轉動。

功能

參考圖 12-6 電路，以 Arduino 介面送出 PWM 信號，直接推動伺服機轉動。按下 k1 鍵，伺服機先轉動 180 度，再轉動 90 度，再轉動回 0 度。串列介面指令控制如下：

- 數字 1：伺服機轉動回 0 度。
- 數字 2：伺服機轉動 90 度。
- 數字 3：伺服機轉動 180 度。

程式 sert.ino

```
#include <Servo.h> // 引用伺服機程式庫
Servo servo1 ; // 宣告伺服機物件
int led = 13; // 設定 LED 腳位
int k1 = 7;  // 設定按鍵腳位
int LM=5;  // 設定伺服機腳位
void setup()// 初始化設定
{
  pinMode(led, OUTPUT);
  pinMode(k1, INPUT);
  digitalWrite(k1, HIGH);
  Serial.begin(9600);
 }
/*-----------------------------------*/
void rot(byte d) // 伺服機轉動某角度
{
servo1.attach(LM);  servo1.write(d);
delay(1000);       servo1.detach();
}
//----------------------------------------
void loop()// 主程式迴圈
{
char c;
int k1c;
 Serial.println("servo test : ");
 while(1) // 無窮迴圈
  {
   if (Serial.available() > 0) // 有串列介面指令進入
    {
     c= Serial.read();// 讀取串列介面指令
     if(c=='1') rot(0);  // 伺服機轉動 0 度
     if(c=='2') rot(90); // 伺服機轉動 90 度
     if(c=='3') rot(180); // 伺服機轉動 180 度
    }
```

```
    k1c=digitalRead(k1);   //掃描是否有按鍵
    if(k1c==0) //有按鍵
     {
      rot(180); delay(1500); //伺服機轉動 180 度
      rot( 90); delay(1500); //伺服機轉動 90 度
      rot(  0); delay(1500); //伺服機轉動 0 度
     }
  }
}
```

12-4 習題

1. 說明伺服機的應用領域。

2. 何謂比例式遙控器。

3. 畫圖說明伺服機內部組成架構及工作原理。

4. 說明伺服機基本動作方式。

5. 說明小型直流馬達與伺服機的差別。

6. 修改控制程式當按鍵後伺服機正轉 0 度到 180 度，每次增加 30 度。

MEMO

Arduino 說中文

互動式電子產品，語音輸出是重要的控制要素，因此語音合成介面應用廣泛，語音內容可由程式中設定，容量可以相當大，了解其控制方式，可在傳統的控制應用裝置中加裝語音功能，增加產品附加價值。本章實驗將控制 Arduino 說出中文，您也可以修改一下，安裝在自己的 Arduino 實驗中。

13-1 中文語音合成模組介紹

一般特殊功能的控制晶片都是以多腳位晶片包裝，除非專業硬體工程師及印刷電路板設計才能做驗證，為了方便工程驗證及實驗用，將語音合成晶片做模組化設計，稱為中文語音合成模組，圖 13-1 為語音合成模組實體圖，只要連接模組搭配控制程式，便可以做中文語音合成說出中文字的功能實驗了。其特色如下：

- 單晶片中文語音合成控制，程式中輸入 BIG5 中文碼及 ASCII 碼，便可以轉換為語音輸出。
- 可說英文單字 a ～ z 及數字 0 ～ 9。
- 程式中輸入英文單字 a ～ z 及數字 0 ～ 9，轉換為語音輸出。
- 以模組化設計方便做實驗及應用整合。
- 任何微控器使用 4 支腳位便可直接控制。
- 含 Arduino 測試電路及範例程式原始碼。
- 使用 4 支腳位控制，便可以說出中文。
- 模組含音頻放大器，接上喇叭便可以輸出語音。
- 含音量調整器。

相關應用領域如下：

- 語音導航系統應用。
- 有聲書語音輸出。
- 語音訊息輸出。
- 互動式語音人機介面設計。

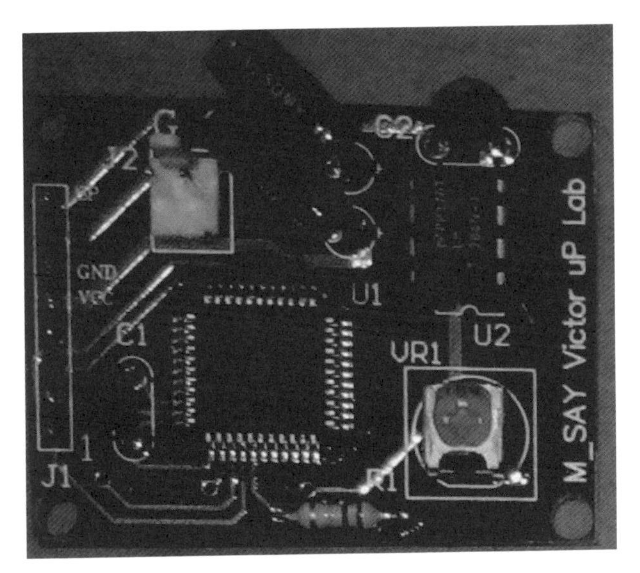

圖 13-1　語音合成模組

中文語音合成模組使用 SD178 晶片，為單一晶片語音合成解決方案，可轉換 Big5 中文碼及 ASCI 碼為語音輸出。語音合成模組控制腳位參考圖 13-2，說明如下：

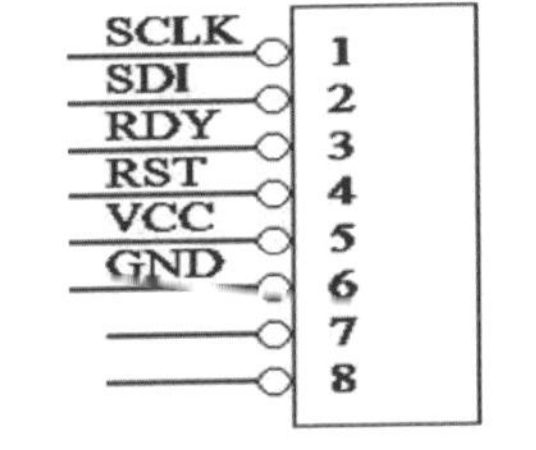

圖 13-2　語音合成模組接腳信號

- PIN1：控制 SCLK 腳位，外部時脈輸入，負緣觸發。
- PIN2：控制 SDI 腳位，串列資料輸入到晶片。
- PIN3：控制 RDY 腳位，低電位時，晶片準備好，可以接收資料。

- PIN4：控制 RST 腳位，晶片重置信號，低電位動作。
- PIN5：VCC 5V 電源。
- PIN6：GND 地線。
- PIN7：空接。
- PIN8：空接。

控制端送出低電位 RST 脈衝信號控制語音晶片執行重置動作。當 RDY 腳位低電位時，表示晶片待機中，準備接收資料。SCLK 送出控制脈波，SDI 送出資料到晶片內，晶片會輸出對應的合成語音並回覆備妥信號到 RDY 接腳。板上有聲頻放大晶片，用以推動喇叭發出聲音，可由可變電阻調整音量大小聲。

13-2 Arduino 語音合成模組實驗 1

看過語音合成控制方式後，搭配 Arduino Uno 控制板及程式，便可以說出中文語音及英文單字及數字，為了方便實驗連接，參考實驗電路，可以直接插入 Uno 控制板做實驗，注意，插入後模組空出 4 支腳位。電路分析如下：

- PIN1：D16 標名為 A2，控制 SCLK。
- PIN2：D17 標名為 A3，控制 SDI。
- PIN3：D18 標名為 A4，控制 RDY。
- PIN4：D19 標名為 A5，控制 RST。
- PIN5：外接 5V 電源。
- PIN6：外接 GND 地線。

使用數位輸出 D16 ～ D19 控制信號來驅動語音合成模組。例如說出語音內容：" 語音合成 "、"IC"、"ARDU0123456789"。

陣列資料宣告，可以設計如下：

```
byte m0[]=" 語音合成 "; // 直接輸入中文，輸出語音不正確
byte m0[]={0xbb, 0x79, 0xad,0xb5, 0xa6, 0x58, 0xa6,0xa8,0};//BIG5 中文碼
byte m1[]="IC";
byte m2[]="ARDU0123456789";
```

在陣列中直接輸入中文，由於編輯系統問題，Arduino 無法取得真正 BIG5 中文碼，以此方式輸出語音不正確，因此直接將 BIG5 中文內碼輸入到陣列，最後加入 "0" 空字元，便可以解決此一問題。至於如何查詢中文 BIG5 內碼，步驟如下：

STEP 1 使用網路工具，中文 big5 內碼轉換工具連結點：
http://billor.chsh.chc.edu.tw/php/Tools/qBig5.php。

STEP 2 輸入文字「語音合成」。

STEP 3 執行後，可將內碼顯示出來，執行結果如圖 13-3。

STEP 4 編輯內碼到程式陣列中。

圖 13-3　中文語音 BIG5 內碼查詢

實驗目的

測試中文語音合成模組說中文、英文單字及數字。

功能

參考圖 13-4 電路，程式執行後，聽見喇叭輸出內容如下：" 語音合成 "、"IC"、"ARDU0123456789"。按下按鍵，再次輸出中文語音。

電路圖

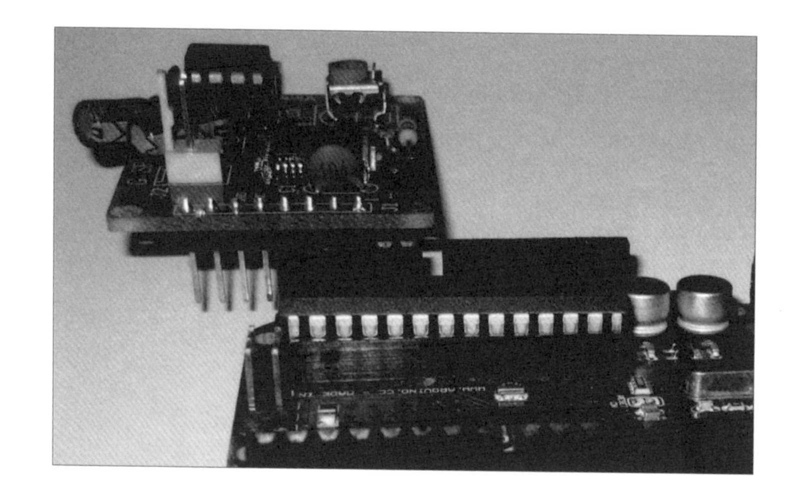

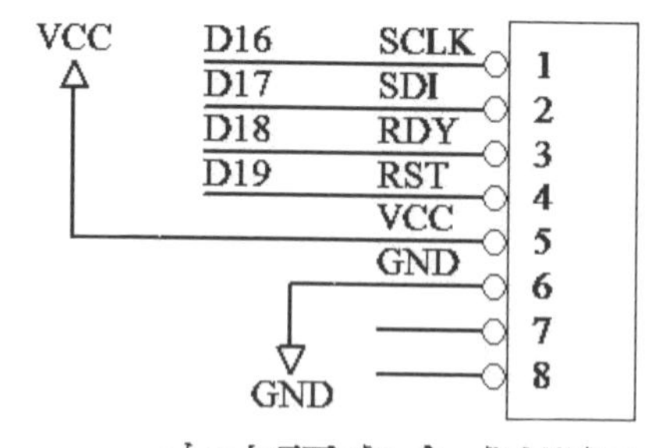

圖 13-4　語音合成介面 1 實驗電路

程式 say.ino

```
int led = 13; //設定LED腳位
int k1 =7; //設定按鍵腳位
int ck=16;int sd=17; int rdy=18; int rst=19; //設定語音合成控制腳位
//---------------------------------------
void setup()//初始化設定
{
  pinMode(ck, OUTPUT);
  pinMode(rdy, INPUT);
  digitalWrite(rdy, HIGH);
  pinMode(sd, OUTPUT);
  pinMode(rst, OUTPUT);
  pinMode(led, OUTPUT);
  pinMode(k1, INPUT);
  digitalWrite(k1, HIGH);
  digitalWrite(rst, HIGH);
  digitalWrite(ck, HIGH);
}
//------------------------------------
void led_bl()//LED 閃動
{
int i;
 for(i=0; i<2; i++)
  {
   digitalWrite(led, HIGH); delay(150);
   digitalWrite(led, LOW); delay(150);
  }
}
//------------------------------------
void op(unsigned char c) //輸出語音合成控制碼
{
unsigned char  i,tb;
 while(1)    //  if(RDY==0) break;
  if(  digitalRead(rdy)==0) break;
   digitalWrite(ck, 0);
    tb=0x80;
     for(i=0; i<8; i++)
      {
// send data bit   bit 7 first o/p
       if((c&tb)==tb) digitalWrite(sd, 1);
         else       digitalWrite(sd, 0);
```

```
        tb>>=1;
// clk low
        digitalWrite(ck, 0);
        delay(10);
        digitalWrite(ck, 1);
      }
}
/*-------------------------------------------------------------------*/
void say(unsigned char *c) // 將字串內容輸出到語音合成模組
{
unsigned char c1;
  do{
   c1=*c;
   op(c1);
   c++;
  } while(*c!='\0');
}
/*-----------------------*/
void reset()// 重置語音合成模組
{
 digitalWrite(rst,0);
 delay(50);
 digitalWrite(rst, 1);
}
//------------------------------------
// 中文 big5 內碼，內容：語音合成
unsigned char m0[]={0xbb, 0x79, 0xad,0xb5, 0xa6, 0x58, 0xa6,0xa8,0};
unsigned char m1[]="IC";
unsigned char m2[]="ARDU0123456789";
void loop()// 主程式迴圈
{
char k1c;
 reset();
led_bl();
 say(m0);  say(m1); // 語音合成輸出
 while(1) // 無窮迴圈
  {
     k1c=digitalRead(k1); // 偵測按鍵有按鍵則語音合成輸出
     if(k1c==0) { say(m1);   say(m2); led_bl(); }
  }
}
```

13-3 Arduino 語音合成模組實驗 2

前面實驗需要 5V 及地線到語音合成模組，由於模組耗電低，為了方便實驗，使用 2 組 Uno 數位輸出提供 5V 電壓及地線供電，實驗設計如下：

- 一組輸出高電位供電 5V，到模組 VCC 腳位。
- 一組輸出低電位供電 0V，到模組 GND 腳位。

實驗 2 電路省下需要外加電源線及地線，直接腳位對腳位插入 Uno 標名為 A0 ～ A5 做實驗，使用數位輸出 D14 ～ D19 控制信號。

順序如下：

- PIN1：D14 標名為 A0，控制 SCLK。
- PIN2：D15 標名為 A1，控制 SDI。
- PIN3：D16 標名為 A2，控制 RDY。
- PIN4：D17 標名為 A3，控制 RST。
- PIN5：D18 標名為 A4，控制 5V 電源。
- PIN6：D19 標名為 A5，控制 GND 地線。

電路如圖 13-5 所示，中文語音合成模組直接插入 Uno 板上做實驗。注意，插入後模組空出 2 支腳位。

實驗目的

以另一控制電路，測試中文語音合成模組說中文、英文單字及數字。

功能

參考圖 13-5 電路，程式執行後，聽見喇叭輸出內容如下："語音合成"、"IC"、"ARDU0123456789"。

串列介面控制指令為 '1' 及 '2' 也會輸出語音。

電路圖

D14	SCLK	1
D15	SDI	2
D16	RDY	3
D17	RST	4
D18	VCC	5
D19	GND	6
		7
		8

中文語音合成模組

圖 13-5　語音合成介面 2 實驗電路

程式 say2_ur.ino

```
int led = 13; //設定 LED 腳位
int k1 =7; //設定按鍵腳位
int gnd=19; //設定地線控制腳位
int v5=18; //設定 5v 控制腳位
int ck=14;int sd=15; int rdy=16; int rst=17; //設定語音合成控制腳位
//--------------------------------------
void setup()//初始化設定
{
```

```
  pinMode(v5, OUTPUT);   pinMode(gnd, OUTPUT);
  digitalWrite(v5, HIGH);  digitalWrite(gnd, LOW);  delay(1000);

  pinMode(ck, OUTPUT);
  pinMode(rdy, INPUT);
  digitalWrite(rdy, HIGH);
  pinMode(sd, OUTPUT);
  pinMode(rst, OUTPUT);
  pinMode(led, OUTPUT);
  pinMode(k1, INPUT);
  digitalWrite(k1, HIGH);
  digitalWrite(rst, HIGH);
digitalWrite(ck, HIGH));
  Serial.begin(9600);
}
//------------------------------------
void led_bl()//LED 閃動
{
int i;
 for(i=0; i<2; i++)
  {
   digitalWrite(led, HIGH); delay(150);
   digitalWrite(led, LOW); delay(150);
  }
}
//------------------------------------
void op(unsigned char c) //輸出語音合成控制碼
{
unsigned char  i,tb;
 while(1)    //  if(RDY==0) break;
  if(  digitalRead(rdy)==0) break;
   digitalWrite(ck, 0);
    tb=0x80;
     for(i=0; i<8; i++)
      {
// send data bit   bit 7 first o/p
        if((c&tb)==tb) digitalWrite(sd, 1);
          else         digitalWrite(sd, 0);
        tb>>=1;
// clk low
        digitalWrite(ck, 0);
        delay(10);
```

```
      digitalWrite(ck, 1);
     }
}
/*----------------------------------------------------------------------*/
void say(unsigned char *c) //將字串內容輸出到語音合成模組
{
unsigned char c1;
  do{
   c1=*c;
   op(c1);
   c++;
  } while(*c!='\0');
}
/*-----------------------*/
void reset()//重置語音合成模組
{
 digitalWrite(rst,0);
 delay(50);
 digitalWrite(rst, 1);
}
// 中文big5 內碼，內容：語音合成
unsigned char m0[]={0xbb, 0x79, 0xad,0xb5, 0xa6, 0x58, 0xa6,0xa8,0};
unsigned char m1[]="ARDUIC";
unsigned char m2[]="0123456789";
void loop()//主程式迴圈
{
char k1c,c;
 reset(); led_bl();
 say(m0);  say(m1); //語音合成輸出
 while(1) //無窮迴圈
  {
     k1c=digitalRead(k1); //偵測按鍵有按鍵則語音合成輸出
     if(k1c==0) { say(m1);   say(m2); led_bl(); }

  if (Serial.available() > 0) //偵測串口有信號傳入，則語音合成輸出
    {  c= Serial.read(); //有信號傳入
     if(c=='1') { say(m1);    led_bl();    }
     if(c=='2') { say(m2);    led_bl();    }
    }
  }
}
```

13-4 習題

1. 説明中文語音合成模組，如何説出中文？

2. 設計程式控制中文語音合成模組，説出姓名及學號。

3. 説明如何查詢中文語音 big5 碼。

4. 説明中文語音合成模組 5v 電源如何由程式控制取得？

MEMO

Arduino 控制學習型遙控器模組

- 14-1 學習型遙控器模組介紹
- 14-2 Arduino 控制學習型遙控器
- 14-3 人到發射紅外線信號
- 14-4 Arduino 控制史賓機器人實驗
- 14-5 Arduino 控制射飛鏢玩具機器人實驗
- 14-6 Arduino 控制遙控風扇實驗
- 14-7 習題

很多人家中客廳書房有很多遙控器，若能整合在一介面，由電腦控制、由手機控制、由平板控制、DIY 自行設計控制都很方便，或是家電自動化應用，這是數位家電控制應用的概念，此時若有一套學習型遙控器模組，便可以開始來做實驗，本章將介紹 Arduino 控制學習型遙控器模組，只需寫數行程式，便可以驅動 Arduino 開始作應用實驗，控制有紅外線遙控的家電，原系統完全不必改裝。

14-1 學習型遙控器模組介紹

很多人家中客廳或書房有很多遙控器，我們實驗室也有多支遙控器，如圖 14-1，我們常拿來做遙控器實驗及各式應用，學習型遙控器是最基本的控制裝置。它是將多支遙控器常用功能，學習到單一支遙控器上或是控制器上，方便整合到介面做系統整合應用，一般學習型遙控器應用如下：

- 一支遙控器控制多組家電遙控。
- 遙控器故障取代當備用遙控器。
- 連續開啟多組家電應用。
- 定時自動開啟家電。
- 數位家電系統整合。
- 整合網路控制家電。

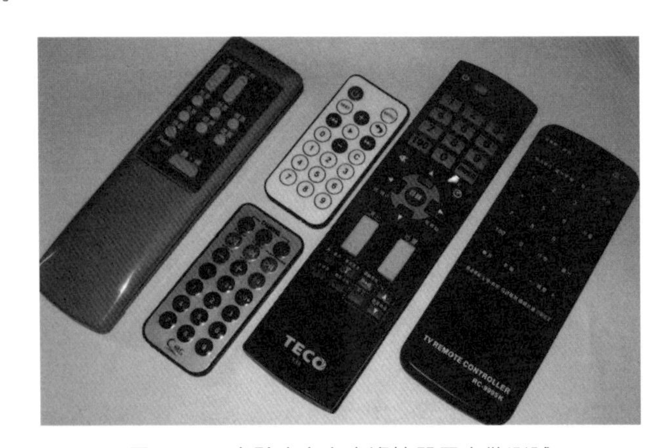

圖 14-1　實驗室有多支遙控器用來做測試

有關遙控器介面發射信號，讀者可以參考第 11 章紅外線遙控器實驗，當發射的數位信號被接收後，只要信號夠強，解碼機器便能正確動作。因此想要學習一支遙控器的發射數位信號，可以將資料取樣存入記憶體中再發射，便可以達成控制目的，在實用上，還需要將學到的資料存入斷電資料保存的記憶體內，使得下回開機時，資料有效被取出而發射出去。

圖 14-2 是 L51 學習型遙控器系統架構。該裝置包括單晶片 8051 處理器、記憶體、壓電喇叭、操作按鍵、紅外線發射器、紅外線接收器、接近觸發感知器、電腦連線介面；單晶片 8051 當作系統主控晶片連結各個控制單元；記憶體記憶所學習進來的紅外線信號，將來控制紅外線發射器發射信號控制外部裝置動作；其特徵在於該裝置更包括：紅外線接收器結合記憶體成為紅外線學習介面，收集線上學習進來的遙控器資料，這些資料並經由紅外線發射器發射信號出去；電腦連線介面連結電腦後可以更新資料庫或擴充控制功能。

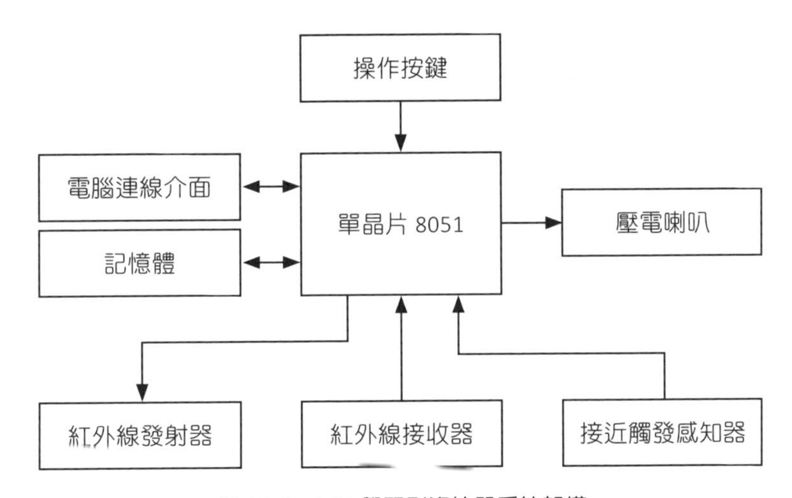

圖 14-2 L51 學習型遙控器系統架構

本章將介紹如何以 Arduino 控制此套系統，學習型遙控器是以 L51 控制板來做執行平台，圖 14-3 學習型遙控器模組，再下載學習型遙控器控制程式來做實驗。學習型遙控器控制程式碼為 L10V1.HEX，實驗版可以學習 10 組遙控器信號。L51 控制板是一片 8051 控制板內建紅外線信號輸入輸出功能，可以自行下載不同控制程式做不同的應用。

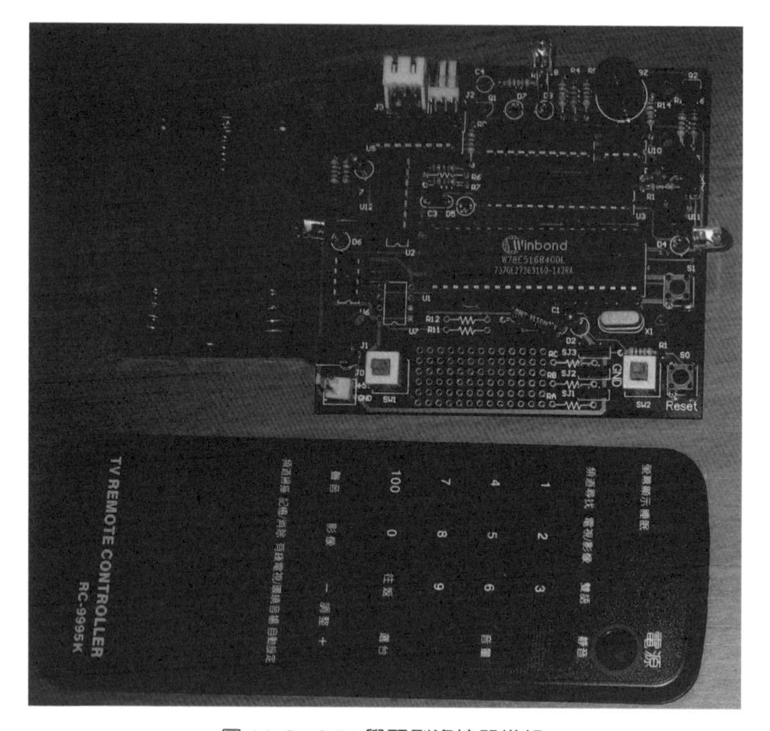

圖 14-3　L51 學習型遙控器模組

此套系統主要特徵如下：

- 8051 為核心開發應用程式，支援應用程式下載功能。
- 支援 8051 程式學習、遙控器應用專題、控制器。
- 支援專題製作教材。
- 網站支援應用程式下載。
- 支援手機遙控有紅外線遙控的裝置或家電應用。

其他功能介紹，可以參考附錄。

因此 L51 學習型遙控器模組應用廣泛，目前支援應用如下：

- 一支遙控器可控制多組家電遙控。
- 接近感應發射控制信號。
- 外加感應器修改應用程式發射控制信號。
- 手機遙控有紅外線遙控的裝置或家電。
- 應用程式支援 8051C 語言 SDK，支援遙控器學習功能。
- 支援紅外線信號分析器展示版本，支援電腦遙控器碼學習、儲存、發射。
- 紅外線信號分析器展示版本，支援電腦應用程式發射遙控器信號。
- 可由電腦發射信號控制家電等應用。
- 支援 UART 串口介面指令。

不管是 8051、Arduino、其他單晶片，只要有串列介面功能，可以自己熟悉的硬體控制遙控器介面做應用，只需寫數行程式，便可以驅動 Arduino 作應用。

L51 學習型遙控模組有程式碼下載功能，因此下載新版應用程式，可以支援不同的應用，目前支援有紅外線信號分析器功能，由電腦做遙控器信號碼學習、儲存及發射，可由電腦應用程式發射遙控器信號，做數位家電控制應用實驗。有興趣做遙控器進階實驗的朋友可以參考附錄說明。

14-2 Arduino 控制學習型遙控器

學習型遙控器模組支援有串列介面控制指令，使用者可以經由 RS232 介面 / TTL 串列介面，直接下達指令控制碼來做實驗，因此，可適合不同的硬體工作平台來做實驗。串列通訊傳輸協定為（9600,8,N,1），鮑率 9600 bps，8 個資料位元，沒有同位檢查位元，1 個停止位元。外部指令控制碼如下：

- 控制碼 'L'+'0'--'9'：學習一組信號。
- 控制碼 'T'+'0'--'9'：發射一組信號。

只要 Arduino 經由串列介面發送 'L' 或 'T' 控制碼，便可以驅動學習型遙控器學習或是發射內部這 10 組信號，用於一般的實驗上，模組功能是可以依需要或規格客製化繼續擴充的。

而 Arduino 系統使用 D0 腳位做串列介面 RX 接收輸入腳位，使用 D1 腳位做串列介面 TX 傳送輸出腳位，用於下載程式並做程式執行除錯監控用，當此二腳位不能同時與外部串列介面做連線，因此可以利用 Arduino 系統提供的 SoftwareSerial.h 程式庫所提供的功能，指定產生額外串列介面來做應用，由其他的數位接腳來做串列介面通訊應用。實驗中指定產生 ur1 串列介面，由 D2 接收，D3 發射，連接實驗如圖所示 14-4。

圖 14-4　自製 Arduino 控制板與學習型遙控器 L51 連線

Arduino 系統相關程式庫功能使用如下：

```
#include <SoftwareSerial.h> // 引用軟體串列程式庫
SoftwareSerial url(2,3); // 指定產生 url 串列介面，由 D2 接收，D3 發射
url.begin(9600); // 設定傳輸協定鮑率 9600
url.print(x);// 串列介面格式輸出變數
url.write(b);// 串列介面輸出二進位資料
if (url.available() > 0) // 若串列介面有資料進入
   { c=url.read();  }// 讀取資料
```

有了 Arduino 這些功能，便可以輕易由額外串列介面來驅動學習型遙控器，學習或是發射內部遙控器信號，程式設計如下：

```
void op(int d) // 發射內部某組遙控器信號
{
 url.print('T');  // 輸出 'T' 控制碼
 led_bl();        // 延遲
 url.write('0'+d); // 輸出指定某組數字，需要輸出 '0'~'9'
 Serial.write('0'+d); // 輸出數字 '0'~'9' 到原先串列介面顯示除錯用
}
void ip(int d) // 學習內部某組遙控器信號
{
 url.print('L');  // 輸出 'L' 控制碼
 led_bl();       // 延遲
 url.write('0'+d); // 輸出指定某組數字 '
}
```

其中輸出數字 '0' ～ '9' 到外部模組需要用 ur1.write() 函數，由串列介面輸出二進位資料，而不能用 ur1.print() 函數，設計及除錯如下：

```
url.write('0'+d); // 輸出指定某組數字需要 '0'~'9'
Serial.write('0'+d); // 除錯是輸出數字 '0'~'9' 到原先串列介面顯示出來
```

若沒有串列介面顯示輸出結果，實驗會很難除錯。

實驗目的

測試 Arduino 驅動學習型遙控器學習 / 發射遙控器信號。

功能

參考圖 14-5 電路，程式執行後，開啟串列監控視窗，指令如下：

- 數字 1：發射第 0 組遙控器信號。
- 數字 2：學習第 0 組遙控器信號。
- 按鍵 K1：發射第 0 組遙控器信號。

電路圖

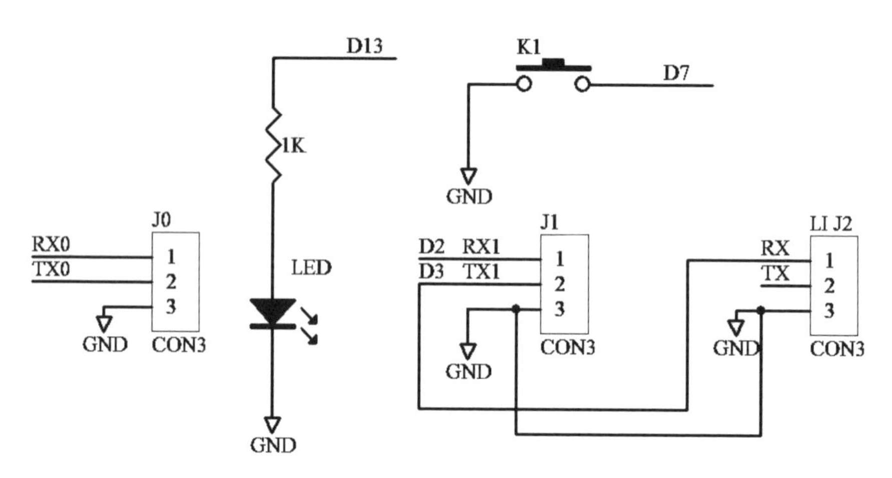

圖 14-5　Arduino 驅動學習型遙控器實驗電路

程式 AL1.ino

```
#include <SoftwareSerial.h>      //引用軟體串列程式庫
SoftwareSerial url(2,3);   //指定產生 url 串列介面腳位
int led = 13;   //設定 LED 腳位
int k1 = 7;    //設定按鍵腳位
//----------------------------------------
void setup()//初始化設定
```

```
{
  Serial.begin(9600);
  url.begin(9600);
  pinMode(led, OUTPUT);
  pinMode(led, LOW);
  pinMode(k1, INPUT);
  digitalWrite(k1, HIGH);
}
//-------------------------------------
void led_bl()  //LED 閃動
{
int i;
 for(i=0; i<1; i++)
  {
   digitalWrite(led, HIGH); delay(150);
   digitalWrite(led, LOW);  delay(150);
  }
}
//----------------------------------------
void op(int d)  //發射內部某組遙控器信號
{
 url.print('T');    led_bl();
 url.write('0'+d); led_bl();
}
//----------------------------------------
void ip(int d)  //學習內部某組遙控器信號
{
 url.print('L');  led_bl();
 url.write('0'+d);led_bl();
}
//------------------------------------
void loop()   //主程式迴圈
{
char c;
 led_bl();
 Serial.print("IR uart test : \n");
 Serial.print("1:txIR0   2:Learn:IR0  \n");
 op(0); //發射內部第 0 組遙控器信號測試
 while(1)
  {
   if (Serial.available() > 0) //有串列介面指令進入
    {
     c=Serial.read();//讀取串列介面指令
```

```
      if(c=='1') { Serial.print("op0\n"); op(0); led_bl();}
      if(c=='2') { Serial.print("ip0\n"); ip(0); led_bl();}
    }
// 掃描是否有按鍵，若有發射第 0 組信號出去
    if( digitalRead(k1)==0 ) { op(0); led_bl(); }
  }
}
```

14-3 人到發射紅外線信號

Arduino 可以控制學習模組，發射遙控器信號，控制遙控裝置，只要先將遙控器信號學習到模組中。在許多的互動應用場合中可以使用，例如偵測到有人出現時，發射紅外線信號，可以控制如下裝置：

- 遙控電燈點亮照明。
- 遙控錄放影機錄影。
- 遙控放音。
- 遙控機器人走出來。
- 遙控機器人做出動作。

可在互動應用中經由遙控器信號，遙控啟動更多裝置。

實驗目的

Arduino 控制板連接人體感知器模組，有人移動發射紅外線信號。

功能

參考圖 14-6 電路，程式執行後判斷是否有人移動，有人移動則 LED 亮起，否則 LED 熄滅。有人移動，發射紅外線信號開啟遙控燈具，5 秒後，再次發射紅外線信號關閉遙控燈具。可以應用於連接遙控電燈照明用，有人移動則點亮。

電路圖

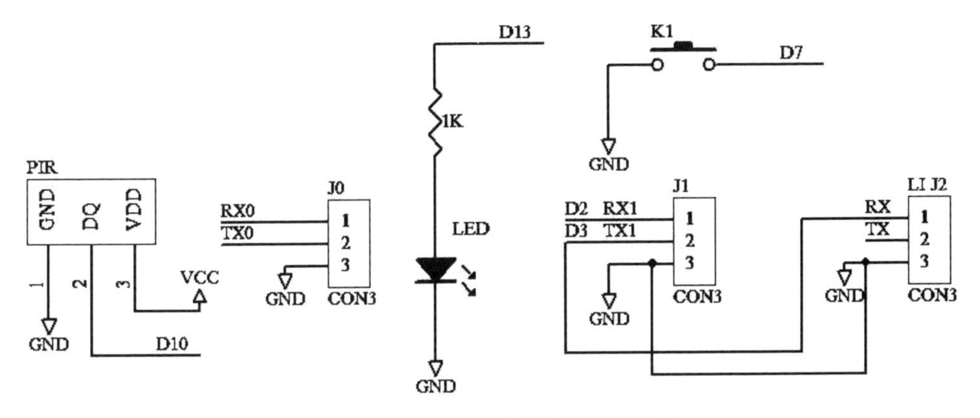

圖 14-6 Arduino 人體移動實驗電路

程式 ALP.ino

```
#include <SoftwareSerial.h>// 引用軟體串列程式庫
SoftwareSerial url(2,3);  // 指定產生 url 串列介面腳位
int led = 13; // 設定 LED 腳位
int k1 = 7;   // 設定按鍵腳位
int pir =10; // 設定感知器腳位
//----------------------------------------
void setup()// 初始化設定
{
  Serial.begin(9600);
  url.begin(9600);
  pinMode(led, OUTPUT);
  pinMode(led, LOW);
  pinMode(k1, INPUT);
  diqitalWrite(k1, HIGH);
  pinMode(pir, INPUT);
  digitalWrite(pir, HIGH);
}
//-------------------------------------
void led_bl()//LED 閃動
{
int i;
 for(i=0; i<1; i++)
  {
   digitalWrite(led, 0); delay(150);
```

```
    digitalWrite(led, 1);  delay(150);
  }
}
//--------------------------------------
void op(int d)   //發射內部某組遙控器信號
{
 url.print('T');   led_bl();
 url.write('0'+d); led_bl();
}
//--------------------------------------
void ip(int d)  //學習內部某組遙控器信號
{
 url.print('L');  led_bl();
 url.write('0'+d);led_bl();
}
//-----------------------------------
void loop()  //主程式迴圈
{
char c;
 led_bl();
 Serial.print("IR uart test : \n");
 Serial.print("1:txIR0   2:Learn:IR0  \n");
 op(0); // 發射內部第 0 組遙控器信號測試
 while(1)
  {
   if (Serial.available() > 0) //有串列介面指令進入
    {
     c=Serial.read();//讀取串列介面指令
     if(c=='1') { Serial.print("op0\n"); op(0); led_bl();}
     if(c=='2') { Serial.print("ip0\n"); ip(0); led_bl();}
    }
// 掃描是否有按鍵，若有發射第 0 組信號出去
    if( digitalRead(k1)==0 ) { op(0); led_bl(); }
// 掃描是否有人靠近，若有發射第 0 組信號出去
    if( digitalRead(pir)==1)
      {
      digitalWrite(led, HIGH);//LED 燈亮
        op(0); led_bl();// 發射第 0 組信號開
        delay(5000); // 延遲 5 秒
        op(0); led_bl();// 發射第 0 組信號
      }
      else digitalWrite(led, LOW); //LED 燈滅
  }
}
```

14-4 Arduino 控制史賓機器人實驗

史賓機器人（RoboSapien）參考圖 14-7，是 Wow Wee 玩具公司 2004 年推出的玩具機器人，也是實驗室最早購入一批的實驗用玩具機器人，幾年下來證明它的確是一台好玩、值得收藏，卻不貴的寵物機器人，甚至連大陸也開發出功能幾乎相近，外型一模一樣的機器人，稱為羅本愛特機器人（Roboactor），價位便宜一些。

圖 14-7　史賓機器人與遙控器

實驗前先將玩具遙控器對應動作，學習到紅外線學習板上，順序如下：

- 前進。
- 後退。
- 左轉。
- 右轉。
- 跳舞。

並測試一下，由紅外線學習板上發射對應信號，看看玩具是否動作。

實驗目的

Arduino 控制紅外線學習模組，遙控史賓機器人動作。

功能

參考圖 14-8 電路，程式執行後，由 5 控制鍵，遙控史賓機器人，動作如下：

- K1 鍵：前進。
- K2 鍵：後退。
- K3 鍵：左轉。
- K4 鍵：右轉。
- K5 鍵：跳舞。

電路圖

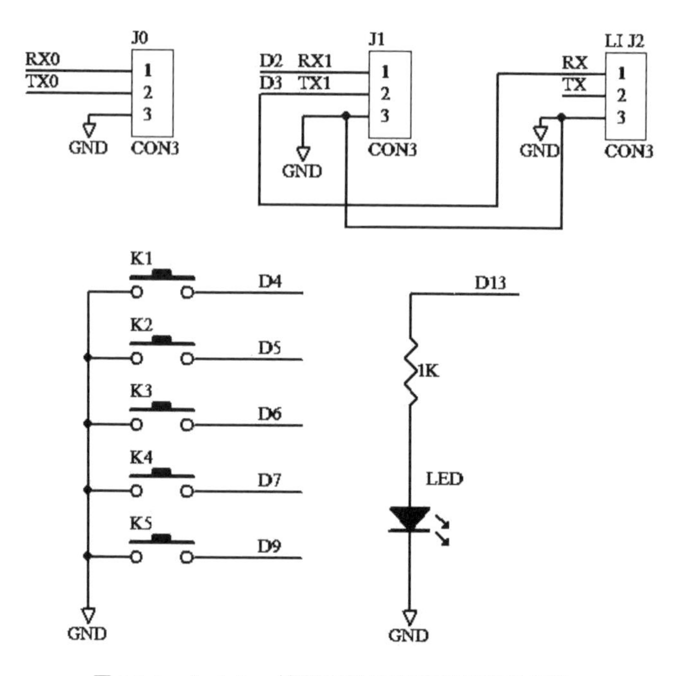

圖 14-8 Arduino 控制紅外線學習模組實驗電路

程式 ALK5.ino

```
#include <SoftwareSerial.h> //引用軟體串列程式庫
SoftwareSerial ur1(2,3); //指定產生 ur1 串列介面腳位
int led = 13;  //設定 LED 腳位
int k1 = 4; //設定按鍵 k1 腳位
int k2 = 5; //設定按鍵 k2 腳位
int k3 = 6; //設定按鍵 k3 腳位
int k4 = 7; //設定按鍵 k4 腳位
int k5 = 9; //設定按鍵 k5 腳位
//-------------------------------------
void setup() {  //初始化設定
  Serial.begin(9600);
  ur1.begin(9600);
  pinMode(led, OUTPUT);
  pinMode(led, LOW);
  pinMode(k1, INPUT); digitalWrite(k1, HIGH);
  pinMode(k2, INPUT); digitalWrite(k2, HIGH);
  pinMode(k3, INPUT); digitalWrite(k3, HIGH);
  pinMode(k4, INPUT); digitalWrite(k4, HIGH);
  pinMode(k5, INPUT); digitalWrite(k5, HIGH);
}
//----------------------------------
void led_bl()//LED 閃動
{
int i;
 for(i=0; i<1; i++)
  {
   digitalWrite(led, HIGH); delay(150);
   digitalWrite(led, LOW);  delay(150);
  }
}
//------------------------------------
void op(int d)  /發射內部某組遙控器信號
{
 ur1.print('T');   led_bl();
 ur1.write('0'+d); led_bl();
 Serial.write('0'+d);
}
//-------------------------------------
void ip(int d)   //學習內部某組遙控器信號
{
```

```
 url.print('L');  led_bl();
 url.write('0'+d);led_bl();
}
//-----------------------------------
void loop()   //主程式迴圈
{
char c;
 led_bl();
 Serial.print("IR uart test : \n");
 Serial.print("1:txIR0   2:Learn:IR0  \n");
 op(0); // 發射內部第 0 組遙控器信號測試
 while(1)
  {
   if (Serial.available() > 0)   //有串列介面指令進入
    {
     c=Serial.read();  /讀取串列介面指令
     if(c=='1') { Serial.print("op0\n"); op(0); led_bl();}
     if(c=='2') { Serial.print("ip0\n"); ip(0); led_bl();}
    }
// 掃描是否有按鍵，若有發射第 0~4 組信號出去
    if( digitalRead(k1)==0 ) { op(0); led_bl(); }
    if( digitalRead(k2)==0 ) { op(1); led_bl(); }
    if( digitalRead(k3)==0 ) { op(2); led_bl(); }
    if( digitalRead(k4)==0 ) { op(3); led_bl(); }
    if( digitalRead(k5)==0 ) { op(4); led_bl(); }
  }
}
```

14-5 Arduino 控制射飛鏢玩具機器人實驗

實驗室最早購入一批的實驗用玩具機器人中，射飛鏢玩具機器人，參考圖 14-9，價位不貴，可以遙控器遙控來射出飛鏢，相當有趣，本節分享由 Arduino 控制射飛鏢玩具機器人實驗，您也可以將自己心愛的紅外線遙控車、玩具機器人、電子寵物與紅外線學習板結合，經由 Arduino 來做實驗，進而設計出不一樣的玩法。

圖 14-9　射飛鏢玩具機器人與遙控器

實驗前先將玩具遙控器對應動作，先學習到紅外線學習板上，順序如下：

- 前進。
- 後退。
- 左轉。
- 右轉。
- 射飛鏢。

並測試一下，出紅外線學習板上發射對應信號，看看玩具是否動作。實驗程式可以使用前面 ALK5.ino 程式。

實驗目的

Arduino 控制紅外線學習模組，遙控射飛鏢機器人動作。

功能

參考圖 14-8 電路，程式執行後，由 5 控制鍵遙控機器人，動作如下：

- K1 鍵：前進。
- K2 鍵：後退。
- K3 鍵：左轉。
- K4 鍵：右轉。
- K5 鍵：射飛鏢。

14-6 Arduino 控制遙控風扇實驗

實驗室早期研究學習型紅外線遙控器應用，除了用遙控玩具機器人當實驗外，家中的遙控風扇也是常用的測試裝置。參考圖 14-10，是三洋早期的遙控風扇，它有兩種款式，遙控器信號相容。本節分享由 Arduino 控制遙控風扇動作。您也可以將自己家中的紅外線家電，如掃地機器人與紅外線學習板結合，經由 Arduino 來做實驗，進而設計出不一樣的用法。

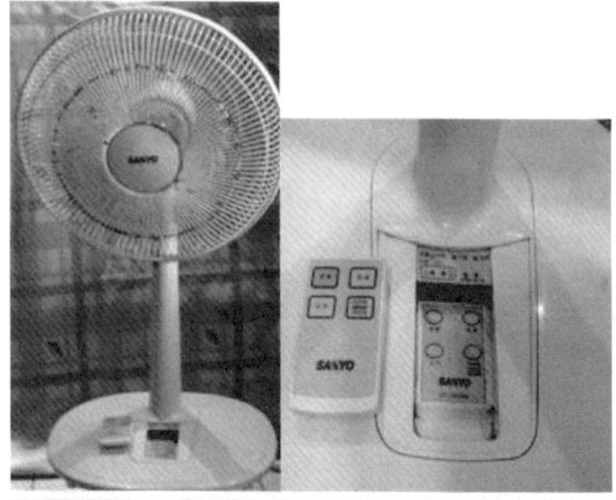

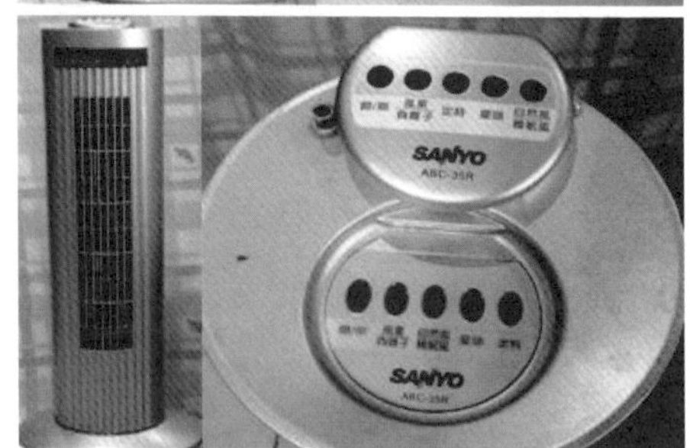

圖 14-10　遙控風扇與遙控器

實驗前先將電風扇對應動作，先學習到紅外線學習板上，順序如下：

- 開關。
- 風量。
- 定時。
- 自然風。
- 擺頭。

並測試一下，由紅外線學習板上發射對應信號，看看風扇是否動作。實驗程式可以使用前面 ALK5.ino 程式。

實驗目的

Arduino 控制板連接紅外線學習模組，遙控風扇動作。

功能

參考圖 14-8 電路，程式執行後，由 5 控制鍵遙控風扇，動作如下：

- K1 鍵：開關。
- K2 鍵：風量。
- K3 鍵：定時。
- K4 鍵：自然風。
- K5 鍵：擺頭。

14-7 習題

1. 說明學習型遙控器模組工作原理。
2. 說明電腦發射信號控制遙控器家電的方法。
3. 說明 Arduino 控制有紅外線遙控的家電，原系統完全不必改裝的方法。

Arduino 不限定語言聲控設計

在某些應用場合，特定語者語音辨認聲控技術，有它應用的方便性，可以直接錄音訓練即時更改辨認命令，不限定語言聲控，國語、台語、英語、客家語都可以，但是只限個人使用，本章介紹 Arduino 如何做不限定語言聲控辨認實驗，錄什麼音就辨認什麼音，並做 LED 亮燈控制。

15-1 基本聲控技術介紹

聲控系統可以聲音來控制電腦，完成某些特定的工作，如此一來可以取代部份按鍵輸入來執行指令，也就是說電腦可以聽懂人們的聲音，並且加以處理後可以完成特定的工作，更進一步可以讓人與電腦交談。語音辨識聲控系統應用的範圍相當廣範，隨著許多關鍵技術的突破，市面上早已出現許多方便使用的聲控應用產品，如中文語音輸入系統，手機聲控語音撥號，聲控汽車音響，您只需動口，不必動手。另外 Google 聲控輸入及聲控查詢，一般使用者都可以享受科技帶來的方便。

聲控系統以聲音來控制電腦，但是電腦並不懂人們說話的語音內容及意義，因此需要先讓電腦熟悉人們說話的語音及腔調，最基本方式是先錄音後建立資料庫，以便將來做聲控辨認比對時，當作比對的參考。圖 15-1 為聲控系統基本架構，整個處理過程分為兩個階段：

語音訓練階段：產生語音參考樣本

此階段輸入已知特定語音做錄音訓練，首先是語音信號輸入，說話者以麥克風將聲音輸入到系統中，系統將靜音或是雜音切除，稱為語音信號切割，從中將有意義的聲音取出來，接著進行聲音特色分析，稱為語音特徵參數分析並存為參考樣本，做為辨認比對用。

語音辨認階段：辨認輸出結果並做應用

此階段輸入是輸入未知語音，同樣經過語音信號切割、特徵參數分析後與訓練時參考樣本做比對，以誤差最小的一組當作辨認結果輸出，並做後續控制應用。

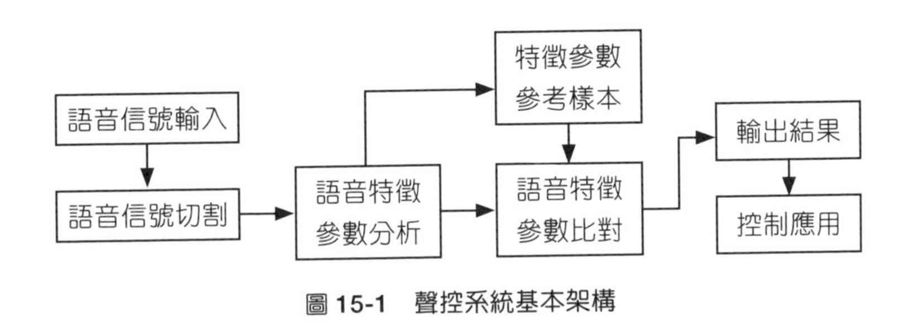

圖 15-1　聲控系統基本架構

聲控電腦依系統所能辨認單字多寡，可以分類為以下三種：

- 特定字彙：幾個單字、詞或是片語。
- 少量字彙：數十個單字、詞或是片語。
- 大量字彙：涵蓋所有的單字、詞或是片語發音。以中文語音辨認而言便是所有中文字。

聲控電腦的分類，依使用者是否需要事先做訓練分為三種：

- **特定語者：**辨認系統只能辨認某一特定使用者的聲音，使用者在第一次使用此系統時，需將所有要辨認的字彙唸過一到二次，當做語音參考樣本。此過程稱為語音訓練，手機聲控撥號便是特定語者，語音辨認的應用。使用手機的主人先輸入人名，下回辨認時，只需說出人名，便可以辨認人名及出現對應的電話號碼並撥出電話。過去市面上產品，便是此一技術的應用，誰來訓練說出語音，辨認時會很準確，當然如果訓練時是男生的語音，若其他的男生來辨認，只要腔調及音頻不要差異太大，仍然可以辨認出來。如果訓練時是女生的語音，男生來辨認則無法辨認。

- **語者調適**：使用者只要曾經對辨認系統訓練過，此系統便可以辨認出他的聲音，是一種比較有彈性的做法，使用者不需要唸完所有的音，只需要唸過一部份的單音後，系統會自動將語音參考樣本做調整。
- **不特定語者**：任何使用者不需要事先對辨認系統訓練，皆可以使用聲控系統，此時系統資料庫中已經包含不同種性別、年齡的口音，這種聲控系統是一種最完美實用的系統。這是較困難的技術，過去經過大廠的研發已成為成熟技術，常見的為 Google 聲控輸入及聲控查詢，結合雲端技術，中文或是英文版本都非常穩定。

使用者可以對著電腦或是裝置很自然的説話，達成以聲音控制電腦動作，在以手不方便操作電腦鍵盤或是控制面板時，便是它派上用場的時機，只要事先了解一下它的使用限制及其操作方式，要辨認哪些單字、詞、命令或是片語，便可以為我們帶來一些操作上的方便及樂趣。聲控的應用範圍很多，一般可以分為以下幾種：

- **電腦介面應用**：利用聲音控制螢幕顯示如簡報系統，多媒體展示，或利用聲控來下達電腦指令與鍵盤同時操作，如應用在遊戲中。
- **自動化控制應用**：利用聲音來控制機器人在高危險度的場所工作，或是各種機械操作，或是聲控儀表操作。
- **娛樂消費性產品應用**：家電控制如電視、音響、電燈或語音自動撥號。汽車聲控設備，兒童玩具聲控。
- **文書處理器應用**：利用語音來輸入文字，如聽寫機或是聲控文書處理器。
- **門禁管理應用**：利用語音辨識技術設計門禁管理系統。
- **人機對話應用**：如 LINE 通話軟體及相關應用。
- **行動裝置結合雲端應用**：如智慧手機的聲控查詢及相關應用。

本書介紹兩套解決方案來作聲控實驗：

- VI 中文聲控模組。
- VCMM 聲控模組。

簡單易用為其特色，不需使用雲端技術。VI 中文聲控模組，屬於不特定語者、中文特定字彙辨認系統，系統資料庫中已經包含不同種性別、年齡的中文口音，特定字彙定義可以由控制程式中定義或是更新。使用者不需要訓練，只要說國語都可以聲控應用，參考下一章說明。

而特定語者特定字彙聲控應用技術，因為是經由錄音來建立資料庫，個人要先錄音才能使用，有其不方便之處，但是在許多應用上，卻有其方便之處，例如可以線上直接錄音修改關鍵字，方便實驗測試。實驗室使用 VCMM（聲控模組）來做不限定語言聲控應用相關實驗，參考下節說明。

15-2 聲控模組介紹

VCMM 聲控模組，參考圖 15-2，採用特定語者聲控技術來做應用實驗，可以直接錄音修改關鍵字，特點如下：

- 系統由 8051 及聲控晶片 RSC-300（TQFP 64 PIN 包裝）組成。
- 8051 使用 4 條 I/O 線來控制聲控晶片。
- 本系統適合特定語者的單音、字、詞語音辨識。
- 不限定說話語言，國語、台語、英語皆可。
- 可做特殊聲音偵測實驗。
- 具有自動語音輸入偵測的功能。
- 特定語者辨識率可達 95% 以上，反應時間小於 1 秒。
- 系統參數及語音參考樣本一旦輸入後資料可以長久保存。

- 系統採用模組化設計，擴充性佳，可適合不同的硬體工作平台。
- 線上訓練輸入的語音可以壓縮成語音資料，而由系統説出來當作辨認結果確認。
- 系統包含有英文的語音提示語做語音動作引導。
- 系統可以擴充控制到 60 組語音辨認。
- 內建 4 只按鍵開關及串列通訊介面。

圖 15-2　VCMM 聲控模組

在過去智慧手機及聲控技術還沒有完成發展成熟時，最大的聲控市場是玩具和撥號，全世界各玩具大廠都是用 RSC-300 系列晶片來做設計，於是我們就用它來做教材設計，開發出 VCMM 聲控模組，也花很多時間驗證它的穩定性。它除了用來做聲控玩具以外，還有內建聲控撥號功能，是一個相當成功應用普遍的聲控晶片。

後來隨著自己測試實驗外，還有客戶端的特殊應用實驗，還有一些教材應用的案例開發，發展成各式各樣的應用，可以以 C 程式碼，很容易的嵌入到各種系統當中做聲控應用實驗，PLC 也有人拿來做實驗，只要連接到串列介面，便可以跨平台做應用，使應用更為廣泛，陸續完成了不少的特殊實驗。把優點整理如下：

- 不限定語言聲控，應用於語音、聲音、特殊聲音偵測。
- 只要能錄音，各種聲音都可以做實驗，先錄音，後辨認。
- 一旦可以聲控，便可以寫 Arduino 程式來控制。
- 特殊聲音辨認，如嗶嗶嗶聲音偵測，開水燒開——斯斯斯聲音偵測。

其實最大方便的地方是不需要寫程式，便直接可以快速做聲控實驗驗證。

15-3 Arduino 控制聲控模組

VCMM 系統含外部 8051 及 Arduino 串列控制應用範例程式，並支援有串列介面控制指令，使用者可以經由 RS232 介面 /TTL 串列介面，直接下達指令控制碼來做實驗，因此，可適合不同的硬體工作平台來做實驗。串列通訊傳輸協定定義如下：

- 鮑率 9600 bps。
- 8 個資料位元。
- 沒有同位檢查位元。
- 1 個停止位元。

外部指令控制碼如下：

- 控制碼 'l'：語音聆聽，操作同按下板上 S1 鍵，聽取目前語音命令內容。
- 控制碼 'r'：語音辨認，操作同按下板上 S2 鍵，啟動聲控。
- 控制碼 'R'：靜音進行語音辨認，啟動聲控時沒有提示語。

當外部裝置送出語音辨認控制碼 'r'，等待約 1 秒後，VCMM 送出如下控制碼表示辨認結果：

- x：辨認無效，可能是沒有偵測到語音，時間到後回覆辨認無效。

- @ab：ab 為所辨認的語音樣本編號編碼。實際辨認結果編號為 no。
  - no=10xa+b
  - no 有效值為 0 ～ 59

外部裝置經由串列介面與 VCMM 聲控板串列介面連線，做雙向連線互動控制實驗。實驗電路可參考圖 15-3，Arduino 板子可經由串列介面做下載程式及除錯測試，經由額外串列介面 J2 與 VCMM 聲控板串列介面 J8 連線，程式執行後，開啟串列介面監控視窗可以監看執行結果。如圖 15-4 所示，出現電腦按鍵功能提示：

- 數字 1：聆聽聲控命令。
- 數字 2：執行聲控。

聆聽聲控命令，知道系統目前資料庫內容為何。執行聲控後系統分別回覆：

- /01：表示辨認結果是編號 1 語音，並説出內容。
- /00：表示辨認結果是編號 0 語音，並説出內容。
- x：辨認無效。

因此經由串列介面監控視窗，可以清楚監控 Arduino 板子與聲控板互動連線的運作情況。按鍵也可以啟動，動作如下：

- K1 鍵：聆聽聲控命令。
- K2 鍵：執行聲控。

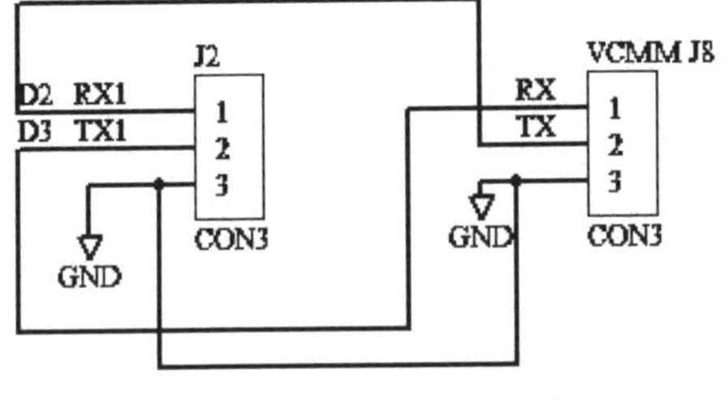

圖 15-3　串列介面應用電路

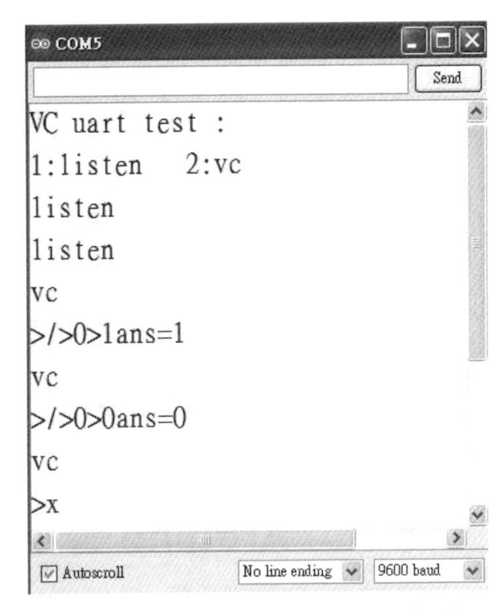

圖 15-4　串列介面監控視窗進行聲控監控

相關程式設計如下：

```
#include <SoftwareSerial.h> //引用軟體串列程式庫
SoftwareSerial ur1(2,3);     //指定產生 ur1 串列介面腳位
void listen() //語音聆聽
{
 url.print('l');  //輸出 'l' 控制碼
}
char rx_char() //接收辨認結果
{
char c;
 while(1)// 迴圈
   if (url.available() > 0)  //有串列介面指令進入
     {
       c=url.read();//讀取串列介面指令
       Serial.print('>'); //輸出除錯標示
Serial.print(c); //輸出除錯指令
       return c; //傳回串列介面指令
     }
}
void vc() //語音辨認
```

```
{
byte c,c1;
 url.print('r'); // 輸出 'r' 控制碼
delay(500); // 延遲 0.5 秒
 c=rx_char();// 接收資料
 if(c!='@') { led_bl(); return; }// 非識別碼 '@' 則返回
 c= rx_char()-0x30;// 接收辨認結果資料 1
 c1=rx_char()-0x30; // 接收辨認結果資料 2
 ans=c*10+c1; // 計算辨認結果
 Serial.print("ans="); Serial.println(ans); // 由串列介面輸出辨認結果
 vc_act();// 由辨認結果執行聲控應用
}
```

15-4 Arduino 聲控亮燈

上一節看過 Arduino 板子控制 VCMM 動作程式後，本節結合 LED 做亮燈控制應用。

實驗目的

- 以 VCMM 聲控模組當作聲控主機，說出命令，控制 LED 亮燈。
- VCMM 聲控模組以串列介面與 Arduino 連線，傳送接收資料。
- VCMM 聲控模組進行辨認輸出辨認結果到 Arduino，Arduino 驅動 LED 亮燈。

模組化設計，可移植到其他 Arduino 系統中，以聲控方式驅動您設計的 Arduino 實驗。

功能

結合 LED 做亮燈控制應用，聲控後驅動 4 組 LED 亮燈，避免占用過多硬體資源，使用串列控制 LED 燈串，控制信號可以串接下去，只需一支控制腳位送出驅動信號，可以依需要擴充更多的 LED 應用場合。圖 15-5 為串列控制 LED 燈串 8 顆包裝，模組中使用 WS2812 晶片來做信號控制並下傳信號，4 支腳位如下：

- VDC：LED5V 電源接腳。
- GND；地端。
- DIN：控制信號輸入。
- DOUT：控制信號輸出。

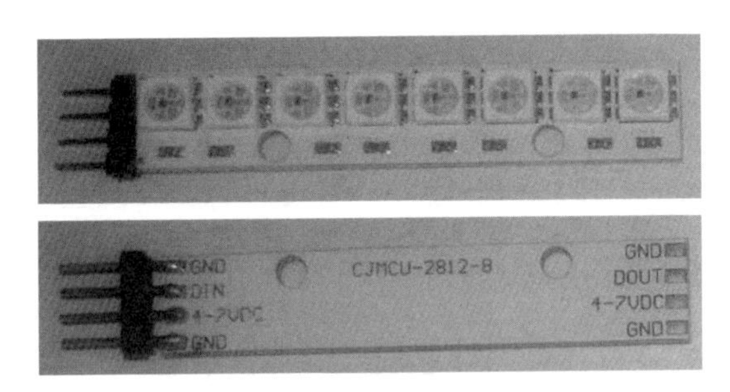

圖 15-5　串列控制 LED 燈串

圖 15-7 是聲控 LED 專題實驗電路，不包含 Arduino 基本動作電路。使用如下零件：

- VCMM 聲控模組：執行聲控。
- 按鍵：測試功能。
- 串列介面連線：Arduino 與 VCMM 聲控模組連線。
- 串列控制 LED 燈串：反應聲控動作。

當 VCMM 聲控模組聽到有人説出「一個燈」關鍵字，則會傳信號到 Arduino 驅動點亮一顆 LED。先對 VCMM 進行錄音，如下內容：

- 第 1 段語音：「一個燈」。
- 第 2 段語音：「兩個燈」。
- 第 3 段語音：「三個燈」。
- 第 4 段語音：「電燈」。
- 第 5 段語音：「關燈」。

再對 VCMM 輸入語音測試，辨認結果傳入 Arduino 中，Arduino 會執行對應動作：

- 若說出「一個燈」：點亮一顆 LED。
- 若說出「兩個燈」：點亮兩顆 LED。
- 若說出「三個燈」：點亮三顆 LED。
- 若說出「電燈」：點亮 4 顆 LED。
- 若說出「關燈」：關閉所有 LED。

圖 15-6 為 Arduino 聲控 LED 實驗拍照圖。

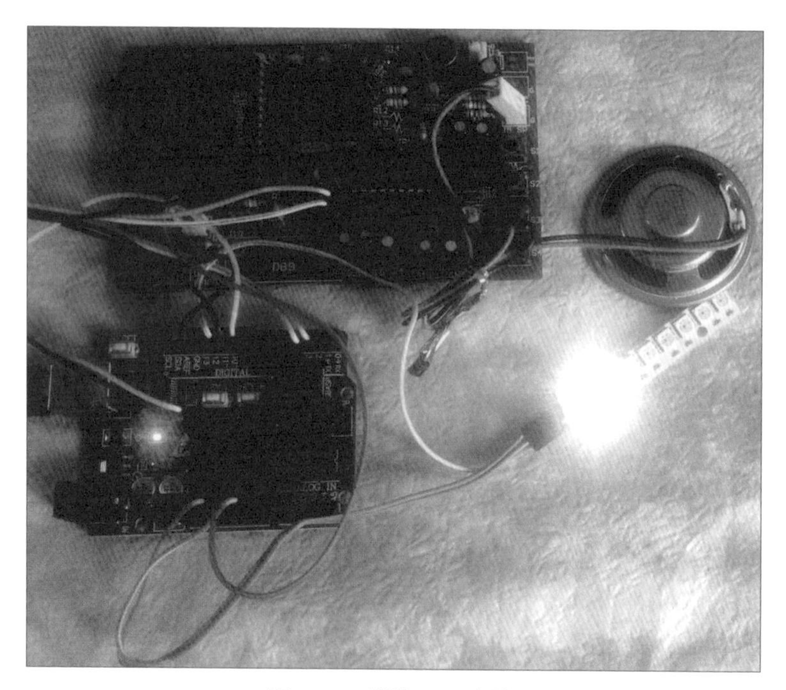

圖 15-6　聲控 LED 實驗

電路圖

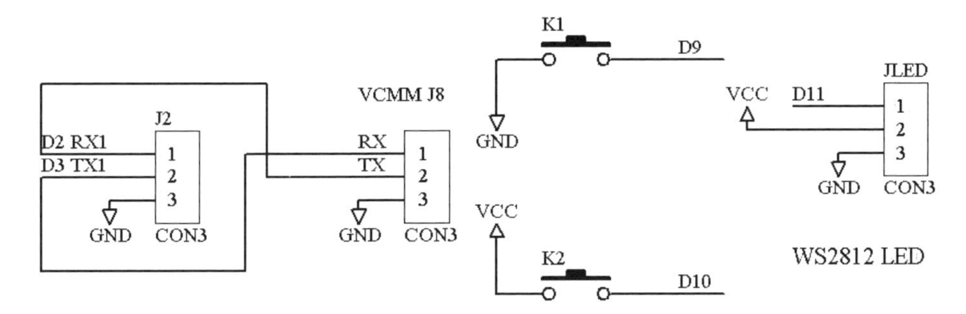

圖 15-7　聲控 LED 實驗電路

程式 mvc_aled.ino

```
#include <SoftwareSerial.h> //引用軟體串列程式庫
SoftwareSerial url(2,3);     //指定產生 url 串列介面腳位
#include <WS2812.h> //載入 LED 驅動程式
#define no 8          //定義 LED 腳位總數
WS2812 LED(no);    //驅動程式原型宣告
cRGB value;          //驅動程式參數宣告
int aled=11; //設定亮燈 LED 腳位
int led = 13; //設定 LED 腳位
int k1 = 9;  //設定按鍵 k1 腳位
int k2 = 10; //設定按鍵 k2 腳位
int ans;   //設定辨認結果答案
//----------------------------------------
void setup()//初始化設定
{
  Serial.begin(9600);
  url.begin(9600);
  pinMode(led, OUTPUT);
  pinMode(led, LOW);
  pinMode(k1, INPUT);
  digitalWrite(k1, HIGH);
  pinMode(k2, INPUT);
  digitalWrite(k2, LOW);
  LED.setOutput(aled);
  set_all_off();
  test_led();
```

```
}
//----------------------------------
void led_bl()//LED 閃動
{
int i;
 for(i=0; i<1; i++)
  {
   digitalWrite(led, HIGH); delay(150);
   digitalWrite(led, LOW);  delay(150);
  }
}
//-------------------------------------------------------
void listen()//語音聆聽
{
 url.print('l');
}
//-------------------------------
char rx_char()//接收辨認結果
{
char c;
 while(1)
   if (url.available() > 0)
     { c=url.read();
         Serial.print('>'); Serial.print(c);
       return c; }
}
//-------------------------------------
void vc()  //語音辨認
{
byte c,c1;
 url.print('r'); delay(500);
 c=rx_char();
 if(c!='@') { led_bl(); return; }
 c= rx_char()-0x30; c1=rx_char()-0x30;
 ans=c*10+c1;
 Serial.print("ans="); Serial.println(ans);
 vc_act();
}
//---------------------------------------
void test_led() //測試 LED 亮燈情況
{
 c1(); delay(500);set_all_off();
 c2(); delay(500);set_all_off();
```

```
 c3(); delay(500);set_all_off();
 c4(); delay(500);set_all_off();
 ledx_red(0);delay(500); set_all_off();
 ledx_red(1);delay(500); set_all_off();
 ledx_red(2);delay(500); set_all_off();
}
//------------------------------------------
void set_all_off()//LED 全滅
{
int i;
 for(i=0; i<no; i++)
  {
   value.r=0;  value.g=0; value.b=0;
   LED.set_crgb_at(i, value);
   LED.sync(); delay(1);
  }
}
//-------------------------------------------------
void set_color_red()// 設定 LED 為紅色
{
   value.r=255;  value.g=0; value.b=0;
}
//-------------------------------------------------
void set_color_yel()// 設定 LED 為黃色
{
   value.r=255;  value.g=255; value.b=0;
}
//--------------------------------------------------
void set_color_green()// 設定 LED 為綠色
{
   value.r=0;  value.g=255; value.b=0;
}
//---------------------------------------------------
void set_color_white()// 設定 LED 亮白光
{
 value.r=255;   value.g=255;   value.b=255;
}
//--------------------------
void ledx(char d) // 設定某顆 LED 亮白光
{
 set_color_white();
 LED.set_crgb_at(d, value);
 LED.sync();
```

```
}
//---------------------------
void c1()// 點亮一顆 LED
{
 set_color_white();
 LED.set_crgb_at(0, value);
 LED.sync();
}
//-------------------------------
void c2()// 點亮兩顆 LED
{
 set_color_white();
 LED.set_crgb_at(0, value);
 LED.set_crgb_at(1, value);
 LED.sync();
}
//----------------------------
void c3()// 點亮 3 顆 LED
{
 set_color_white();
 LED.set_crgb_at(0, value);
 LED.set_crgb_at(1, value);
 LED.set_crgb_at(2, value);
 LED.sync();
}
//------------------------------
void c4()// 點亮 4 顆 LED
{
 set_color_white();
 LED.set_crgb_at(0, value);
 LED.set_crgb_at(1, value);
 LED.set_crgb_at(2, value);
 LED.set_crgb_at(3, value);
 LED.sync();
}
//------------------------------
void off()//LED 全部關閉
{
set_all_off();
}
//----------------------------------------
void vc_act()// 由辨認結果執行聲控應用
{
```

```
  if(ans==0)  c1();
  if(ans==1)  c2();
  if(ans==2)  c3();
  if(ans==3)  c4();
  if(ans==4)  set_all_off();
}
//--------------------------------
void loop()// 主程式迴圈
{
char c;
 led_bl();
 Serial.print("VC uart test : \n");
 Serial.print("1:listen   2:vc  \n");
// listen();// 聽取內容
 while(1) // 迴圈
  {
   if (Serial.available() > 0) // 有串列介面指令進入
    {
     c=Serial.read();// 讀取串列介面指令
     if(c=='1') { Serial.print("listen\n"); listen(); led_bl();} // 聽取內容
     if(c=='2') { Serial.print("vc\n");  vc();  led_bl(); } // 啟動聲控
    }
// 掃描是否有按鍵
    if( digitalRead(k1)==0 ) { led_bl(); listen();}// k1 按鍵聽取內容
    if( digitalRead(k2)==1 ) { led_bl(); vc();  } //k2 按鍵啟動聲控
  }
}
```

15-5 習題

1. 何謂特定語者語音辨認系統？

2. 何謂不特定語者語音辨認系統？

3. 何謂語音訓練階段及語音辨認階段？

4. 例舉聲控應用 4 種實例。

MEMO

Arduino 控制中文聲控模組

本章將介紹 Arduino 控制中文聲控模組，只需寫數行程式，便可以輕易建立 Arduino 聲控應用平台，開始作聲控應用實驗，更酷的是中文聲控模組可以串接學習型紅外線遙控裝置應用，聲控後啟動想要控制的裝置。中文聲控模組本身便可以獨立操作，若結合 Arduino 控制應用更廣，可做應用實驗比您想像還多。

16-1 中文聲控模組介紹

現在許許多多的行動裝置都內建聲控功能，聲控未來應用更廣，是傳統電子及非電子裝置，創新應用的極佳整合關鍵技術！因此，有了 VI 中文聲控模組，參考圖 16-1，將可以快速開發出各式多元化有創意的應用或是實驗。

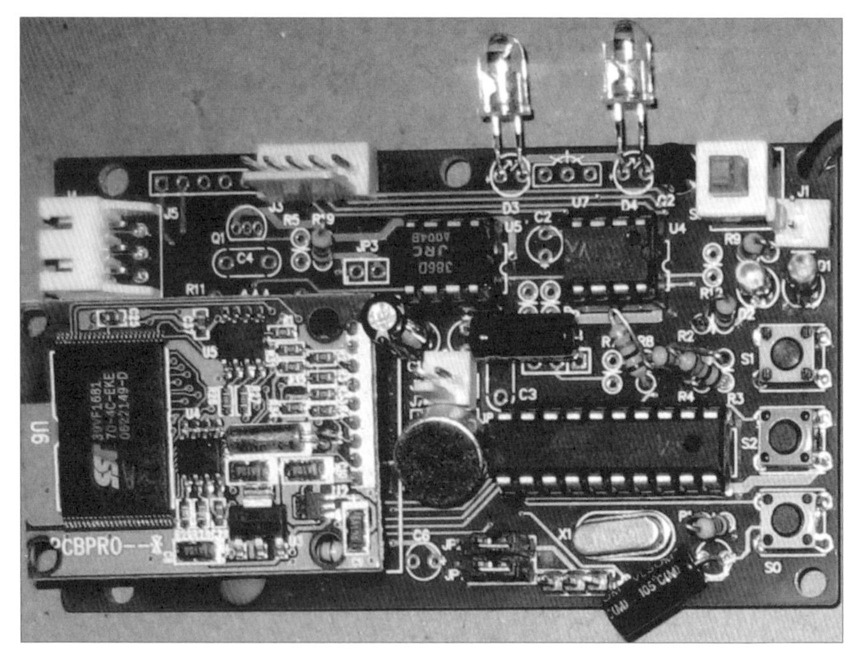

圖 16-1　VI 中文聲控模組

功能

使用前不必錄音訓練，以不特定語者辨認技術設計，只要講國語，都可聲控不特定語者國語聲控技術規格

- **不特定語者**：使用前不需要先對辨認系統錄音訓練，所有華人說國語的地區都可以使用。
- **特定字彙**：系統一次可以辨認 60 或 30 組中文片語或辭句，中文單句音長度至多 6 個中文單字。
- **含語音合成功能**：可說出聲控命令提示語，方便聲控及驗證聲控結果。
- **支援 4 種聲控模式**：
    - 按鍵觸發，直接說聲控命令。
    - 連續聲控，直接說聲控命令，不必按鍵啟動。
    - 前置語觸發連續聲控，先說前置語再說聲控命令，連續聲控。
    - 串列通訊指令。
- **內建聲控移動平台控制聲控命令**：停止、前進、後退、左轉、右轉、展示，可以經由電腦，直接輸入中文修改聲控命令，再下載做各式聲控命令實驗。
- 利用本套系統可以自行設計獨立操作型，不特定語者中文聲控系統。
- 支援程式下載功能及聲控 SDK 8051 程式發展工具。
- 不特定語者辨識率，安靜環境下可達 90% 以上，反應時間 1 秒。
- 系統參數一旦輸入後資料可以長久保存。
- 系統採用模組化設計，擴充性佳，可適合不同的硬體工作平台。
- 聲控命令可由系統說出來當作辨認結果確認。
- 需外加 +5V 電源供電或是電池操作。
- 內建串列通訊介面。

16-2 遙控裝置免改裝變聲控實驗

三年前實驗室執行一個「聲控我的家」計畫，將家中一些有遙控器的裝置，免改裝變為聲控。這是 20 年前實驗室一直想做的一個產品設計，那就是聲控紅外線遙控器。看似簡單的一個產品，卻要整合很多的介面技術，其實概念很簡單，用心的讀者一定想到 L51 的學習型遙控器功能了，只要加上中文聲控模組 VI，VI 上設計有紅外線發射電路，便可以做家中遙控器裝置免改裝變為聲控的實驗。

新版 VI 支援應用程式下載功能及聲控 SDK 8051 程式發展工具，因此家中遙控器裝置免改裝變為聲控的實驗，可以下列兩種方法來做：

方法 1：下載特定應用程式到 VI

下載特定應用程式到 VI，適合對 8051C 程式設計有興趣的朋友做實驗。

例如：大同電視免改裝變聲控，到網站下載 VI_TV_DA.HEX 並下載到 VI，聲控後發射大同電視信號，聲控命令及紅外線信號，都設計在程式中。

例如：史賓機器人免改裝變聲控，到網站下載 VI_TOY_SP.HEX 並下載到 VI，聲控後發射史賓機器人信號，聲控命令及紅外線信號，都設計在程式中。

方法 2：將裝置遙控器信號先學到 L51 上

實驗前先將要聲控的裝置遙控器信號學到 L51 上。標準 VI 中文聲控模組，聲控後發射信號支援 L51 信號，L51 再發射來控制裝置，適合一般使用者，對不懂程式設計的朋友做實驗。

例如：史賓機器人免改裝變聲控，聲控後發射信號驅動 L51 學習型遙控器，發射史賓機器人信號，因此使用前先將史賓機器人遙控器信號，學到 L51 上。聲控命令直接由應用程式下載到 VI。

例如：說出「前進」，史賓機器人前進，動作如下：

- VI 聲控後辨認出編號 1 命令，為「前進」，發射控制命令 1 到 L51。
- L51 收到控制命令 1，則發射原先學習到編號 1 位置的遙控器信號，是史賓機器人「前進」的信號。

實驗室開發的遙控器裝置，免改裝變聲控具體實驗步驟如下：

- L51 需先載入學習型遙控器功能，如 L10V1.HEX。
- 定義遙控器按鍵功能，定義 0 至 9 的遙控功能，如 1 號是「前進」動作。
- 學習遙控器按鍵功能，將遙控器按鍵 0 至 9 的遙控功能的遙控碼逐一學習。
- 測試遙控器按鍵功能，發射測試一下，功能是否正常。
- 定義聲控指令，依順序定義遙控器按鍵 0 至 9 的遙控功能要啟動的聲控指令，例如 1 號是「前進」動作。
- 編輯中文聲控指令，以文書編輯器編輯中文聲控指令文字檔。
- 下載到 VI 中文聲控板中，開始聲控測試。

VI 買來可以直接玩聲控實驗，L51 買來可以直接玩遙控器實驗，二者都有支援程式下載功能及 SDK 8051 程式發展工具，加上串列介面指令，想做相關功能擴充應用的專題都可輕易完成。本章實驗是以串列介面指令來做聲控實驗介紹。

16-3 Arduino 控制中文聲控模組

中文聲控模組支援有串列介面控制指令，使用者可以經由 RS232 介面 /TTL 串列介面，直接下達指令控制碼來做實驗，因此，可適合不同的硬體工作平台來做實驗。串列通訊傳輸協定也是定義為 (9600,8,N,1)，鮑率 9600 bps，8 個資料位元，沒有同位檢查位元，1 個停止位元。

外部指令控制碼如下：

- 控制碼 'l'：語音聆聽，操作同按下板上 S1 鍵，聽取目前語音命令內容。
- 控制碼 'r'：語音辨認，操作同按下板上 S2 鍵，啟動聲控。

Arduino 板子控制伺服車動作，可以經由串口介面做除錯測試，經由額外串口介面與聲控板串口介面連線，做發射與接收實體連線互動控制實驗。相關程式設計如下：

```
void listen() // 語音聆聽
{
 url.print('l');   // 輸出 'l' 控制碼
}
//--------------------------------
char rx_char() // 接收辨認結果
{
char c;
 while(1)// 迴圈
   if (url.available() > 0)   // 有串列介面指令進入
     {
       c=url.read();// 讀取串列介面指令
       Serial.print('>'); // 輸出除錯標示
Serial.print(c); // 輸出除錯指令
       return c; // 傳回串列介面指令
     }
}
//--------------------------------------
void vc() // 語音辨認
{
byte c,c1;
 url.print('r'); // 輸出 'r' 控制碼
delay(500); // 延遲 0.5 秒
 c=rx_char();// 接收資料
 if(c!='/') { led_bl(); return; }// 非識別碼 '/' 則返回
 c= rx_char()-0x30;// 接收辨認結果資料 1
 c1=rx_char()-0x30; // 接收辨認結果資料 2
 ans=c*10+c1; // 計算辨認結果
 Serial.print("ans="); Serial.println(ans); // 由串列介面輸出辨認結果
 vc_act();// 由辨認結果執行聲控應用
}
```

實驗目的

Arduino 控制板連接聲控模組，測試聲控是否動作。

功能

實驗電路用圖 16-3 電路，Arduino 板子，經由串口介面 J0 做下載程式及除錯測試，經由額外串口介面 J1 與聲控板串口介面 J2 連線，程式執行後，開啟串列介面監控視窗，如圖 16-2 所示，出現電腦按鍵功能提示：

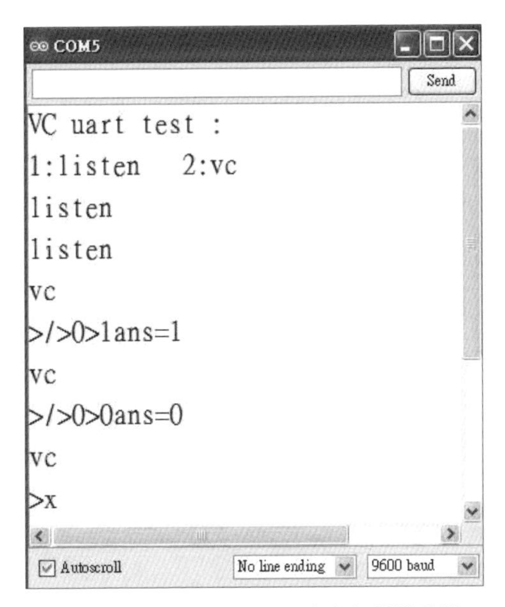

圖 16-2　串列介面監控視窗進行聲控監控

- 數字 1：聆聽聲控命令。
- 數字 2：執行聲控。

聆聽聲控命令，知道系統目前資料庫內容為何。執行聲控後系統分別回覆：

- /01：表示辨認結果是編號 1 語音，並說出內容。
- /00：表示辨認結果是編號 0 語音，並說出內容。

■ x：辨認無效，可能是沒有偵測到語音，時間到後回覆辨認無效。

因此經由串列介面監控視窗，可以清楚監控 Arduino 板子與聲控板互動連線的運作情況。按鍵也可以啟動，動作如下：

■ K1 鍵：聆聽聲控命令。

■ K2 鍵：執行聲控。

電路圖

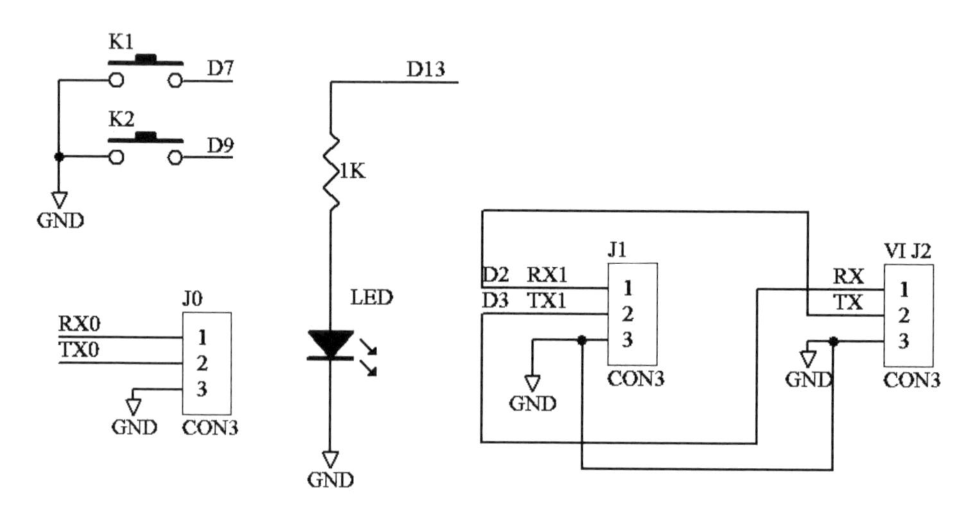

圖 16-3　Arduino 控制中文聲控模組實驗電路

程式 VC1.ino

```
#include <SoftwareSerial.h> // 引用軟體串列程式庫
SoftwareSerial url(2,3);     // 指定產生 url 串列介面腳位
int led = 13; // 設定 LED 腳位
int k1 = 7;   // 設定按鍵 k1 腳位
int k2 = 9;   // 設定按鍵 k2 腳位
int ans;      // 設定辨認結果答案
//-----------------------------------------
void setup()// 初始化設定
{
```

```
  Serial.begin(9600);
  ur1.begin(9600);
  pinMode(led, OUTPUT);
  pinMode(led, LOW);

  pinMode(k1, INPUT);
  digitalWrite(k1, HIGH);
  pinMode(k2, INPUT);
  digitalWrite(k2, HIGH);
}
//------------------------------------
void led_bl()//LED 閃動
{
int i;
 for(i=0; i<1; i++)
  {
   digitalWrite(led, HIGH); delay(150);
   digitalWrite(led, LOW);  delay(150);
  }
}
//--------------------------------
void listen()// 語音聆聽
{
 ur1.print('l');
}
//--------------------------------
char rx_char()// 接收辨認結果
{
char c;
 while(1)
   if (ur1.available() > 0)
     { c=ur1.read();
         Serial.print('>'); Serial.print(c);
       return c; }
}
//---------------------------------------
void vc()  // 語音辨認
{
byte c,c1;
 ur1.print('r'); delay(500);
 c=rx_char();
 if(c!='/') { led_bl(); return; }
```

```
 c= rx_char()-0x30; c1=rx_char()-0x30;
 ans=c*10+c1;
 Serial.print("ans="); Serial.println(ans);
 vc_act();
}
//---------------------------------------
void vc_act()// 由辨認結果執行聲控應用
{
  if(ans==0) { led_bl(); led_bl(); led_bl(); }
}
//----------------------------------------
void loop()// 主程式迴圈
{
char c;
 led_bl();
 Serial.print("VC uart test : \n");
 Serial.print("1:listen   2:vc  \n");
 listen();// 聽取內容
 while(1) // 迴圈
  {
   if (Serial.available() > 0) // 有串列介面指令進入
    {
     c=Serial.read();// 讀取串列介面指令
     if(c=='1') { Serial.print("listen\n"); listen(); led_bl();} // 聽取內容
     if(c=='2') { Serial.print("vc\n");  vc();  led_bl(); } // 啟動聲控
    }
 // 掃描是否有按鍵
    if( digitalRead(k1)==0 ) { led_bl(); listen();}// k1 按鍵聽取內容
    if( digitalRead(k2)==0 ) { led_bl(); vc();  } //k2 按鍵啟動聲控
  }
}
```

16-4 Arduino 聲控玩具實驗

圖 16-4 是控制板與學習型遙控器 L51 及 VI 聲控板連線拍照，Arduino 板子有 5 個按鍵，使用 2 個按鍵聲控玩具動作。同樣經由串口介面做除錯測試，經由額外串口介面與聲控板及紅外線學習板串口介面連線，做發射與接收互動控制應

用實驗。當 Arduino 執行聲控後，取得使用者下達的聲控命令如「發射」，執行「發射」飛標動作。

圖 16-4　自製 Arduino 控制板與學習型遙控器 L51 及 VI 聲控板連線

實驗前先將玩具遙控器對應動作，先學習到紅外線學習板上，順序如下：

- 1 前進。
- 2 後退。
- 3 左轉。
- 4 右轉。
- 5 發射。

並測試一下，由紅外線學習板上發射對應信號，看看玩具是否動作。

聲控玩具命令編號及指令如下：

- 1 前進。
- 2 後退。
- 3 左轉。
- 4 右轉。
- 5 展示一。
- 10 發射。

編號表示辨認參數 ans 的應用識別碼，如執行聲控後，ans 等於 10，系統說出內容「發射」，並執行「發射」動作。程式設計如下：

```
void op(int d) // 輸出紅外線信號
{
 url.print('T');   led_bl();
 url.write('0'+d); led_bl();
 Serial.write('0'+d);
}

void vc_act() // 聲控玩具
{
if(ans==1) op(1); // 前進
  if(ans==2) op(2);// 後退
  if(ans==3) op(3);// 左轉
  if(ans==4 ) op(4);// 右轉
  if(ans==10) op(5); // 發射
  if(ans==5 ) { op(5);  led_bl();  op(1);  op(2);; }  // 展示一
}
```

實驗目的

Arduino 控制聲控玩具實驗。

功能

實驗電路參考圖 16-5 電路，經由串口介面 J0 做下載程式及除錯測試，經由額外串口介面 J1 與聲控板串口介面 J2 連線，額外串口介面 J1 也與學習板 L51 串口介面 J2 連線，Arduino 送出控制信號到聲控板及學習板來驅動聲控及發射信號，只是控制指令不同。

程式執行後，開啟串列介面監控視窗，電腦按鍵功能如下：

- 數字 1：聆聽聲控命令。
- 數字 2：執行聲控。

按鍵也可以啟動，動作如下：

- K1 鍵：聆聽聲控命令。
- K2 鍵：執行聲控。

電路圖

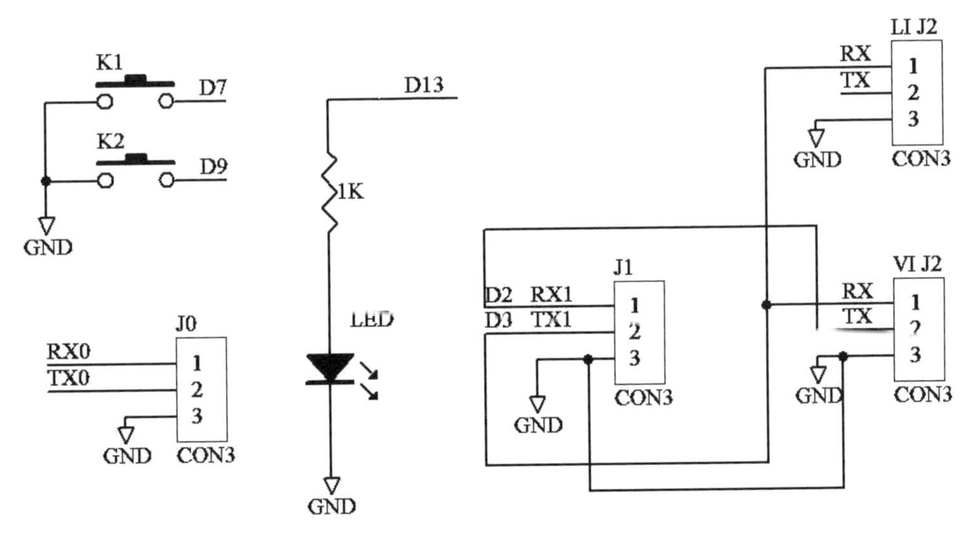

圖 16-5 聲控玩具實驗電路

程式 VC_shoot.ino

```
#include <SoftwareSerial.h> // 引用軟體串列程式庫
SoftwareSerial ur1(2,3);     // 指定產生 ur1 串列介面腳位
int led = 13; // 設定 LED 腳位
int k1 = 7;  // 設定按鍵 k1 腳位
int k2 = 9;  // 設定按鍵 k2 腳位
int ans;     // 設定辨認結果答案
//----------------------------------------
void setup()// 初始化設定
{
  Serial.begin(9600);
  ur1.begin(9600);
  pinMode(led, OUTPUT);
  pinMode(led, LOW);

  pinMode(k1, INPUT);
  digitalWrite(k1, HIGH);
  pinMode(k2, INPUT);
  digitalWrite(k2, HIGH);
}
//-------------------------------------
void led_bl()//LED 閃動
{
int i;
 for(i=0; i<1; i++)
  {
   digitalWrite(led, HIGH); delay(150);
   digitalWrite(led, LOW);  delay(150);
  }
}
//----------------------------------
void listen()// 語音聆聽
{
 ur1.print('l');
}
//----------------------------------
char rx_char()// 接收辨認結果
{
char c;
 while(1)
   if (ur1.available() > 0)
```

```
    { c=url.read();
        Serial.print('>'); Serial.print(c);
      return c; }
}
//--------------------------------------
void vc()  //語音辨認
{
byte c,c1;
 url.print('r'); delay(500);
 c=rx_char();
 if(c!='/') { led_bl(); return; }
 c= rx_char()-0x30; c1=rx_char()-0x30;
 ans=c*10+c1;
 Serial.print("ans="); Serial.println(ans);
 vc_act();
}
//---------------------------------------
void op(int d) //輸出紅外線信號
{
 url.print('T');   led_bl();
 url.write('0'+d); led_bl();
 Serial.write('0'+d);
}
//---------------------------------------
void vc_act() //由辨認結果執行聲控應用
{
if(ans==1) op(1); //前進
  if(ans==2) op(2);//後退
  if(ans==3) op(3);//左轉
  if(ans==4 ) op(4);//右轉
  if(ans==10) op(5); //發射
  if(ans==5 ) { op(5);  led_bl();  op(1);  op(2);; }  //展示一
}
//---------------------------------------
void loop()//主程式迴圈
{
char c;
 led_bl();
 Serial.print("VC uart test : \n");
 Serial.print("1:listen   2:vc  \n");
 listen();//聽取內容
 while(1) //迴圈
```

```
{
 if (Serial.available() > 0) //有串列介面指令進入
  {
   c=Serial.read();//讀取串列介面指令
   if(c=='1') { Serial.print("listen\n"); listen(); led_bl();} //聽取內容
   if(c=='2') { Serial.print("vc\n");  vc();  led_bl(); } //啟動聲控
  }
//掃描是否有按鍵
  if( digitalRead(k1)==0 ) { led_bl(); listen();}// k1 按鍵聽取內容
  if( digitalRead(k2)==0 ) { led_bl(); vc();  } //k2 按鍵啟動聲控
 }
}
```

16-5 Arduino 聲控風扇實驗

中文聲控風扇實驗，需要準備有遙控器的電風扇一台來做實驗。實驗架構同圖 16-4 所示，Arduino 板子有控制按鍵啟動聲，進而控制風扇動作可以經由串口介面做除錯測試，經由額外串口介面與聲控板及紅外線學習板串口介面連線，做發射與接收互動控制應用實驗。當 Arduino 執行聲控後，取得使用者下達的聲控命令如「開關」，執行相對應用程式動作。實驗前先將電風扇對應動作，先學習到紅外線學習板上，順序如下：

- 1 開關。
- 2 風量。
- 3 定時。
- 4 自然風。
- 5 擺頭。

並測試一下，由紅外線學習板上發射對應信號，看看風扇是否動作。展示聲控風扇命令編號及指令如下：

- 11 開關。
- 12 風量。
- 13 定時。
- 14 自然風。
- 15 擺頭。

編號表示辨認參數 ans 的應用識別碼，如執行聲控後，ans=11 系統説出內容「開關」，並執行相對應用程式動作。

程式設計如下：

```
void op(int d) // 輸出紅外線信號
{
 ur1.print('T');    led_bl();
 ur1.write('0'+d); led_bl();
 Serial.write('0'+d);
}
void vc_act() // 聲控風扇
{
 if(ans==11) op (1);// 開關
 if(ans==12) op (2);// 風量
 if(ans==13) op (3);// 定時
 if(ans==14 )op (4);// 自然風
 if(ans==15) op (5); // 擺頭
}
```

實驗目的

Arduino 控制聲控風扇實驗。

功能

實驗電路用圖 16-5 電路，程式執行後，開啟串列介面監控視窗，電腦按鍵功能如下：

- 數字 1：聆聽聲控命令。
- 數字 2：執行聲控。

按鍵也可以啟動，動作如下：

- K1 鍵：聆聽聲控命令。
- K2 鍵：執行聲控。

程式 VC_Fan.ino

```
#include <SoftwareSerial.h> //引用軟體串列程式庫
SoftwareSerial ur1(2,3);     //指定產生 ur1 串列介面腳位
int led = 13; //設定 LED 腳位
int k1 = 7;  //設定按鍵 k1 腳位
int k2 = 9;  //設定按鍵 k2 腳位
int ans;     //設定辨認結果答案
//-------------------------------------
void setup()//初始化設定
{
  Serial.begin(9600);
  ur1.begin(9600);
  pinMode(led, OUTPUT);
  pinMode(led, LOW);

  pinMode(k1, INPUT);
  digitalWrite(k1, HIGH);
  pinMode(k2, INPUT);
  digitalWrite(k2, HIGH);
}
//----------------------------------
void led_bl()//LED 閃動
{
int i;
```

```
 for(i=0; i<1; i++)
  {
   digitalWrite(led, HIGH); delay(150);
   digitalWrite(led, LOW);  delay(150);
  }
}
//---------------------------------
void listen()// 語音聆聽
{
 url.print('l');
}
//---------------------------------
char rx_char()// 接收辨認結果
{
char c;
 while(1)
   if (url.available() > 0)
     { c=url.read();
        Serial.print('>'); Serial.print(c);
       return c; }
}
//---------------------------------------
void vc()  // 語音辨認
{
byte c,c1;
 url.print('r'); delay(500);
 c=rx_char();
 if(c!='/') { led_bl(); return; }
 c= rx_char()-0x30; c1=rx_char()-0x30;
 ans=c*10+c1;
 Serial.print("ans="); Serial.println(ans);
 vc_act();
}
//----------------------------------------
void op(int d)// 輸出紅外線信號
{
 url.print('T');   led_bl();
 url.write('0'+d); led_bl();
 Serial.write('0'+d);
}
//----------------------------------------
void vc_act() // 聲控風扇
```

```
{
 if(ans==11) op (1);// 開關
 if(ans==12) op (2);// 風量
 if(ans==13) op (3);// 定時
 if(ans==14 )op (4);// 自然風
 if(ans==15) op (5); // 擺頭
}
//----------------------------------------
void loop()// 主程式迴圈
{
char c;
 led_bl();
 Serial.print("VC uart test : \n");
 Serial.print("1:listen   2:vc  \n");
 listen();// 聽取內容
 while(1) // 迴圈
  {
   if (Serial.available() > 0) // 有串列介面指令進入
    {
     c=Serial.read();// 讀取串列介面指令
     if(c=='1') { Serial.print("listen\n"); listen(); led_bl();} // 聽取內容
     if(c=='2') { Serial.print("vc\n");  vc();  led_bl(); } // 啟動聲控
    }
 // 掃描是否有按鍵
    if( digitalRead(k1)==0 ) { led_bl(); listen();}// k1 按鍵聽取內容
    if( digitalRead(k2)==0 ) { led_bl(); vc();  } //k2 按鍵啟動聲控
  }
}
```

16-6 習題

1. Arduino 控制外部模組最方便的方式為何？
2. 一般常用串列通訊傳輸協定為何？
3. 說明遙控裝置免改裝變聲控的原理為何？

Arduino 專題製作

Arduino 是容易學習的軟體硬體整合開發工具及平台，學習 Arduino 可以幫我們以簡單的硬體，實現我們的點子，創意無限。當創客、應徵工程師工作都需要此加分技術，學生在畢業前整合完成自己的專題，畢業後當作應徵工作的代表作，很有意義，本章將以實例做說明。

17-1 遙控音樂盒

遙控器有遠端遙控功能，有各式動作切換的優點，在第 10 章介紹過音樂、音效控制、演奏歌曲實驗，本節整合遙控器功能，製作一台遙控音樂盒，以遙控器設定音樂音效控制，方便操作。

專題功能

按下遙控器按鍵，執行以下動作：

- 按鍵 1：音階測試。
- 按鍵 2：演奏歌曲。
- 按鍵 3：發出嗶聲。
- 按鍵 4：發出救護車音效。
- 按鍵 5：發出音階音效。
- 按鍵 6：發出雷射槍音效。

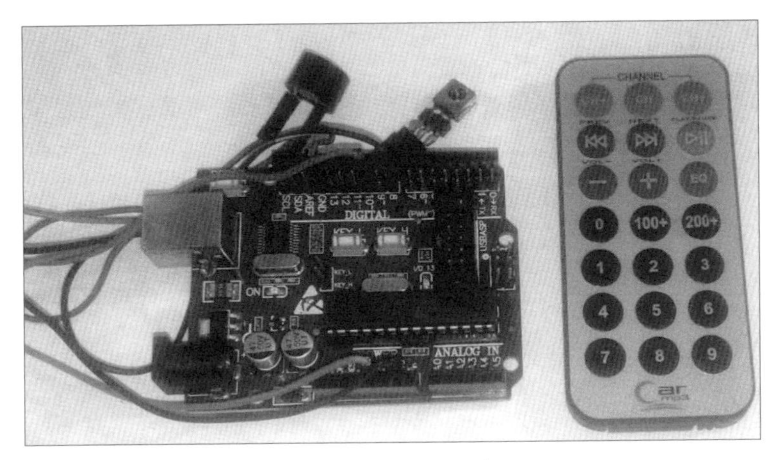

圖 17-1　遙控音樂盒實作

實驗電路

圖 17-2 是實驗電路，使用如下零件：

- LED：動作指示燈。
- 紅外線接收模組：接收遙控器信號。
- 壓電喇叭：音樂、音效聲音輸出。

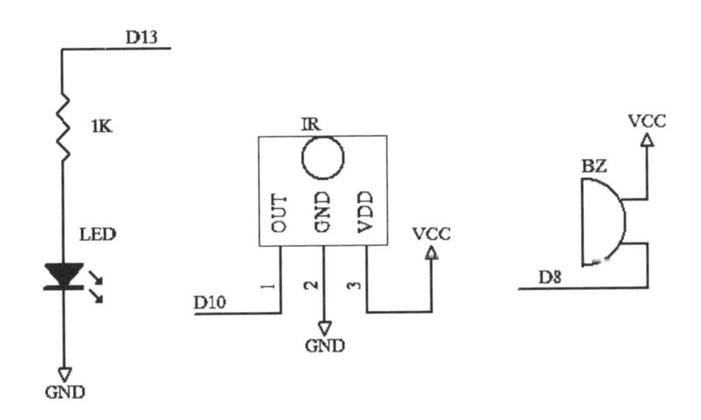

圖 17-2　遙控音樂盒實驗電路

程式設計

本專題結合歌曲演奏、音效及遙控功能，成為一台可攜式遙控音樂盒，程式檔名為 boxrc.ino。程式設計分為以下幾部分：

- 載入遙控器控制程式。
- 音調對應頻率值設定。
- 演奏歌曲音調與音長資料設定。
- 壓電喇叭驅動。
- 各種音效產生。

程式 boxrc.ino

```
#include <rc95a.h> // 載入遙控器控制程式
// 音調對應頻率值
int f[]={0, 523, 587, 659, 698, 784, 880, 987,
            1046, 1174, 1318, 1396, 1567, 1760, 1975};
// 旋律音階
char song[]={3,5,5,3,2,1,2,3,5,3,2,3,5,5,3,2,1,2,3,2,1,1,100};
// 旋律音長拍數
char len[]= {2,1,1,2,1,1,1,2,1,1,1,2,1,1,2,1,1,1,2,1,1,1,100};
int cir =10; // 遙控器設定腳位
int led = 13; // led 設定腳位
int bz=8;    // 喇叭設定腳位
void setup()// 設定初值
{
  pinMode(cir, INPUT);
  pinMode(led, OUTPUT);
  pinMode(k1, INPUT);
  digitalWrite(k1, HIGH);
  pinMode(bz, OUTPUT);
  Serial.begin(9600);
  digitalWrite(bz, LOW);
}
//--------------------------------
void led_bl()//LED 閃動
{
```

```
int i;
 for(i=0; i<1; i++)
  {
   digitalWrite(led, HIGH); delay(150);
   digitalWrite(led, LOW);  delay(150);
  }
}
//-------------------------------
void be()//嗶一聲
{
int i;
 for(i=0; i<100; i++)
  {
   digitalWrite(bz, HIGH); delay(1);
   digitalWrite(bz, LOW); delay(1);
  }
 delay(100);
}
//-----------------------------------------
void so(char n) //發出特定音階單音
{
 tone(bz, f[n],500);
 delay(100);
 noTone(bz);
}
//-----------------------------------------
void test_tone()//測試各個音階
{
char i;
 so(1); led_bl();
 so(2); led_bl();
 so(3); led_bl();
 for(i=1; i<15; i++) { so(i); delay(100); }
}
//-----------------------------------------
void ptone(char t, char l) / 發出特定音階單音
{
 tone(bz, f[t],300*l);
 delay(100);
 noTone(bz);
}
/*-----------------*/
```

```
void  play_song(char *t, char *l) //演奏一段旋律
{
 while(1)
  {
   if(*t==100) break;
   ptone(*t++, *l++);
   delay(5);
  }
}
//------------------------------------------------------
void ef1()//救護車音效
{
int i;
 for(i=0; i<5; i++)
  {
   tone(bz, 500);  delay(300);
   tone(bz, 1000);  delay(300);
  }
  noTone(bz); delay(1000);
}
//----------------------------------------
void ef2()  //音階音效
{
int i;
 for(i=0; i<10; i++)
  {
   tone(bz, 500+50*i);  delay(100);
  }
  noTone(bz); delay(1000);
}
//----------------------------------------
void ef3()//雷射槍音效
{
int i;
 for(i=0; i<30; i++)
  {
   tone(bz, 700+50*i);  delay(30);
  }
  noTone(bz); delay(1000);
}
//------------------------------------------------------
void rc_box()//遙控音樂盒主程式
```

```
{
int c, i;
 while(1) //迴圈
  {
loop:
//迴圈掃描是否有遙控器按鍵信號？.
   no_ir=1; ir_ins(cir); if(no_ir==1) goto loop;
//發現遙控器信號.，進行轉換
  led_bl();
   rev();
//串列介面顯示解碼結果
   for(i=0; i<4; i++)
    {c=(int)com[i]; Serial.print(c); Serial.print(' '); }
    Serial.println();
    delay(300);
//比對遙控器按鍵碼
   if(com[2]==12) test_tone();  //音階測試
   if(com[2]==24) play_song(song, len); //演奏歌曲
   if(com[2]==94) { be(); be(); be();}//發出嗶聲
   if(com[2]==8 ) ef1();  //救護車音效
   if(com[2]==28) ef2();//音階音效
   if(com[2]==90) ef3();//雷射槍音效
  }
}
//----------------------------------------
void loop()//主程式
{
 be();  ef1(); rc_box();//遙控音樂盒
}
```

17-2 遙控倒數計時器

在第 6 章介紹過 LCD 倒數計時器，本節整合遙控器功能，製作一台遙控倒數計時器，一般倒數計時器可能依據需求，執行不一樣倒數動作設定，因此以遙控器來做多段設定，方便操作。需要不一樣的應用時，只要修改程式碼，可以客製化新功能。

專題功能

程式執行後，倒數計時時間為 2 分鐘。按下按鍵後，設定計時時間為 2 分鐘。當按下遙控器按鍵後，做出如下設定：

- 按鍵 1：設定倒數計時時間為 5 分鐘。
- 按鍵 2：設定倒數計時時間為 10 分鐘。
- 按鍵 3：設定倒數計時時間為 20 分鐘。

倒數時間到了，發出嗶聲，當按下遙控器任何按鍵，則 LED 連續閃動，倒數計時時間又重置為 2 分鐘，開始倒數。如圖 17-3 所示。

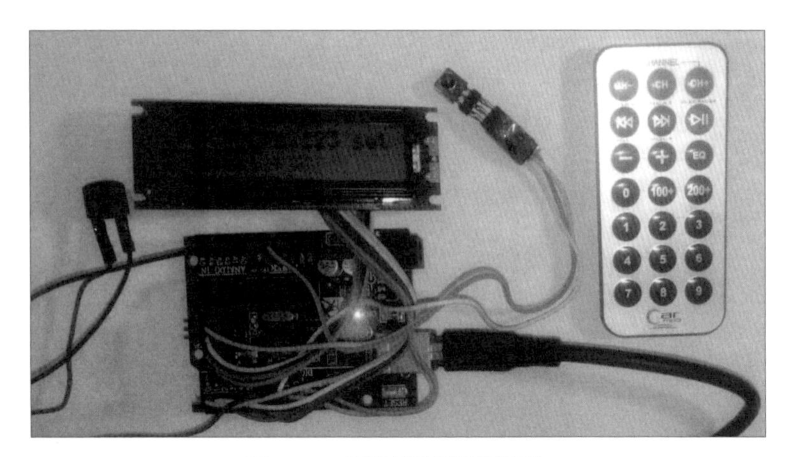

圖 17-3　遙控倒數計時器實作

電路設計

圖 17-4 是遙控倒數計時器實驗電路，使用如下零件：

- 文字型 LCD (16x2)：顯示倒數計時器資料。
- 按鍵：啟動倒數計時器。
- 壓電喇叭：聲響警示。
- 紅外線接收模組：接收遙控器信號。

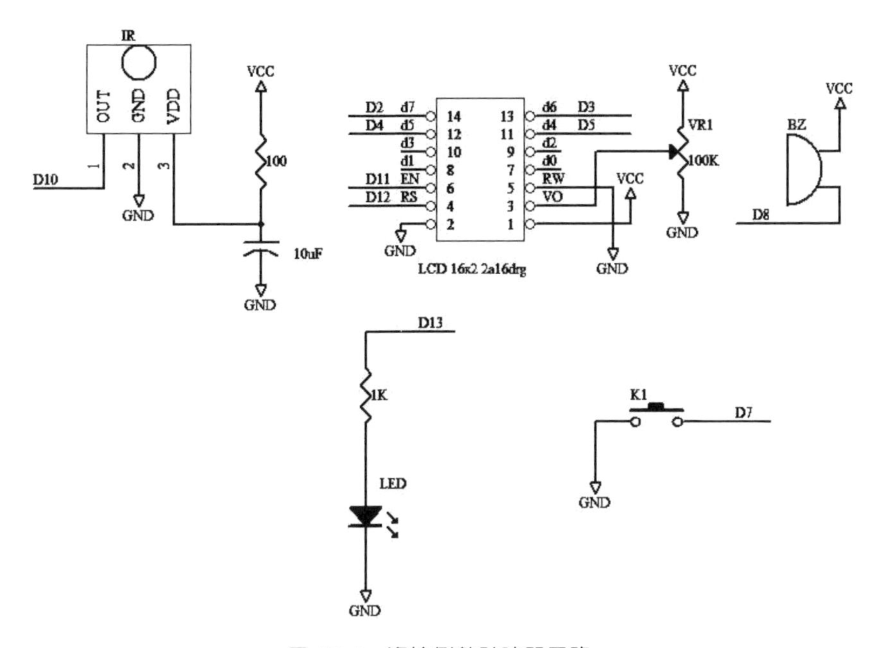

圖 17-4 遙控倒數計時器電路

程式設計

本專題以遙控器設定，將倒數計時時間顯示到 LCD 上，成為一台可攜式遙控倒數計時器，程式檔名為 tdorc.ino。程式設計分為以下幾部分：

- 載入紅外線遙控器解碼程式庫。
- 載入 LCD 程式庫。
- 顯示倒數時間。
- 主程式控制迴圈。

在主程式控制迴圈中，主要完成以下幾件工作：

- 掃描是否有遙控器按鍵信號？有遙控器信號則作按鍵比對處理。
- 判斷是否過了 1 秒鐘？
- 判斷是否按鍵，重新設定倒數時間 2 分鐘。

程式 tdorc.ino

```
#include <rc95a.h> //引用紅外線遙控器解碼程式庫
#include <LiquidCrystal.h> //引用 LCD 程式庫
int cir =10; //設定紅外線遙控器解碼控制腳位
int led = 13; // 設定 LED 腳位
int k1 =7; //設定按鍵腳位
int bz=8; //設定喇叭腳位
int mm=2, ss=1;//倒數初值
unsigned long ti=0;  //時間變數
//------------------------------------
LiquidCrystal lcd(12, 11, 5, 4, 3, 2); //設定 LCD 腳位
void setup()//初始化設定
{
  lcd.begin(16, 2);
  Serial.begin(9600);
  pinMode(led, OUTPUT);
  pinMode(k1, INPUT);
  digitalWrite(k1, HIGH);
  pinMode(bz, OUTPUT);
  digitalWrite(bz, LOW);
  pinMode(cir, INPUT);
}
//-----------------------------------
void led_bl()//LED 閃動
{
int i;
 for(i=0; i<2; i++)
  {
   digitalWrite(led, HIGH); delay(150);
   digitalWrite(led, LOW); delay(150);
  }
}
//-----------------------------
void be()//發出嗶聲
{
int i;
 for(i=0; i<100; i++)
  {
   digitalWrite(bz, HIGH); delay(1);
   digitalWrite(bz, LOW); delay(1);
  }
 delay(10);
}
```

```
//---------------------------------------
void show_tdo()   //顯示倒數時間
{
int c;
//取出分的十位數，顯示出來
 c=(mm/10);  lcd.setCursor(0,1);lcd.print(c);
//取出分的個位數，顯示出來
 c=(mm%10);  lcd.setCursor(1,1);lcd.print(c);
             lcd.setCursor(2,1);lcd.print(":");
//取出秒的十位數，顯示出來
 c=(ss/10);  lcd.setCursor(3,1);lcd.print(c);
//取出秒的個位數，顯示出來
 c=(ss%10);  lcd.setCursor(4,1);lcd.print(c);
}
//------------------------------------
void loop()//主程式迴圈
{
char k1c;
 led_bl();be();
 lcd.setCursor(0, 0);lcd.print("AR TDOrc 123 set");
 show_tdo();
 while(1)   //無窮迴圈
  {
//迴圈掃描是否有遙控器按鍵信號?
   no_ir=1; ir_ins(cir); if(no_ir==1) goto loop;
// 發現遙控器信號.，進行轉換......................................
   led_bl(); rev();
// 執行解碼功能
  if(com[2]==12) { be();mm=5; ss=1; }
  if(com[2]==24) { be(); be(); mm=10; ss=1; }
  if(com[2]==94) { be(); be(); be(); mm=20; ss=1;  }
loop:
//判斷是否過了 1 秒鐘? ..
   if(millis()-ti>=1000)
     {
        ti=millis();
        show_tdo();
// 判斷倒數時間到了?
       if (ss==1 && mm==0)
        while(1) // 倒數時間到了迴圈
          {
// 迴圈掃描是否有遙控器按鍵信號?
        if( digitalRead(cir)==0 )
          {
```

```
            deli();
            if( digitalRead(cir)==0 )
// 當按下遙控器任何按鍵，重新設定倒數時間 2 分鐘
              { be(); led_bl(); mm=2; ss=1; show_tdo();
                led_bl(); led_bl();led_bl(); break; }
           }
            be(); // 嗶聲
// 若有按鍵，重新設定倒數時間 2 分鐘
            k1c=digitalRead(k1);
            if(k1c==0) {be(); led_bl(); mm=2; ss=10; show_tdo(); break; }
           }
       ss--; // 過了 1 秒鐘，計數秒數減一
       if(ss==0) { mm--; ss=59; }
    }// 1 sec
// 判斷是否按鍵？
 k1c=digitalRead(k1);
 if(k1c==0) {be(); led_bl(); mm=2; ss=10; show_tdo(); }
  }
}
```

17-3 智慧盆栽澆灌器

水泵最常使用是用在植栽給水，室內植物或是花草的種植上，有些作為休閒活動怡情養性用，或是打發無聊時間。實際上室內養植盆栽有助於調整室內空氣品質的優化。一般我們都會手動澆花，如果使用水泵就可以達到半自動或是更方便的用遙控的方式來做控制，加上 Arduino C 程式設計來做控制，可以達到家庭自動化植栽澆灌的應用，我們在這次專題中，就來探索結合水泵應用於智慧盆栽的澆灌器專題製作。

專題功能

- 監控土壤濕度值自動供水。
- 監控的土壤濕度值即時顯示於七節顯示器供參考。
- 可以手動供水。

- 控制繼電器驅動水泵來抽水。
- 遙控按鍵 1：測試遙控水泵抽水功能。
- 遙控按鍵 2：執行持續自動監控土壤濕度，缺水時自動驅動水泵抽水。

Aduino 系統做遙控實驗，很簡單只要接入實驗用遙控器，當按下數字 1 後，便可以啟動水泵加水，可以依需要調整程式的設計方式，使出水更順暢。

圖 17-5 為整體實作圖，水泵經由繼電器連接來做控制。由實驗中來驗證水泵啟動臨界值，設定為 500 便可以穩定工作，圖 17-6 顯示土壤濕度數據。

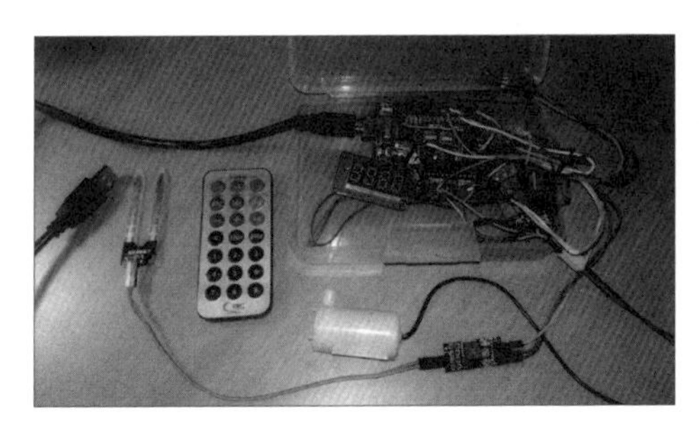

圖 17-5　盆栽澆灌器實作

圖 17-6　澆灌器顯示土壤濕度數據

電路設計

圖 17-7 是實驗電路，使用如下零件：

- 土壤濕度偵測感知器：連到 ADC A0 腳位輸入類比電壓，轉換為數位輸出值，送到七節顯示器，達到監控目的。
- 4 位七節顯示器：監控 ADC 數位轉換值。
- 繼電器模組：若缺水時啟動繼電器模組，控制水泵抽水，繼電器模組連到 D6 腳位做控制。
- 按鍵：用來測試繼電器模組動作，驅動水泵供水測試。
- 遙控器紅外線接收模組：經由程式解碼來判讀遙控器按下哪一按鍵，執行相關動作。

■ 壓電喇叭：聲響警示。

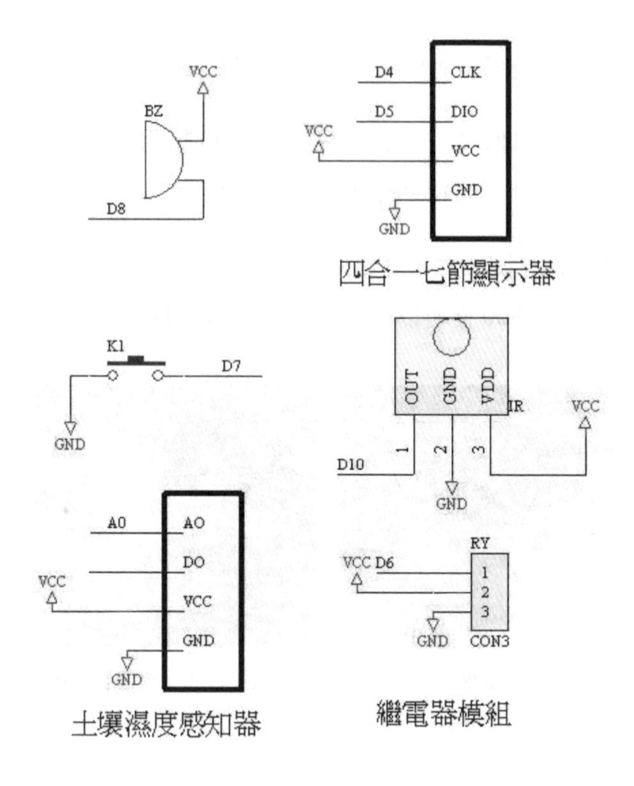

圖 17-7　電路設計

程式設計

專題為一可以監控土壤濕度的控制器，將監控濕度值顯示到七節顯示器上，成為一台可攜式測試儀器，程式檔名為 wa_pl.ino。程式設計分為以下幾部分：

■ 載入遙控器控制程式。

■ 載入七節顯示器控制程式。

■ 遙控器主控迴圈。

■ 按下遙控器 2 執行監控土壤濕度迴圈。

在執行監控土壤濕度迴圈中，完成以下動作：

- 讀取 ADC 讀值。
- 清除顯示器。
- 顯示 ADC 讀值。
- LED 閃動，監控程式持續執行中。
- 判斷是否啟動供水。
- 偵測是否有按下遙控器，脫離程式執行，回到主迴圈。

程式 wa_pl.ino

```
#include <rc95a.h> //載入遙控器控制程式
#include "SevenSegmentTM1637.h" //載入七節顯示器控制程式
int PIN_CLK = 4;//七節顯示器模組時脈驅動腳位
int PIN_DIO = 5; //七節顯示器模組資料驅動腳位
SevenSegmentTM1637 display(PIN_CLK, PIN_DIO);//七節顯示器模組原型宣告
int ad=A0;//ADC 設定腳位
int adc;//ADC 讀值
int led = 13;// led 設定腳位
int bz=8;//喇叭設定腳位
int k1 =7;//按鍵設定腳位
int cir =10;//遙控器設定腳位
int ry=6;//繼電器設定腳位
//------------------------------------
void setup()//設定初值
{
  pinMode(ry, OUTPUT);
  digitalWrite(ry, LOW);
  pinMode(cir, INPUT);

  pinMode(led, OUTPUT);
  pinMode(k1, INPUT);
  digitalWrite(k1, HIGH);
  Serial.begin(9600);
  pinMode(bz, OUTPUT);
  digitalWrite(bz, LOW);

  display.begin();
  display.setBacklight(100);
  display.clear();
```

```
  display.print(0);
}
//------------------------------------
void led_bl()//LED 閃動
{
int i;
 for(i=0; i<2; i++)
  {
   digitalWrite(led, HIGH); delay(20);
   digitalWrite(led, LOW); delay(20);
  }
}
//------------------------
void be()// 嗶一聲
{
int i;
 for(i=0; i<100; i++)
  {
   digitalWrite(bz, HIGH); delay(1);
   digitalWrite(bz, LOW);  delay(1);
  }
delay(30);
}
//------------------------------------
void ry_con()// 啟動繼電器
{
  digitalWrite(led, 1);
  digitalWrite(ry, 0); delay(1000); digitalWrite(ry, 1);
  digitalWrite(led, 0);
}
//----------------------------------------
void read_adc()// 讀取 ADC 讀值
{
  adc=analogRead(ad);
 if(adc<500) { be(); be(); }
}
//----------------------------------------
void wa_loop()// 監控迴圈
{
int i;
while(1) // 迴圈
 {
     adc=analogRead(ad); // 讀取 ADC 讀值
     display.clear();// 清除顯示器
     display.print(adc); // 顯示 ADC 讀值
     delay(100);// 短暫延遲
```

```
    led_bl();//LED 閃動
    if(adc >500) { ry_con(); delay(500); }// 判斷是否啟動供水
  for(i=0; i<10000; i++)// 迴圈
   if(digitalRead(cir)==0 ) // 偵測是否有按下遙控器，有則回到主程式
    { be(); led_bl();  be(); delay(500); return; }
  }
}
//-------------------------------------------------------------
void loop()// 主程式
{
int c,i;
 led_bl(); be();
 digitalWrite(ry, 1);  // 繼電器 OFF
 while(1) // 迴圈
  {
loop:
// 迴圈掃描是否有按鍵？.
  if(digitalRead(k1)==0 ) ry_con();
// 迴圈掃描是否有遙控器按鍵信號？.
  no_ir=1; ir_ins(cir); if(no_ir==1) goto loop;
// 發現遙控器信號.，進行轉換
   led_bl(); rev();
// 串列介面顯示解碼結果
   for(i=0; i<4; i++)
    {c=(int)com[i]; Serial.print(c); Serial.print(' '); }
   delay(100);
// 比對遙控器按鍵碼 1 或是 2
   if(com[2]==12) ry_con(); // 按鍵 1 測試繼電器
   if(com[2]==24) wa_loop();// 按鍵 2 開始監控
  }//loop
}
```

17-4 紅外線遙控車

遙控車是許多大朋友，小朋友，從小玩到大的玩具，無聊時可以拿出來把玩，打發時間，或是增加工作靈感。對於學習 Arduino 相關專題製作應用，遙控車更是一項相當有趣的應用實驗，由設計簡單的 C 程式開始，設計出遙控移動平台，若增加各式感知器，可以發展成為智慧小車。

專題功能

紅外線遙控車功能設計如下，如圖 17-8 所示：

圖 17-8　紅外線遙控車實作

- 按下按鍵，測試車體前進、後退、左轉 、右轉。
- 當按下遙控器按鍵，動作如下：
  - 數字 1：前進。
  - 數字 2：後退。
  - 數字 3：左轉。
  - 數字 4：右轉。
  - 數字 5：前進、後退、左轉、右轉展示。

遙控車車體組成

遙控車的車體組裝所需零組件如圖 17-9 所示，由以下幾部分組成：

圖 17-9　車體組裝所需零組件

- 驅動器：直流馬達模組（內含減速齒輪）當動力。
- 輪子：專用輪子配合驅動器安裝。
- 前後輔輪：圓形轉輪。
- 連結座：用來固定驅動器用。
- 車體底盤：以壓克力板來組裝。
- 固定螺絲包：做各部分零件的組裝及固定。

電路設計

圖 17-10 是紅外線遙控車電路，使用如下零件：

- 馬達驅動模組：驅動直流馬達轉動。
- 按鍵：測試功能。
- 壓電喇叭：聲響警示。
- 紅外線接收模組：接收遙控器信號輸入。

腳位 4、5、6、7 送出信號，控制馬達驅動模組，推動小型直流馬達正反轉，使車子完成方向控制。

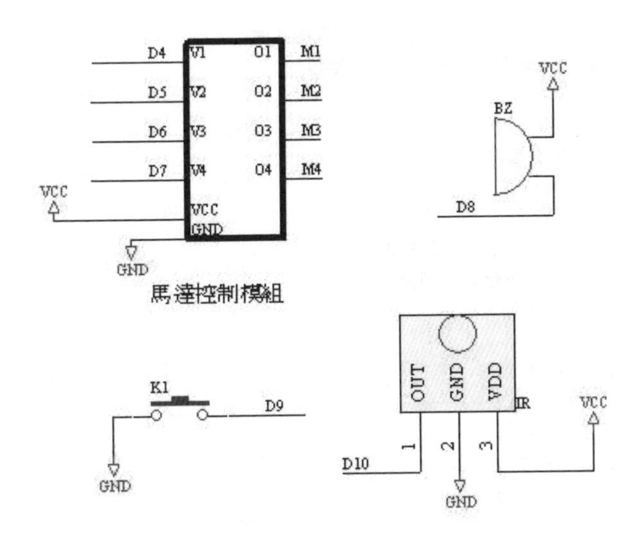

圖 17-10　電路設計

程式設計

程式檔名為 mrca.ino。程式設計主要分為以下幾部分：

- 壓電喇叭驅動發出音效。
- 控制馬達 4 方向動作副程式。

- 偵測按鍵按下則啟動車子動作。
- 迴圈掃描是否有遙控器按鍵信號出現，並判讀是否為有效按鍵，執行動作如下：
  - 數字 1：前進。
  - 數字 2：後退。
  - 數字 3：左轉。
  - 數字 4：右轉。
  - 數字 5：前進、後退、左轉、右轉展示。

程式 mrca.ino

```
#include <rc95a.h> // 引用紅外線遙控器解碼程式庫
int cir =10; // 設定紅外線遙控器解碼控制腳位
int led = 13; // 設定 LED 腳位
int k1 = 9;  // 設定按鍵腳位
int bz=8;    // 設定喇叭腳位
#define de   150 // 延遲 1
#define de2  300// 延遲 2
int out1=4, out2=5;// 馬達 1 控制腳位
int out3=6, out4=7;// 馬達 2 控制腳位
void setup()// 初始化設定
{
  pinMode(out1, OUTPUT);
  pinMode(out2, OUTPUT);
  pinMode(out3, OUTPUT);
  pinMode(out4, OUTPUT);
  digitalWrite(out1, 0);
  digitalWrite(out2, 0);
  digitalWrite(out3, 0);
  digitalWrite(out4, 0);
  pinMode(cir, INPUT);
  pinMode(led, OUTPUT);
  pinMode(k1, INPUT);
  digitalWrite(k1, HIGH);
  pinMode(bz, OUTPUT);
  Serial.begin(9600);
  digitalWrite(bz, LOW);
 }
/*----------------------------------*/
```

```
void led_bl()//LED 閃動
{
int i;
 for(i=0; i<2; i++)
  {
   digitalWrite(led, HIGH); delay(50);
   digitalWrite(led, LOW);  delay(50);
  }
}
//------------------------------------
void be()  // 發出嗶聲
{
int i;
 for(i=0; i<100; i++)
  {
   digitalWrite(bz, HIGH); delay(1);
   digitalWrite(bz, LOW); delay(1);
  }
delay(100);
}
//-------------------------------------------
void stop()// 停止
{
  digitalWrite(out1,0);
  digitalWrite(out2,0);
  digitalWrite(out3,0);
  digitalWrite(out4,0);
}
//-------------------------------------------
void go()// 前進
{
digitalWrite(out1,1);
 digitalWrite(out2,0);
 digitalWrite(out3,0);
 digitalWrite(out4,1);
 delay(de);
 stop();
}
//-------------------------------------------
void back()// 後退
{
 digitalWrite(out1,0);
 digitalWrite(out2,1);
 digitalWrite(out3,1);
 digitalWrite(out4,0);
```

```
 delay(de);
 stop();
}
//------------------------------------------
void right()//右轉
{
  digitalWrite(out1,1);
  digitalWrite(out2,0);
  digitalWrite(out3,1);
  digitalWrite(out4,0);
  delay(de2);
  stop();
}
//------------------------------------------
void left()//左轉
{
  digitalWrite(out1,0);
  digitalWrite(out2,1);
  digitalWrite(out3,0);
  digitalWrite(out4,1);
  delay(de2);
  stop();
}
//------------------------------------------
void demo()//展示
{
 go();    delay(500);
 back();  delay(500);
 left();   delay(500);
 right();  delay(500);
}
/*----------------------------------*/
void loop()//主程式迴圈
{
int k1c;
int i,c;
 led_bl();be(); go();
 while(1) //迴圈
  {
loop:
//迴圈掃描是否有按鍵？
  k1c=digitalRead(k1);
  if(k1c==0) {led_bl();be(); demo();be();}
//迴圈掃描是否有遙控器按鍵信號？
   no_ir=1; ir_ins(cir); if(no_ir==1) goto loop;
```

```
// 發現遙控器信號．，進行轉換 ..
    led_bl(); rev();
//串列介面顯示解碼結果
    for(i=0; i<4; i++) {c=(int)com[i]; Serial.print(c); Serial.print(' '); }
    Serial.println(); delay(300);
//比對遙控器按鍵碼，數字 1~5
  if(com[2]==12) go();  //前進
  if(com[2]==24) back();//後退
  if(com[2]==94) left();//左轉
  if(com[2]==8 ) right();//右轉
  if(com[2]==28) demo();//展示
 }
}
```

17-5 Arduino 中文聲控車

本書前面談過中文聲控實驗，聲控後可以發射紅外線信號，驅動外界裝置動作，剛好可以派上用場，在中文聲控車專題中，發射與遙控器相容信號出去，控制上一節的遙控車動作，執行遠端聲控實驗。此外也結合串列介面，可以經由 Arduino 額外串列介面與中文聲控模組連線，實現近端聲控實驗，將聲控模組放在 Arduino 車上。

專題功能

在本實作中使用 2 種方式來設計聲控車實驗：

- 遠端聲控：聲控模組放在身邊，發射紅外線信號出去。
- 近端聲控：聲控模組放在車上，使用串列介面通訊。

遠端聲控也可以使用遙控器來操作，因為聲控模組放在身邊，可以直接下達聲控命令，辨認出結果後，便可以發射紅外線信號出去，如同操作遙控器一樣，車子可以跑遠些，可當作可攜式聲控器來做應用，聲控板可在 4 公尺內隨身攜帶做聲控，可用於吵雜環境下來操控。

近端聲控模組使用串列介面與 Arduino 板子連線，必須將模組放在車上，因此車子跑遠些便無法聲控。

中文聲控車本身有紅外線遙控車功能設計如下：

- 按下按鍵，測試車體前進、後退、左轉 、右轉。
- 當按下遙控器按鍵，動作如下：
    - 數字 1：前進。
    - 數字 2：後退。
    - 數字 3：左轉。
    - 數字 4：右轉。
    - 數字 5：前進、後退、左轉、右轉展示。
    - 按鍵 9：啟動串列介面聲控功能。

圖 17-11 是近端聲控實作拍照圖，聲控模組放在車上，使用串列介面通訊。

圖 17-11　近端聲控實作拍照圖

圖 17-12 則是遠端聲控實作拍照圖，聲控模組放在身邊，當作可攜式聲控器，在聲控後發射紅外線信號出去。

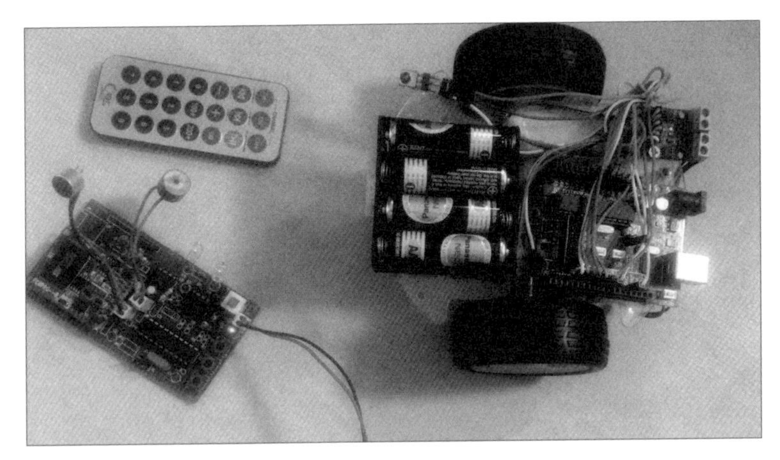

圖 17-12　遠端聲控實作拍照圖

電路設計

圖 17-13 是中文聲控車電路，使用如下零件：

- 馬達驅動模組：驅動直流馬達轉動。
- 按鍵：測試功能。
- 壓電喇叭：聲響警示。
- 紅外線接收模組：接收遙控器信號輸入。

腳位 4、5、6、7 送出信號，控制馬達驅動模組，推動小型直流馬達正反轉，使車子完成方向控制。

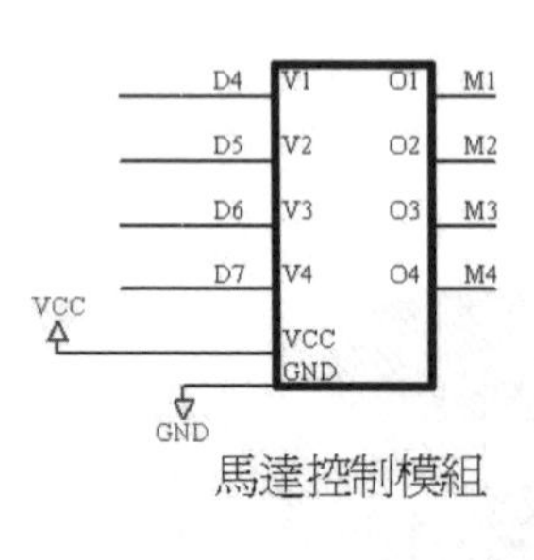

馬達控制模組

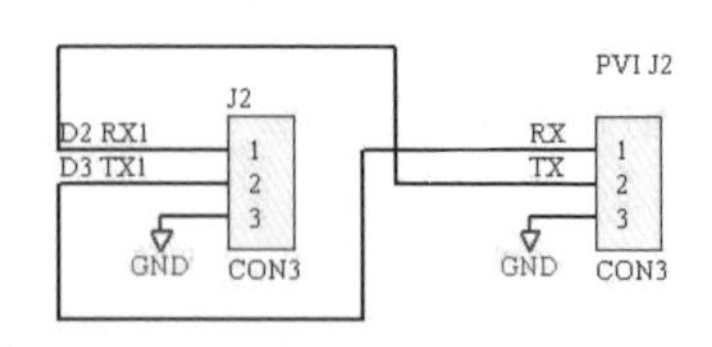

Arduino 串列與PVI連線

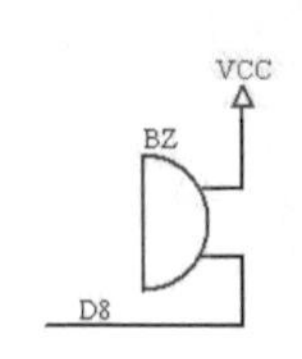

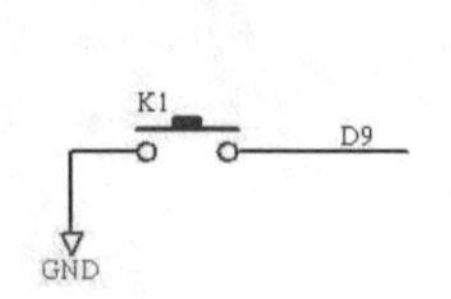

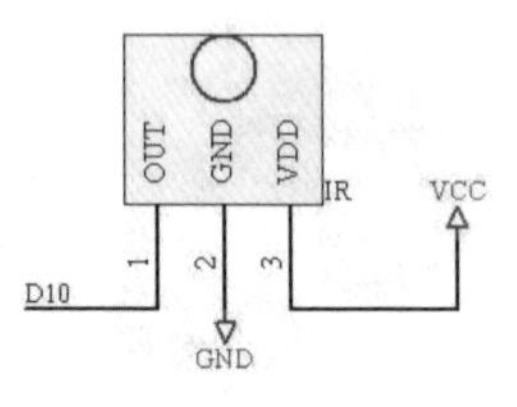

圖 17-13　電路設計

程式設計

程式檔名為 pmca.ino。程式設計主要分為以下幾部分：

- 壓電喇叭驅動發出音效。
- 控制馬達 4 方向動作副程式。
- 偵測按鍵按下則啟動車子動作。
- 迴圈掃描是否有遙控器按鍵信號出現，並判讀是否為有效按鍵，執行動作如下：
  - 數字 1：前進。
  - 數字 2：後退。
  - 數字 3：左轉。
  - 數字 4：右轉。
  - 數字 5：前進、後退、左轉、右轉展示。
  - 數字 9：啟動串列介面聲控功能。

程式執行後，可以遙控器操作車子動作，也可以做遠端聲控，聲控後，發射與遙控器相容信號出去。按下按鍵 9 則啟動串列介面聲控功能，開始做近端聲控實驗，可將聲控模組放在車上，使用串列介面做控制。程式參考如下：

程式 pmca.ino

```
#include <rc95a.h> //引用紅外線遙控器解碼程式庫
#include <SoftwareSerial.h>//載入額外串列介面程式庫
SoftwareSerial url(2,3);//設定額外串列介面腳位
int cir =10;  //設定紅外線遙控器解碼控制腳位
int led = 13; //設定 LED 腳位
int k1 = 9; //設定按鍵腳位
int out1=4, out2=5; //馬達 1 控制腳位
int out3=6, out4=7; //馬達 2 控制腳位
int ans;//聲控結果
//--------------------------------------
void setup()//初始化設定
{
  pinMode(cir, INPUT);
  Serial.begin(9600);
  url.begin(9600);
  pinMode(led, OUTPUT);
  pinMode(led, LOW);
  pinMode(k1, INPUT);
  digitalWrite(k1, HIGH);
  pinMode(out1, OUTPUT);
  pinMode(out2, OUTPUT);
  pinMode(out3, OUTPUT);
  pinMode(out4, OUTPUT);
  digitalWrite(out1, 0);
  digitalWrite(out2, 0);
  digitalWrite(out3, 0);
  digitalWrite(out4, 0);
}
//------------------------------
void led_bl()//LED 閃動
{
int i;
 for(i=0; i<1; i++)
  {
   digitalWrite(led, HIGH); delay(150);
```

```
    digitalWrite(led, LOW);  delay(150);
  }
}
//------------------------------------
void listen()// 聽取指令
{
 url.print('l');
}
//---------------------------------
char rx_char()// 接收資料
{
char c;
 while(1)
   if (url.available() > 0)
     { c=url.read();
         Serial.print('>'); Serial.print(c);
       return c; }
}
//------------------------------------
void vc()// 執行聲控功能
{
byte c,c1;
 url.print('r'); delay(500);
 c=rx_char();
 if(c!='@') { led_bl(); return; }
 c= rx_char()-0x30; c1=rx_char()-0x30;
 ans=c*10+c1;
 Serial.print("ans="); Serial.println(ans);
 vc_act();
}
//------------------------------------
void  right()// 右轉
{
  digitalWrite(out1,1);
  digitalWrite(out2,0);
  digitalWrite(out3,1);
  digitalWrite(out4,0);
  delay(150);
  stop();
}
/*------------------------*/
void stop()// 停止
{
  digitalWrite(out1,0);
```

```
  digitalWrite(out2,0);
  digitalWrite(out3,0);
  digitalWrite(out4,0);
  led_bl();
}
/*-----------------------*/
void left()//左轉
{
  digitalWrite(out1,0);
  digitalWrite(out2,1);
  digitalWrite(out3,0);
  digitalWrite(out4,1);
  delay(150);
  stop();
}
//-------------------------
void  go()//前進
{
 digitalWrite(out1,1);
 digitalWrite(out2,0);
 digitalWrite(out3,0);
 digitalWrite(out4,1);
 delay(200);
 stop();
}
/*-----------------------*/
void   back()//後退
{
 digitalWrite(out1,0);
 digitalWrite(out2,1);
 digitalWrite(out3,1);
 digitalWrite(out4,0);
 delay(200);
 stop();
}
/*-----------------------*/
void demo()//展示
{
 go();    delay(500);
 back();  delay(500);
 left();  delay(500);
 right(); delay(500);
}
//-----------------------------------------
```

```
void vc_act()// 執行聲控動作
{
  if(ans==0)  led_bl();
  if(ans==1)  go();
  if(ans==2)  back();
  if(ans==3)  left();
  if(ans==4)  right();
  if(ans==5)  demo();
}
//-----------------------------
void loop()// 主程式迴圈
{
int c, i;
 led_bl();
 Serial.print("VC uart test : \n");
 while(1) // 無窮迴圈
  {
loop:
// 掃描是否有按鍵？
    if( digitalRead(k1)==0 ) { led_bl(); demo();}
// 掃描是否有遙控器按鍵信號？
    no_ir=1; ir_ins(cir);
    if(no_ir==1) goto loop;
// 發現遙控器信號 .，進行轉換
    led_bl(); rev();
    for(i=0; i<4; i++)
     {
      c=(int)com[i];
// 串列介面顯示解碼結果
      Serial.print(c); Serial.print(' ');
     }
    Serial.println();
    delay(300);
// 按鍵控制
  if(com[2]==12) go();     // 按鍵 1
  if(com[2]==24) back();   // 按鍵 2
  if(com[2]==94) left();    // 按鍵 3
  if(com[2]==8 ) right();   // 按鍵 4
  if(com[2]==28) demo(); // 按鍵 5
  if(com[2]==74) while(1) vc();  // 按鍵 9
 }
}
```

17-6 Android 手機遙控車

智慧手機或平板改變人們生活習慣，現在已成為居家生活重要的娛樂工具及行動裝置應用平台，各式創意功能不斷的出現在生活中。上一節介紹過 Arduino 控制遙控車，若能以手機遙控車子，更能增加 Arduino 的學習樂趣及應用領域，本節將結合藍牙模組實現此一應用，上一節的遙控車仍然可以適用，繼續做功能擴充。

專題功能

手機遙控 Arduino 小車基本功能如下：

- Arduino 經由串列介面連接藍牙模組與 Android 手機內建藍牙系統連線。
- 按下 RESET 鍵，LED 閃動，開機正常發出音效。
- 按下 k1 測試鍵，車體行進測試。
- 手機需與控制板先建立連線，然後才可遙控操作。
- 遙控距離約 10 公尺內有效。
- 可以多支手機控制多台小車，同時一起遙控。
- 手機遙控器操作如下：
  - 方向控制：4 方向鍵控制，停止鍵發出音效。
  - EF1 鍵：發出音效 1。
  - EF2 鍵：發出音效 2。
  - SONG 鍵：演奏歌曲。

圖 17-14 是手機遙控小車實作執行畫面照相，手機的安裝程式 APK 檔，需要先安裝在手機上，才能執行。手機本身就有聲控功能，因此就用手機功能來做聲控車控制，使用 AI2 系統內建的中文聲控功能，來做不特定語者聲控實驗，當辨認出結果後，經由藍牙模組發送信號到 Arduino 遙控車，實現低成本的聲控車控制實驗。圖 17-15 為手機聲控車拍照，圖 17-16 啟動聲控後的畫面。

圖 17-14
手機執行畫面

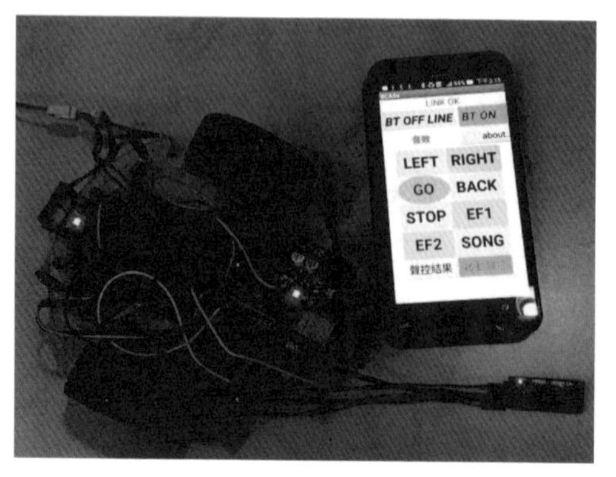

圖 17-15　手機聲控車拍照

圖 17-16　啟動聲控

電路設計

手機遙控 Arduino 小車控制電路分為以下幾部份：

- Arduino 控制板 Uno 或自己焊接控制板。
- 藍牙模組。
- 按鍵控制。
- 壓電喇叭。
- 馬達控制模組。
- 串列介面。

由於手機內建藍牙功能，而 Arduino 端可以串列介面連接藍牙模組，便可以建立實驗基本硬體電路，再結合串列介面程式及手機端 APP 程式，可由 Android 手機來做控制，原先 Arduino 可以控制的許多裝置，都可以嘗試以手機做遙控實驗。圖 17-17 是一般實驗用藍牙模組照相，可利用杜邦排線連接到單晶片串列介面端來做控制應用。一般市售藍牙模組串列介面腳位如下：

- VCC: 5V 輸入。
- RXD：下載程式或通訊的接收腳位，連接單晶片 TXD 發送腳位。
- TXD：下載程式或通訊的發送腳位，連接單晶片 RXD 接收腳位。
- GND：地線。
- 3.3V：3.3V 測試電壓輸出，不必使用。

可由杜邦線與實驗板相連接。藍牙模組與 Arduino 實驗板連接如下：

- RXD：連至 Arduino TXD 發送腳位。
- TXD：連至 Arduino RXD 接收腳位。
- GND：連至 Arduino GND 地線。
- VCC：5V 輸入，連至 Arduino 5V 端子，如伺服機介面的 5V 電源端。

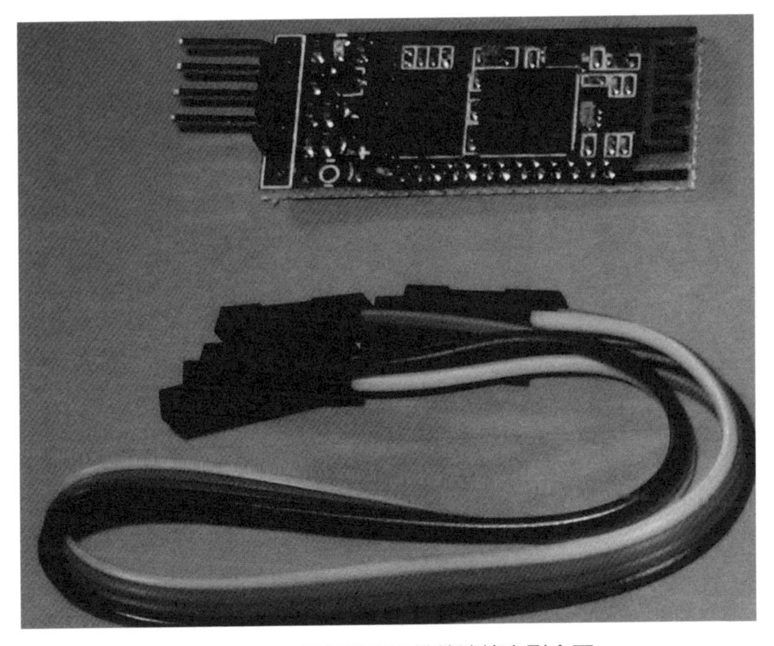

圖 **17-17** 藍牙模組及排線連接串列介面

完整的控制電路如圖 17-18 ，當電源加入時，壓電喇叭會發出嗶聲並驅動車體前進，做簡單測試功能。相關設計說明如下：

- D4、D5、D6、D7：送出馬達動作控制信號。
- D13：LED 工作指示燈。
- D9：按鍵接腳。
- D8：壓電喇叭音樂應用。
- J2：藍牙模組連接。
- J0：程式修改用串列介面。

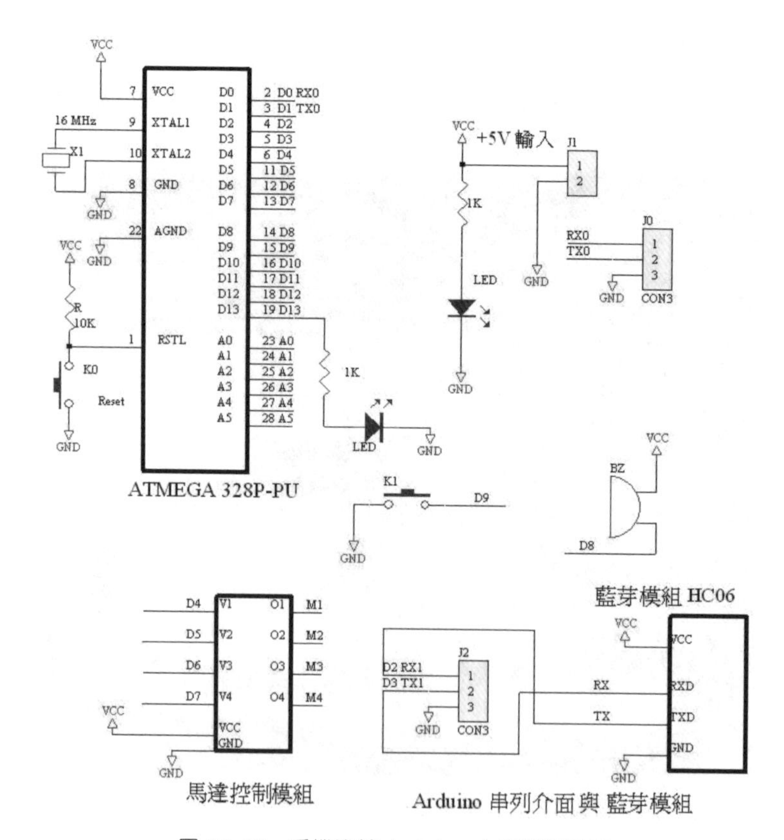

圖 17-18　手機遙控 Arduino 小車控制電路

程式設計

Arduino 與手機建立連線是使用串列介面連接藍牙模組，只要藍牙模組與手機行動裝置配對成功後，通訊方式便是一般的串列介面傳送方式，內定通訊傳輸協定為 (9600,8,N,1)。因此可以串列介面指令與手機做連線控制，當未接藍牙模組時，便可先行以串列介面指令測試遙控車動作。

本專題是以手機當作遙控器控制遙控車動作，由手機經由內建的藍牙模組發送指令出來，當 Arduino 與手機建立連線後，由藍牙模組串列介面接收進來到 Arduino 中，由程式來判斷做相關控制。

為求簡化程式設計複雜性，藍牙模組發送指令以單一字元來表示，如 '0' 碼，要求執行發出單音測試音階功能。因此 Arduino 在程式主控迴圈中，所執行工作如下：

- 掃描是否按下 K1 鍵，則執行車子行進測試功能。
- 掃描串列介面是否出現有效指令，若有則進行比對處理：
    - 's' 碼：演奏歌曲。
    - '0' 碼：發出單音測試音階。
    - '1' 碼或 'f' 碼：車體前進。
    - '2' 碼或 'b' 碼：車體後退。
    - '3' 碼或 'l' 碼：車體左轉。
    - '4' 碼或 'r' 碼：車體右轉。
    - 'q' 碼：發出音效 1。
    - 'a' 碼：發出音效 2。
    - 'z' 碼：發出音效 3。

當未接藍牙模組時，可先行以串列介面指令測試遙控車動作。開啟串列介面監控視窗，程式執行後，系統顯示如下：

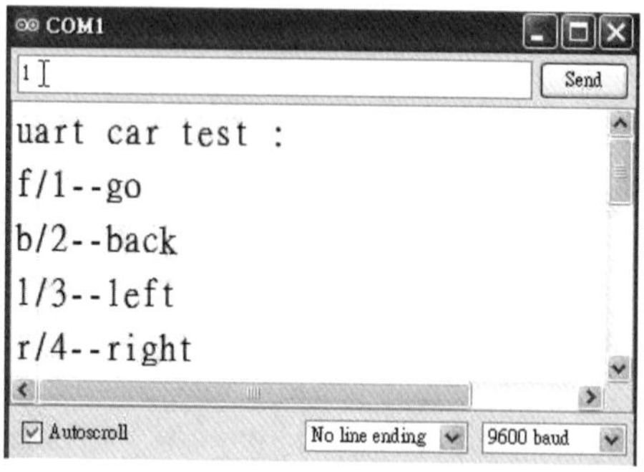

COM1

1

Send

uart car test :
f/1--go
b/2--back
l/3--left
r/4--right

Autoscroll No line ending 9600 baud

圖 17-19　未接藍牙模組時，以串列介面指令測試遙控車

程式 bca.ino

```
#include <SoftwareSerial.h>
SoftwareSerial url(2,3);
int led = 13;  // 設定 LED 腳位
int k1 = 9;  // 設定按鍵腳位
int bz=8;  // 設定喇叭腳位
#define de   150
#define de2  300
int out1=4, out2=5;
int out3=6, out4=7;
void setup()// 初始化設定
{
  url.begin(9600);
  pinMode(out1, OUTPUT);
  pinMode(out2, OUTPUT);
  pinMode(out3, OUTPUT);
  pinMode(out4, OUTPUT);
  digitalWrite(out1, 0);
  digitalWrite(out2, 0);
  digitalWrite(out3, 0);
  digitalWrite(out4, 0);
  pinMode(led, OUTPUT);
  pinMode(k1, INPUT);
  digitalWrite(k1, HIGH);
  pinMode(bz, OUTPUT);
  Serial.begin(9600);
  digitalWrite(bz, HIGH);
}
```

```
/*---------------------------*/
void led_bl()//LED 閃動

{
int i;
 for(i=0; i<2; i++)
  {
   digitalWrite(led, HIGH); delay(50);
   digitalWrite(led, LOW);  delay(50);
  }
}
//----------------------
void be()// 發出嗶聲

{
int i;
 for(i=0; i<100; i++)
  {
   digitalWrite(bz, HIGH); delay(1);
   digitalWrite(bz, LOW); delay(1);
  }
delay(100);
}
//------------------------------
void stop()// 停止
{
  digitalWrite(out1,0);
  digitalWrite(out2,0);
  digitalWrite(out3,0);
  digitalWrite(out4,0);
}
/*----------------------*/
void  go()// 前進
{
 digitalWrite(out1,1);
 digitalWrite(out2,0);
 digitalWrite(out3,0);
 digitalWrite(out4,1);
 delay(de);
 stop();
}
/*----------------------*/
```

```
void   back() // 後退
{
 digitalWrite(out1,0);
 digitalWrite(out2,1);
 digitalWrite(out3,1);
 digitalWrite(out4,0);
 delay(de);
 stop();
}
/*-----------------------*/
void  left() // 左轉
{
  digitalWrite(out1,0);
  digitalWrite(out2,1);
  digitalWrite(out3,0);
  digitalWrite(out4,1);
  delay(de2);
  stop();
}
/*-------------------------*/
void right()// 右轉
{
  digitalWrite(out1,1);
  digitalWrite(out2,0);
  digitalWrite(out3,1);
  digitalWrite(out4,0);
  delay(de2);
  stop();
}
//-----------------------------
void demo()// 展示
{
 go();  delay(500);
 back(); delay(500);
 left();  delay(500);
 right(); delay(500);
}
// 音調對應頻率值
int f[]={0, 523,  587,  659,  698, 784,   880, 987,
         1046, 1174, 1318, 1396, 1567, 1760, 1975};
void so(char n) // 發出特定音階單音
{
```

```
 tone(bz, f[n],500);
 delay(100);
 noTone(bz);
}
//----------------------------------------
void test()// 測試音階
{
char i;
 so(1); led_bl();
 so(2); led_bl();
 so(3); led_bl();
}
//----------------------------------------
void song()// 演奏一段旋律
{
char i;
 so(3); led_bl();   so(5); led_bl();
so(5); led_bl();   so(3); led_bl();
so(2); led_bl();   so(1); led_bl();
}
//--------------------------------
void ef1()// 救護車音效
{
int i;
 for(i=0; i<3; i++)
  {
   tone(bz, 500);  delay(300);
   tone(bz, 1000);  delay(300);
  }
  noTone(bz);
}
//-------------------------------
void ef2()// 音階音效
{
int i;
 for(i=0; i<10; i++)
  {
   tone(bz, 500+50*i);  delay(100);
  }
  noTone(bz);
}
//--------------------------------
```

```
void ef3()// 雷射槍音效
{
int i;
 for(i=0; i<30; i++)
  {
   tone(bz, 700+50*i);  delay(30);
  }
  noTone(bz);
}
//--------------------------------
void loop()// 主程式迴圈
{
int k1c;
int i,c;
stop();
be(); led_bl();be();
 Serial.println("uart car test : ");
 Serial.println("f/1--go    ");
 Serial.println("b/2--back ");
 Serial.println("l/3--left ");
 Serial.println("r/4--right");
// go();delay(1000); back();
  while(1) // 無窮迴圈
   {
loop:
// 掃描是否有按鍵，有按鍵則做車子行進展示
   k1c=digitalRead(k1); if(k1c==0) {led_bl();be(); demo();be();}
   if (url.available() > 0)  // 藍牙模組收到指令
    { c=url.read();        // 讀取藍牙模組指令
     if(c=='f' || c=='1') { be(); go();     } // 前進
     if(c=='b' || c=='2') { be(); back();   }// 後退
     if(c=='l' || c=='3') { be(); left();   } // 左轉
     if(c=='r' || c=='4') { be(); right(); } // 右轉
     if(c=='0')  test(); // 單音測試音階
     if(c=='q')  ef1();// 救護車音效
     if(c=='a')  ef2();// 音階音效
     if(c=='z')  ef3();// 雷射槍音效
     if(c=='s')  song();// 演奏一段旋律
    }

   if (Serial.available() > 0) // 有串列介面指令進入
    {  c= Serial.read();    // 讀取串列介面指令
```

```
    if(c=='f' || c=='1') { be(); go();     } //前進
    if(c=='b' || c=='2') { be(); back();  }//後退
    if(c=='l' || c=='3') { be(); left();  } //左轉
    if(c=='r' || c=='4') { be(); right(); } //右轉
    if(c=='0')  test(); //單音測試音階
    if(c=='q')  ef1();//救護車音效
    if(c=='a')  ef2();//音階音效
    if(c=='z')  ef3();//雷射槍音效
    if(c=='s')  song();//演奏一段旋律
   }
  }//loop
}
```

安裝 Android 手機遙控程式

要在 Android 手機執行 APK 程式與 Arduino 連線控制，需要一些設定步驟：

- 藍牙模組配對。
- 拷貝 apk 檔到手機。
- 安裝 apk 檔到手機。
- 系統藍牙連線及斷線。

分別說明如下：

1. **藍牙模組配對**：使用前，Arduino 接上藍牙模組需要先通入電源，藍牙模組指示燈會閃動，等待與行動裝置進行配對，配對後配對的藍牙模組編號會出現在系統藍牙模組名單中，方便下回存取，若建立連線，則藍牙模組指示燈會由閃動到恆亮。如何配對，操作如下：
   (a) 在行動裝置 [設定] 開啟藍牙功能。
   (b) 執行搜尋裝置，行動裝置會向附近的相關藍牙裝置發出信號，找尋可用裝置。
   (c) 若有搜尋到可用裝置，則進行密碼配對，一般配對密碼為 1234。
   (d) 在應用程式中若建立連線，則藍牙模組指示燈會由閃動到恆亮。

2. **拷貝 apk 檔到手機**：將手機或平板與電腦連線，在電腦端正常時可以找到該裝置，在手機 SD 卡資料夾建一目錄，拷貝 apk 到該位置。

3. **安裝 apk 檔到手機**：手機或平板上執行 **設定 / 安全性**，勾選**未知的來源**，才能在系統上安裝非經由 Google Play 經過認證後下載的程式。此外為了在系統端找到安裝檔，初學者在手機或平板系統端，可能需要安裝 ES 檔案瀏覽器應用程式，方便在目錄間找到安裝檔，找到安裝檔後便可以執行安裝。另一方法是將 apk 檔寄到手機的信箱來安裝，當手機下載檔案後，系統會自動詢問是否安裝，便可以直接安裝來測試。

4. **系統藍牙連線及斷線**：[BT ON LINE] [BT OFF LINE] 系統藍牙連線及斷線，狀態會顯示於上方。

執行後，建議先連線，長久不用時則斷線，或是以其他裝置連線本機需要先斷線，因為藍牙是一對一連線配置，任何時候，手機只能控制一台裝置。若無法連線成功，或是斷線，則藍牙模組指示燈會閃動，請稍等一下，再執行 [BT ON LINE] 連線則會恆亮，建立連線後，便可以執行手機相關控制功能。

用 AI2 設計 Android 手機遙控程式

有關手機程式設計是以 App Inventor 2 雲端開發工具完成設計：http://appinventor.mit.edu/。如圖 17-20 所示，引導初學者可以快速認識軟體，進一步使用它來設計自己的手機應用程式，有興趣研究者，可以參考相關程式設計。

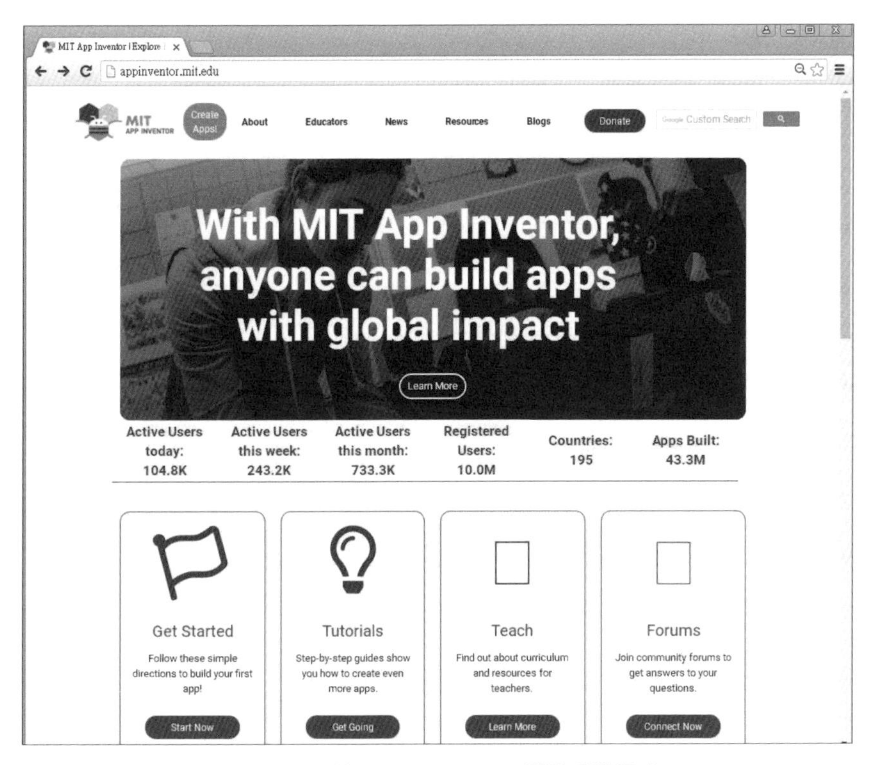

圖 17-20 以 App Inventor II 開發手機程式

17-7 Arduino 聲控譜曲

特定語者聲控辨認技術是錄什麼音就辨認什麼音，可做不限定語言聲控應用，對於簡譜「DO、RE、ME…」，等音階辨識也適用，因此可以做台特定語者聲控譜曲機，用唸的將隨興的簡譜輸入到裝置中，本次專題以 Arduino 設計特定語者聲控譜曲，只要我說出「DO 」，裝置會發出「DO」音階，因此用唸的隨興將簡譜輸入到裝置中。只需動口，便可以記錄音樂，對於個人使用很方便。

專題功能

功能設計如下：

- 以 VCMM 聲控模組當作聲控譜曲輸入主機，說出音階或是控制指令，進行辨認。
- 聲控指令如下：
  - 「高音」：音階低音或是高音切換。
  - 「演奏」：完整演奏該首曲子。
  - 「清除」：重新開始記錄新曲子音階。
- VCMM 聲控模組以串列介面與 Arduino 連線，傳送或接收資料。
- VCMM 聲控模組進行辨認，輸出辨認結果到 Arduino，Arduino 驅動壓電喇叭發出音階或是演奏歌曲。

圖 17-21 為 Arduino 聲控譜曲實作拍照圖。

圖 17-21　Arduino 聲控譜曲實作拍照圖

專題聲控錄音

本專題製作用唸的將簡譜輸入到電腦中，先將控制命令及音階語音錄音輸入到 VCMM 控制板上的晶片中，才能與 Arduino 控制程式結合做測試。在語音錄音訓練辨認資料庫過程中，系統對新錄音資料做比對，會混淆的錄音資料會被排除，因此不會進入到辨認資料庫中，造成使用的混淆誤辨認，如此一來可以提升整體辨認率。先對 VCMM 進行錄音，如下內容：

- 第 1 段語音：「高音」。
- 第 2 段語音：「DO」。
- 第 3 段語音：「RE」。
- 第 4 段語音：「ME」。
- 第 5 段語音：「FA」。
- 第 6 段語音：「SO」。
- 第 7 段語音：「LA」。
- 第 8 段語音：「SI」。
- 第 9 段語音：「演奏」。
- 第 10 段語音：「清除」。

再對 VCMM 輸入語音測試，辨認結果傳入 Arduino 中，Arduino 會驅動壓電喇叭發出相對音階，控制命令對應動作如下：

- 說出「高音」：音階低音或是高音切換。
- 說出「演奏」：完整演奏該首曲子。
- 說出「清除」：重新開始記錄新曲子音階。

電路設計

圖 17-22 是專題實驗電路，不包含 Arduino 基本動作電路。使用如下零件：

- VCMM 聲控模組：執行聲控音階輸入。
- 按鍵：測試功能。
- LED：閃動指示燈。
- 串列介面連線：Arduino 與 VCMM 聲控模組連線。
- 壓電喇叭：發出音階，演奏歌曲。

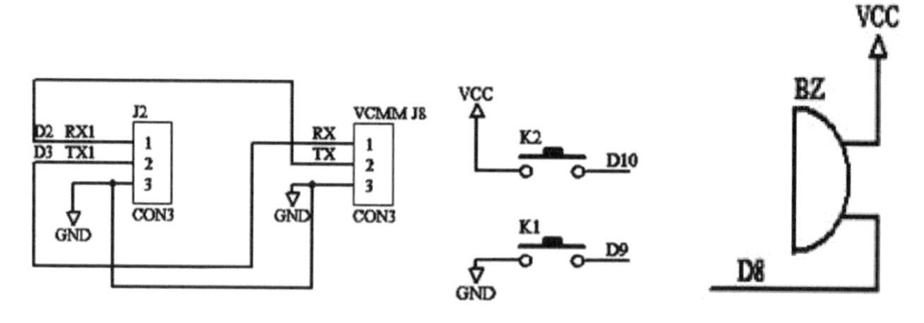

圖 17-22　聲控譜曲實驗電路

程式設計

本聲控譜曲專題程式以聲控輸入簡譜資料，程式檔名 mVCtone.ino，程式設計主要分為以下幾部分：

- 掃描按鍵啟動聲控功能。
- 偵測串列介面有信號傳入，則啟動聲控功能。
- 執行控制語音聆聽功能，了解資料庫內容。
- 控制語音辨認及接收辨認結果。
- 控制發出音階單音。
- 增加單音到演奏歌曲中。
- 演奏歌曲。

程式 mVCtone.ino

```
#include <SoftwareSerial.h> //引用軟體串列程式庫
SoftwareSerial url(2,3);      //指定產生 url 串列介面腳位
int led = 13; //設定 LED 腳位
int k1 = 9;    //設定按鍵 k1 腳位
int k2 = 10;  //設定按鍵 k2 腳位
int bz=8;//設定壓電喇叭腳位
//音調對應頻率值
int f[]={0, 523,  587,  659,  698, 784,   880, 987,
            1046, 1174, 1318, 1396, 1567, 1760, 1975};
char hif=0;//高音低音狀態
#define MNO  50//音階輸入總數
char no[MNO]={1,2,3 };//歌曲旋律音階陣列，並先初值化 DO RE ME 資料
char noi=3;//陣列資料輸入指標
int ans;    //設定辨認結果答案
//----------------------------------------
void setup()//初始化設定
{
  Serial.begin(9600);
  url.begin(9600);
  pinMode(led, OUTPUT);
  pinMode(led, LOW);
  pinMode(k1, INPUT);
  digitalWrite(k1, HIGH);
  pinMode(k2, INPUT);
  digitalWrite(k2, LOW);

  pinMode(bz, OUTPUT);
  Serial.begin(9600);
  digitalWrite(bz, LOW);
}
//-------------------------------------
void led_bl()//LED 閃動
{
int i;
 for(i=0; i<1; i++)
  {
   digitalWrite(led, HIGH); delay(150);
   digitalWrite(led, LOW);  delay(150);
  }
}
```

```
//----------------------------------------------------------
void listen()// 語音聆聽
{
 url.print('l');
}
//-------------------------------
char rx_char()// 接收辨認結果
{
char c;
 while(1)
   if (url.available() > 0)
     { c=url.read();
         Serial.print('>'); Serial.print(c);
       return c; }
}
//-------------------------------------
void vc()  // 語音辨認
{
byte c,c1;
 url.print('r'); delay(500);
 c=rx_char();
 if(c!='@') { led_bl(); return; }
 c= rx_char()-0x30; c1=rx_char()-0x30;
 ans=c*10+c1;
 Serial.print("ans="); Serial.println(ans);
 vc_act();
}
//--------------------------------------
void so(char n)// 發出特定音階單音
{
 tone(bz, f[n],500);
 delay(100);
 noTone(bz);
}
//----------------------------------------------------------
void be()// 嗶聲
{
int i;
 for(i=0; i<100; i++)
  {
   digitalWrite(bz, HIGH); delay(1);
   digitalWrite(bz, LOW); delay(1);
```

```
  }
}
void test()//測試各個音階
{
char i;
 so(1); led_bl();
 so(2); led_bl();
 so(3); led_bl();
 //for(i=1; i<15; i++) { so(i); delay(100); }
}
//------------------------------------
void add(char n)//加入單音到歌曲中
{
 if(noi<MNO) { no[noi]=n; noi++; }
  else { be(); be(); be(); be(); }
 so(n);
}
//---------------------------------------
void play_song()//演奏一段旋律
{
int i;
  for(i=0; i<noi; i++)
   {
     so(no[i]); delay(100);
   }
}
//-----------------------------------------------
//聲控編號  0     1  2  3  4  5  6  7   8    9
//執行動作 高音   DO  RE ME FA SO LA SI 演奏 清除
//--------------------------------------------------
void vc_act()// 由辨認結果執行聲控應用
{
  if(ans==0) { hif=1-hif;
               if(hif==1) { be(); be(); }
                else be();
             }
  if(ans==1) if(hif==1) add(8); else add(1);
  if(ans==2) if(hif==1) add(9); else add(2);
  if(ans==3) if(hif==1) add(10); else add(3);
  if(ans==4) if(hif==1) add(11); else add(4);
  if(ans==5) if(hif==1) add(12); else add(5);
  if(ans==6) if(hif==1) add(13); else add(6);
```

```
  if(ans==7) if(hif==1) add(14); else add(7);
  if(ans==8) play_song();
  if(ans==9) { noi=0; be(); be(); be(); }
}
//-----------------------------------------
void loop()// 主程式迴圈
{
char c;
 led_bl();  be();
 Serial.print("VC uart test : \n");
 Serial.print("1:listen   2:vc   \n");
// listen();// 聽取內容
 while(1) // 迴圈
  {
   if (Serial.available() > 0) // 有串列介面指令進入
    {
     c=Serial.read();// 讀取串列介面指令
// 聽取內容
     if(c=='1') { Serial.print("listen\n"); listen(); led_bl();}
// 啟動聲控
     if(c=='2') { Serial.print("vc\n");  vc();  led_bl(); }
// 演奏歌曲
     if(c=='3') { led_bl();    play_song();   }
// 重新輸入
     if(c=='4') { noi=0;  be(); be(); be(); }
    }
// 掃描是否有按鍵
    if( digitalRead(k1)==0 ) { led_bl(); listen();}// k1 按鍵聽取內容
    if( digitalRead(k2)==1 ) { led_bl(); vc();  } //k2 按鍵啟動聲控
  }
}
```

17-8 Arduino 控制您家電視

學會 Arduino 家電控制實驗後，本專題用 Arduino 來控制電視動作，需要準備電視一台及遙控器來做實驗。Arduino 板子有控制按鍵控制電視動作，可以經由串口介面做除錯測試，經由額外串口介面與紅外線學習板串口介面連線，做發射與接收互動控制應用實驗。參考圖 17-23 使用大同電視遙控器來做實驗。圖 17-24 用 Arduino 控制您家電視的實驗拍照。

圖 17-23　用大同電視遙控器來做實驗

圖 17-24　Arduino 控制您家電視的實驗拍照

學習電視遙控器信號

紅外線學習板實驗前先下載 TV17.HEX 應用程式，可以學習電視 17 組控制信號。如何學習參考附錄。先將電視遙控器對應動作，以遙控器先學習到紅外線學習板上，順序如下：

- 數字 0 ～ 9。
- 電視電源。
- 靜音。
- 返回。
- 上一台。
- 下一台。
- 大聲。
- 小聲。

並測試一下，由紅外線學習板上發射對應信號，看看電視是否動作。一旦將電視遙控器學到學習板上後，便可以下達串口指令控制發射：

- 數字 0 ～ 9：'T'+'0' ～ 'T'+'9'。
- 電視電源：'T'+'P'。
- 靜音：'T'+'M'。
- 返回：'T'+'B'。

- 上一台：'T'+'U'。
- 下一台：'T'+'D'。
- 大聲：'T'+'L'。
- 小聲：'T'+'S'。

程式介面設計

發射控制副程式設計如下：

```
void op_dig(int d) // 發射數字碼 0~9
{
 url.print('T'); // 輸出 'T' 控制碼
 led_bl();         // 延遲
 url.write('0'+d);    // 輸出指定某組數字，輸出 '0'~'9'
}

void op_com(char c) // 發射指令控制碼
{
 url.print('T');    led_bl();     // 輸出 'T' 控制碼
 if(c==power){url.print('P');  led_bl(); } // 輸出 '電源' 控制碼
 if(c==mute ){url.print('M');  led_bl(); } // 輸出 '靜音' 控制碼
 if(c==ret  ){url.print('B');  led_bl(); } // 輸出 '返回' 控制碼
 if(c==up   ){url.print('U');  led_bl(); } // 輸出 '上一台' 控制碼
 if(c==down ){url.print('D');  led_bl(); } // 輸出 '下一台' 控制碼
 if(c==vup  ){url.print('L');  led_bl(); } // 輸出 '大聲' 控制碼
 if(c==vdown){url.print('S');  led_bl(); } // 輸出 '小聲' 控制碼
}

op_com(power);// 開電視
op_dig(3); op_dig(6); // 切換到中天台
op_dig(5); op_dig(8); // 切換到新聞台
op_dig(2); op_dig(2); // 切換到迪士尼
```

專題功能

Arduino 控制板連接紅外線學習模組，遙控電視是否動作。Arduino 控制板上設計有 5 個按鍵，相關功能設計如下：

- K1 鍵：開電視。
- K2 鍵：電視靜音。
- K3 鍵：切換到中天台。
- K4 鍵：切換到新聞台。
- K5 鍵：切換到迪士尼。

電路設計

圖 17-25 是實驗電路，使用如下零件：

- D13 是板上原先 LED 指示燈。
- 按鍵：發射信號用。
- J0：原先板上串口介面，下載程式用。
- J1：額外串口介面與紅外線學習板 LI J2 串口介面連線。

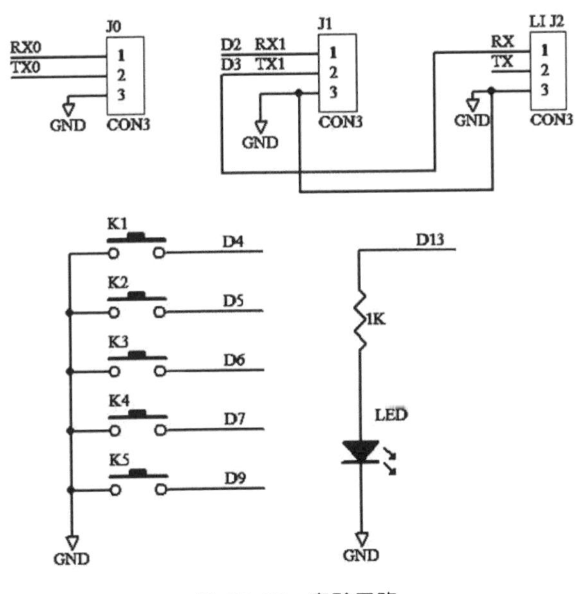

圖 17-25　實驗電路

程式設計

程式檔名為 ARTV.ino。主要分為以下幾部分：

- 引用軟體串列程式庫，並指定產生額外串列介面腳位，D2 為接收，D3 為發射腳位。
- 偵測按鍵是否按下，發射對應信號出去。
- 發射數字碼 0 ～ 9 副程式 op_dig(int d)。
- 發射指令控制碼副程式 op_com(char c)。

程式 ARTV.ino

```
#include <SoftwareSerial.h>// 引用軟體串列程式庫
SoftwareSerial ur1(2,3); // 指定產生 ur1 串列介面腳位
int led = 13; // 設定 LED 腳位
int k1 = 4; // 設定按鍵 k1 腳位
int k2 = 5; // 設定按鍵 k2 腳位
int k3 = 6; // 設定按鍵 k3 腳位
int k4 = 7; // 設定按鍵 k4 腳位
int k5 = 9; // 設定按鍵 k5 腳位

#define power 0 // 定義 ' 電源 ' 控制碼
#define mute  1 // 定義 ' 靜音 ' 控制碼
#define ret   2 // 定義 ' 返回 ' 控制碼
#define up    3 // 定義 ' 上一台 ' 控制碼
#define down  4 // 定義 ' 下一台 ' 控制碼
#define vup   5 // 定義 ' 大聲 ' 控制碼
#define vdown 6 // 定義 ' 小聲 ' 控制碼
//-------------------------------------
void setup() {  // 初始化設定
  Serial.begin(9600);
  ur1.begin(9600);
  pinMode(led, OUTPUT);
  pinMode(led, LOW);
  pinMode(k1, INPUT); digitalWrite(k1, HIGH);
  pinMode(k2, INPUT); digitalWrite(k2, HIGH);
  pinMode(k3, INPUT); digitalWrite(k3, HIGH);
  pinMode(k4, INPUT); digitalWrite(k4, HIGH);
  pinMode(k5, INPUT); digitalWrite(k5, HIGH);
}
```

```
//------------------------------------
void led_bl()  //LED 閃動
{
int i;
 for(i=0; i<1; i++)
  {
   digitalWrite(led, HIGH); delay(150);
   digitalWrite(led, LOW);  delay(150);
  }
}
//---------------------------------------
void op_dig(int d) // 發射數字碼 0~9
{
 url.print('T');   led_bl();
 url.write('0'+d); led_bl();
 Serial.write('0'+d);
}
//---------------------------------------
void op_com(char c) // 發射指令控制碼
{
 url.print('T');   led_bl();
 if(c==power){url.print('P');  led_bl(); }
 if(c==mute ){url.print('M');  led_bl(); }
 if(c==ret  ){url.print('B');  led_bl(); }
 if(c==up   ){url.print('U');  led_bl(); }
 if(c==down ){url.print('D');  led_bl(); }
 if(c==vup  ){url.print('L');  led_bl(); }
 if(c==vdown){url.print('S');  led_bl(); }
}
//---------------------------------------
void loop()  // 主程式迴圈
{
char c;
 led_bl();
 Serial.print("ALIR TV  test : \n");
 while(1)
  {  // 掃描是否有按鍵，若有控制電視動作
    if( digitalRead(k1)==0 )  op_com(power);
    if( digitalRead(k2)==0 )  op_com(mute);
    if( digitalRead(k3)==0 )  {op_dig(3); op_dig(6); }
    if( digitalRead(k4)==0 )  {op_dig(5); op_dig(8); }
    if( digitalRead(k5)==0 )  {op_dig(2); op_dig(0); }
  }
}
```

17-9 Arduino 聲控電視

中文聲控電視專題，需要準備電視一台及遙控器來做實驗。實驗拍照如圖 17-6 所示，Arduino 板子有控制按鍵啟動聲控，進而控制電視動作，可以經由串口介面做除錯測試，經由額外串口介面與聲控板及紅外線學習板串口介面連線，做發射與接收互動控制應用實驗。當 Arduino 執行聲控後，取得使用者下達的聲控命令，執行相對應用程式動作。

圖 17-26　實驗拍照

學習電視遙控器信號

紅外線學習板實驗前先下載 TV17.HEX 應用程式，可以學習電視 17 組控制信號。如何學習參考附錄。

先將電視遙控器對應動作，以遙控器先學習到紅外線學習板上，順序如下：

☐數字 0 ～ 9　☐電視電源　☐靜音　☐返回
☐上一台　☐下一台　☐大聲　☐小聲

並測試一下，由紅外線學習板上發射對應信號，看看電視是否動作。

一旦將電視遙控器學到學習板上後，便可以下達串口指令控制發射：

☐數字 0 ～ 9：'T'+'0' ～ 'T'+'9'　☐電視電源：'T'+'P'
☐靜音：'T'+'M'　☐返回：'T'+'B'
☐上一台：'T'+'U'　☐下一台：'T'+'D'
☐大聲：'T'+'L'　☐小聲：'T'+'S'

程式介面設計

發射信號部分，程式設計如下：

```
void op_dig(int d) // 發射數字碼 0~9
{
 url.print('T'); // 輸出 'T' 控制碼
 led_bl();        // 延遲
 url.write('0'+d);    // 輸出指定某組數字，輸出 '0'~'9'
}

void op_com(char c) // 發射指令控制碼
{
 url.print('T');   led_bl();    // 輸出 'T' 控制碼
 if(c==power){url.print('P');  led_bl(); } // 輸出 '電源' 控制碼
 if(c==mute ){url.print('M');  led_bl(); } // 輸出 '靜音' 控制碼
 if(c==ret  ){url.print('B');  led_bl(); } // 輸出 '返回' 控制碼
 if(c==up   ){url.print('U');  led_bl(); } // 輸出 '上一台' 控制碼
 if(c==down ){url.print('D');  led_bl(); } // 輸出 '下一台' 控制碼
 if(c==vup  ){url.print('L');  led_bl(); } // 輸出 '大聲' 控制碼
 if(c==vdown){url.print('S');  led_bl(); } // 輸出 '小聲' 控制碼
}

op_com(power);// 開電視
op_dig(3); op_dig(6); // 切換到中天台
op_dig(5); op_dig(8); // 切換到新聞台
op_dig(2); op_dig(2); // 切換到迪士尼
```

展示聲控電視命令編號及指令如下：

☐ 11 開關電視　☐ 12 靜音　☐ 13 返回

☐ 14 上一台　☐ 15 下一台

☐ 16 大聲　☐ 17 小聲

☐ 18 中天台　☐ 19 新聞台　☐ 20 迪士尼

編號表示辨認參數 ans 的應用識別碼，如執行聲控後，ans=11 系統說出內容「開關」，並執行相對程式動作。程式設計如下：

```
void vc_act()
{
  if(ans==11) op_com(power); //開電視
  if(ans==12) op_com(mute ); //靜音
  if(ans==13) op_com(ret  ); //返回
  if(ans==14) op_com(up   ); //上一台
  if(ans==15) op_com(down ); //下一台
  if(ans==16) op_com(vup  ); //大聲
  if(ans==17) op_com(vdown); //小聲

  if(ans==18) {op_dig(3); op_dig(6); }//切換到中天台
  if(ans==19) {op_dig(5); op_dig(8); }//切換到新聞台
  if(ans==20) {op_dig(2); op_dig(2); }//切換到迪士尼
}
```

專題功能

Arduino 控制聲控電視實驗，使用 Arduino 額外串口介面連接紅外線學習模組及聲控模組，程式執行後，開啟串列介面監控視窗，電腦按鍵功能如下：

- 數字 1：聆聽聲控命令。
- 數字 2：執行聲控。

按鍵也可以啟動，動作如下：

- K1 鍵：聆聽聲控命令。
- K2 鍵：執行聲控。

電路設計

圖 17-27 是實驗電路，使用如下零件：

- D13 是板上原先 LED 指示燈。
- 按鍵 K1 鍵：聆聽聲控命令。
- 按鍵 K2 鍵：執行聲控。
- J0：原先板上串口介面，下載程式用。
- J1：額外串口介面與紅外線學習板 LI J2 串口介面連線，同時與聲控模組 VI J2 串口介面連線。

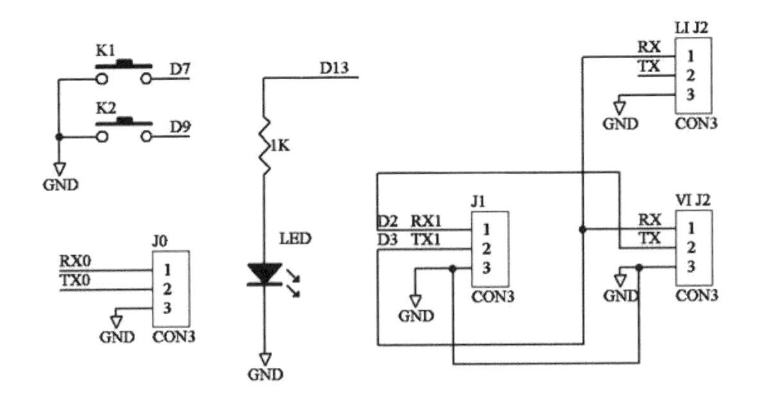

圖 17-27　實驗電路

程式設計

程式檔名為 VC_TV.ino。主要分為以下幾部分：

- 引用軟體串列程式庫，並指定產生額外串列介面腳位，D2 為接收，D3 為發射腳位。
- 偵測按鍵是否按下，發射對應信號出去。
- 發射數字碼 0 ～ 9 副程式 op_dig(int d)。
- 發射指令控制碼副程式 op_com(char c)。
- 語音聆聽副程式 listen()。

- char rx_char() 接收辨認結果聽副程式。
- 語音辨認副程式 vc()。
- 執行聲控應用副程式 vc_act()。

程式 VC_TV.ino

```
#include <SoftwareSerial.h> // 引用軟體串列程式庫
SoftwareSerial url(2,3);     // 指定產生 url 串列介面腳位
// 定義電視遙控器按鍵功能編號
#define power  0
#define mute   1
#define ret     2
#define up     3
#define down   4
#define vup    5
#define vdown  6
int led = 13; // 設定 LED 腳位
int k1 = 7;  // 設定按鍵 k1 腳位
int k2 = 9;  // 設定按鍵 k2 腳位
int ans;    // 設定辨認結果答案
//---------------------------------------
void setup()// 初始化設定
{
  Serial.begin(9600);
  url.begin(9600);
  pinMode(led, OUTPUT);
  pinMode(led, LOW);

  pinMode(k1, INPUT);
  digitalWrite(k1, HIGH);
  pinMode(k2, INPUT);
  digitalWrite(k2, HIGH);
}
//------------------------------------
void led_bl()//LED 閃動
{
int i;
 for(i=0; i<1; i++)
  {
   digitalWrite(led, HIGH); delay(150);
```

```
    digitalWrite(led, LOW);  delay(150);
  }
}
//--------------------------------
void listen()//語音聆聽
{
 url.print('l');
}
//--------------------------------
char rx_char()//接收辨認結果
{
char c;
 while(1)
   if (url.available() > 0)
     { c=url.read();
         Serial.print('>'); Serial.print(c);
       return c; }
}
//--------------------------------------
void vc()  //語音辨認
{
byte c,c1;
 url.print('r'); delay(500);
 c=rx_char();
 if(c!='/') { led_bl(); return; }
 c= rx_char()-0x30; c1=rx_char()-0x30;
 ans=c*10+c1;
 Serial.print("ans="); Serial.println(ans);
 vc_act();
}
//--------------------------------------
void op_dig(int d) //發射數字碼 0~9
{
 url.print('T'); //輸出 'T' 控制碼
 led_bl();         //延遲
 url.write('0'+d);    //輸出指定某組數字，輸出'0'~'9'
}
//--------------------------------------
void op_com(char c) //發射指令控制碼
{
 url.print('T');    led_bl();     //輸出 'T' 控制碼
 if(c==power){url.print('P');  led_bl(); } //輸出 '電源' 控制碼
```

```
 if(c==mute ){ur1.print('M');  led_bl(); } // 輸出 '靜音' 控制碼
 if(c==ret  ){ur1.print('B');  led_bl(); } // 輸出 '返回' 控制碼
 if(c==up   ){ur1.print('U');  led_bl(); } // 輸出 '上一台' 控制碼
 if(c==down ){ur1.print('D');  led_bl(); } // 輸出 '下一台' 控制碼
 if(c==vup  ){ur1.print('L');  led_bl(); } // 輸出 '大聲' 控制碼
 if(c==vdown){ur1.print('S');  led_bl(); } // 輸出 '小聲' 控制碼
}
//--------------------------------------
void vc_act()// 由辨認結果執行聲控應用
{
  if(ans==11) op_com(power); // 開電視
  if(ans==12) op_com(mute ); // 靜音
  if(ans==13) op_com(ret  ); // 返回
  if(ans==14) op_com(up   ); // 上一台
  if(ans==15) op_com(down ); // 下一台
  if(ans==16) op_com(vup  ); // 大聲
  if(ans==17) op_com(vdown); // 小聲
  if(ans==18) {op_dig(3); op_dig(6); }// 切換到中天台
  if(ans==19) {op_dig(5); op_dig(8); }// 切換到新聞台
  if(ans==20) {op_dig(2); op_dig(2); }// 切換到迪士尼
}
//-----------------------------------------
void loop()// 主程式迴圈
{
char c;
 led_bl();
 Serial.print("VC uart test : \n");
 Serial.print("1:listen   2:vc  \n");
 listen();// 聽取內容
 while(1) // 迴圈
  {
   if (Serial.available() > 0) // 有串列介面指令進入
    {
     c=Serial.read();// 讀取串列介面指令
     if(c=='1') { Serial.print("listen\n"); listen(); led_bl();} // 聽取內容
     if(c=='2') { Serial.print("vc\n");  vc();  led_bl(); } // 啟動聲控
    }
 // 掃描是否有按鍵
    if( digitalRead(k1)==0 ) { led_bl(); listen();}// k1 按鍵聽取內容
    if( digitalRead(k2)==0 ) { led_bl(); vc();   } //k2 按鍵啟動聲控
  }
}
```

附錄

A-1 ASCII 對照表

ASCII 控制碼

十進位	十六進位	控制碼	十進位	十六進位	控制碼
0	00H	NULL	16	10H	DLE
1	01H	SOH	17	11H	DC1
2	02H	STX	18	12H	DC2
3	03H	ETX	19	13H	DC3
4	04H	EOT	20	14H	DC4
5	05H	ENQ	21	15H	NAK
6	06H	ACK	22	16H	SYN
7	07H	BEL	23	17H	ETB
8	08H	BS	24	18H	CAN
9	09H	HT	25	19H	EM
10	0AH	LF	26	1AH	SUB
11	0BH	VT	27	1BH	ESC
12	0CH	FF	28	1CH	FS
13	0DH	CR	29	1DH	GS
14	0EH	SO	30	1EH	RS
15	0FH	SI	31	1FH	US

可見的 ASCII 碼字型

十進位	十六進位	字型	十進位	十六進位	字型
32	20H	SPACE	39	27H	'
33	21H	!	40	28H	(
34	22H	"	41	29H	)
35	23H	#	42	2AH	*
36	24H	$	43	2BH	+
37	25H	%	44	2CH	,
38	26H	&	45	2DH	-

十進位	十六進位	字型	十進位	十六進位	字型
46	2EH	.	63	3FH	?
47	2FH	/	64	40H	@
48	30H	0	65	41H	A
49	31H	1	66	42H	B
50	32H	2	67	43H	C
51	33H	3	68	44H	D
52	34H	4	69	45H	E
53	35H	5	70	46H	F
54	36H	6	71	47H	G
55	37H	7	72	48H	H
56	38H	8	73	49H	I
57	39H	9	74	4AH	J
58	3AH	:	75	4BH	K
59	3BH	;	76	4CH	L
60	3CH	<	77	4DH	M
61	3DH	=	78	4EH	N
62	3EH	>	79	4FH	O

可見的 ASCII 碼字型

十進位	十六進位	字型	十進位	十六進位	字型
80	50H	P	91	5BH	[
81	51H	Q	92	5CH	\
82	52H	R	93	5DH	]
83	53H	S	94	5EH	^
84	54H	T	95	5FH	_
85	55H	U	96	60H	`
86	56H	V	97	61H	a
87	57H	W	98	62H	b
88	58H	X	99	63H	c
89	59H	Y	100	64H	d
90	5AH	Z	101	65H	e

十進位	十六進位	字型	十進位	十六進位	字型
102	66H	f	115	73H	s
103	67H	g	116	74H	t
104	68H	h	117	75H	u
105	69H	i	118	76H	v
106	6AH	j	119	77H	w
107	6BH	k	120	78H	x
108	6CH	l	121	79H	y
109	6DH	m	122	7AH	z
110	6EH	n	123	7BH	{
111	6FH	o	124	7CH	|
112	70H	p	125	7DH	}
113	71H	q	126	7EH	~
114	72H	r	127	7FH	△

A-2 簡易穩壓電源製作

Arduino 相關硬體電路實驗及製作，基本的部分是 +5V 電源取得，依據所設計的專題電源負載有不同的設計方式，基本上有以下幾種：

- USB 電源供電：適合小電流負載及基本實驗。
- 使用 3 顆乾電池：約 4.5V 電壓，可推動 Arduino 電路，適合小電流負載。
- 使用 7805 穩壓 IC：適合用於一般的電流負載。
- 採用大電流 5V 供電：適合用大電流負載，如推動多顆伺服機。

圖 A-1 是使用 7805 穩壓 IC 的建議電路。由市售的 9V 電源調整器（ADAPTOR）來將市電 110V 轉換為直流 9V 電源，經由 7805 穩壓 IC 做穩壓，其中的電容器做為濾波電容用，LED 做為電源指示燈，一來指示 +5V 電源的存在，二來電源接到控制板上，電源端如果一不小心短路了，馬上可以檢查出來。

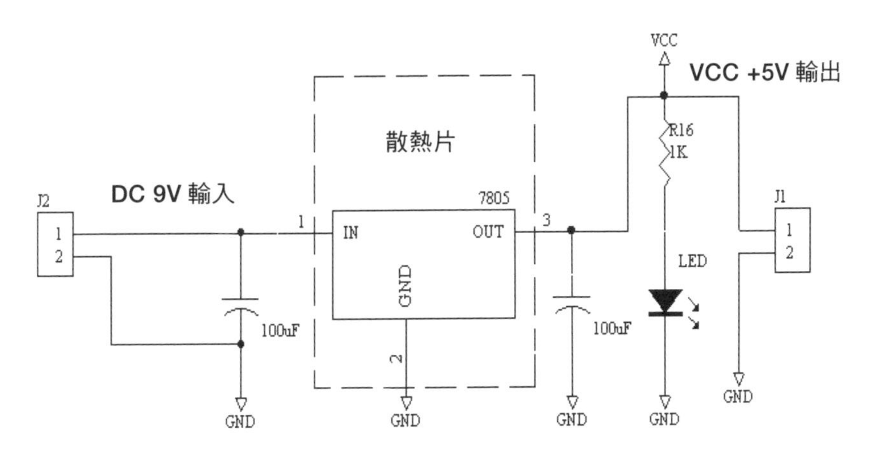

圖 A-1　簡單 5V 穩壓電路

由於穩壓 IC 上的壓降有 4V ，在電流負載稍大的使用場合時，IC 外殼溫度會上升，因此必須外加散熱片來散熱。此外市售的 9V 電源調整器的插頭輸出端的正負極性及轉接頭的搭配需要特別注意，這是自製穩壓電源時要注意的地方。自製穩壓電源調整器的插頭輸出端正極性在中間，外端金屬的部分是負極性，自製時可以三用電表確認一下。圖 A-2 是自製穩壓電源實作照相，輸出端經由 2 條線連接頭接至自製的控制板上。9V 電源調整器也可以使用在 Uno 單板供電上，如圖 A-3 所示。

圖 A-2　自製 5V 穩壓電路

圖 A-3　Uno 單板上穩壓電源

圖 A-4 是市面上兩款的電源調整器照相，右邊是使用傳統的變壓器來降壓，因此體積較大，重量較重。左端則是使用交換式控制電路來設計，體積較小，重量較輕，還內建有短路自動保護設計，一旦輸出端短路時電流過大，則自動將輸出端隔離開來，等待數秒後再恢復供電，不過價格比傳統的變壓器電源調整器貴一倍。

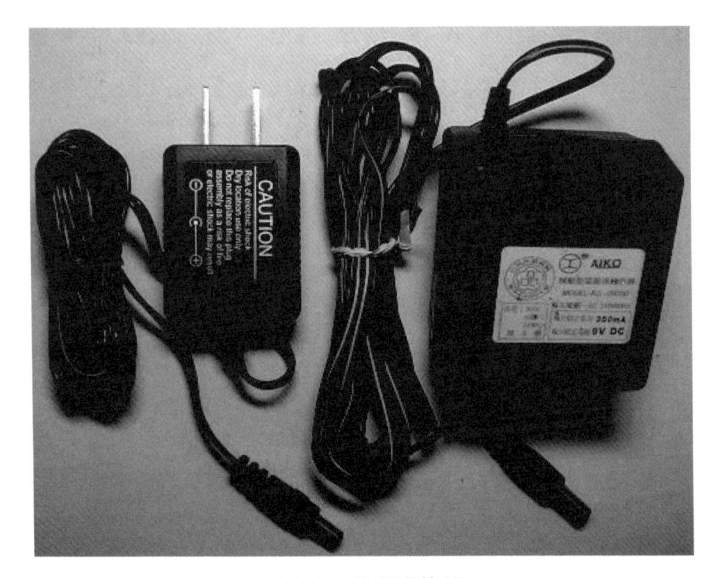

圖 A-4　電源調整器

A-3 如何自製 Arduino 實驗板

在書中介紹使用 Uno 控制板來學習書中的軟硬體設計，您可以直接選擇成品來做實驗，或是購買空的萬用洞洞板（蜂巢板）以 OK 線（鍍銀線）來做配線焊接，本文將介紹如何有效的利用蜂巢板來製作一片控制板。

如果您是位在學學生，又對微電腦製作有相當濃厚的興趣，那麼自己動手實際焊接一片 Arduino 單板微電腦是非常有意義而且很有成就感的一件事，為什麼要自己動手實作？有以下原因：

- 可以增加自己實作的能力。
- 可依需要而自行增加 I/O 功能。
- 可以將單板微電腦 I/O 以排線（或單心線）連接出來，而在麵包板上做實驗。
- 實驗做完後這一片 Arduino 單板可以做專題製作。
- 自己可以做專案設計及產品開發。

市面上現成的單板微電腦功能可能無法完全滿足自己專題的設計，可以使用單板來做特殊硬體的製作，所以一片單板，可做基本 I/O 的實驗，可以針對專題製作的題目而擴充 I/O 介面，可以做微電腦產品的開發。

以開發市面上抓娃娃機為例，便可以使用 Arduino 單板來做原型電路的開發，以 Arduino 單板為中心，只要結合步進馬達控制介面、語音及音效控制介面，便可以完成一套相當有趣具吸引力、會説話、發出電玩音效的娃娃機了，因此 Arduino 單板有很多的用途，剛開始做一片 Arduino 實驗，以後還可以有其他用途。

當然自己動手實作一定會花很多時間，也許會失敗，但在本文中，我們會帶領初學者如何焊接一片 Arduino 單板微電腦，如果您夠細心，應該可以完全成功，一分耕耘，一分收穫，不要怕失敗，在學學生應該把握求學時，學得一技之長，增加自己以後踏出社會的就業或創業能力。

本書的實驗引導初學者以簡單的硬體，學會基本的 Arduino I/O 功能控制，因此讀者可以先在麵包板上做實驗，待成功後再將必要的電路焊在 Arduino 單板上。至於 Arduino 基本電路請直接焊在單板上，因為不管做什麼實驗，都會用到這些電路。至於 Arduino I/O 埠可以在 IC 座旁邊焊上排針母座（像 Uno 單板），方便以單心線連到麵包板上來做其他的實驗。

圖 A-5 是以自製 Arduino 簡單實驗板，來做本書中有關 LCD 的各種實驗，圖 A-6 是自製 Arduino 簡單實驗板。

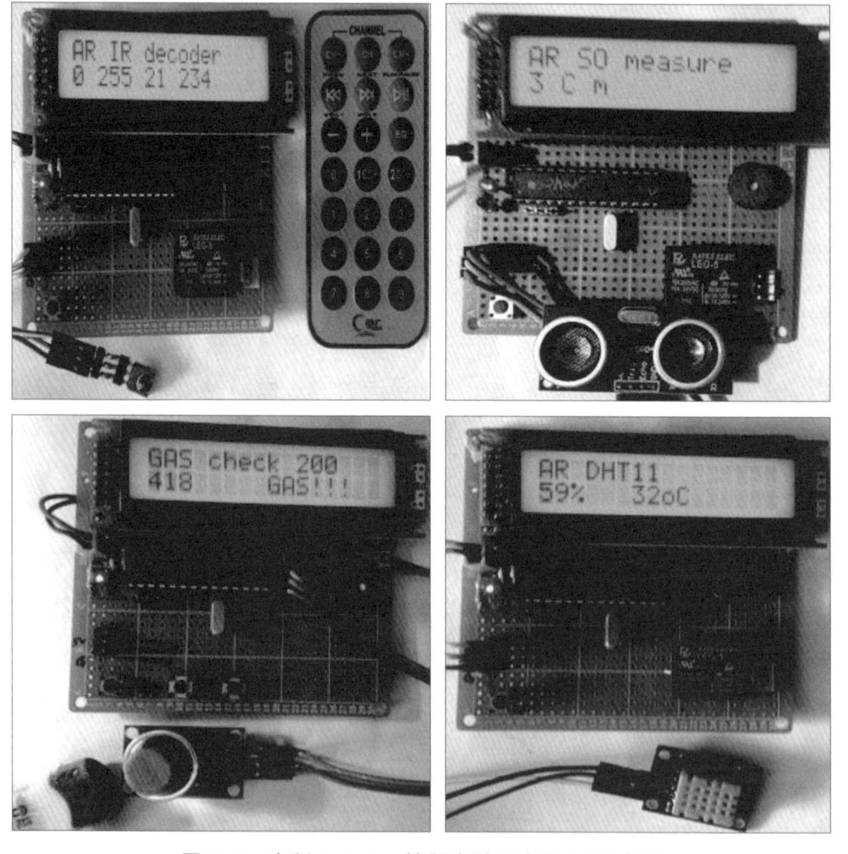

圖 A-5　自製 Arduino 簡單實驗板來做 LCD 實驗

圖 A-6 自製 Arduino 簡單實驗板

焊接配線時保持線路的整齊

在零件購齊後，則進行線路的焊接，可以先將 IC 座擺上，加上焊錫來固定，再擺上其他的被動電阻，電容元件，最後以銀線進行配線。如果焊接資料匯流排，可能一次有 8 條線，則一次將其焊完，心裡數到第 8 條便焊接完畢，可以避免線路漏焊的問題發生。

焊接配線的小技巧

■ 各個 IC 座擺設應同一方向，不宜太密，否則不好焊接配線，不宜太鬆，否則其他零件放不下去，IC 座與 IC 座間保持 2 至 3 孔距離，圖 A-7 是參考圖。

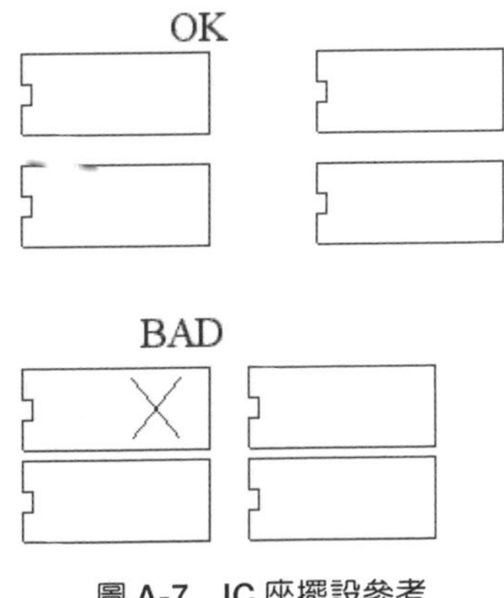

圖 A-7 IC 座擺設參考

- 銀線進行配線，配線不宜過長，最好是先焊上一點後，預拉至另一點處，確定長度後將其剪下，再焊至另一點處，而在轉角處，盡可能拉成直角，而且配線往 IC 座內側走，可以避免配線間互相交插妨礙配線，IC 座與 IC 座間還可以擺上電阻或是電容。圖 A-8 是參考圖。

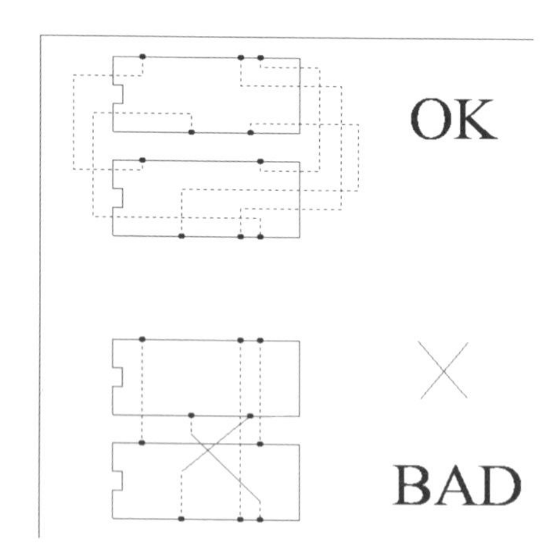

圖 A-8　焊接配線參考

- 先焊上各 IC 座 +5V 電源（以紅色配線）及地線（以黑色配線）。
- 盡可能類似信號線以同一種顏色配線，如黃色配線表示資料匯流排，棕色配線表示地址匯流排，如此一來在電路檢查及焊接其他線路時就容易多了。
- 焊接時電烙鐵溫度要夠，避免冷焊，虛焊等現象發生。
- 焊接同一 IC 座接點要連接兩條線時，焊接速度要快，不要讓第一點解焊，否則第一點配線便跳起來了。圖 A-9 為部分焊接完成控制板反面圖，焊接部分基本電路後便可以進行測試，焊接多少測試多少，焊完實驗便完成了。

圖 A-9　焊接完成背面圖

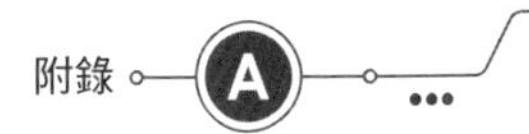

A-4 L51 學習型遙控器模組特性說明

紅外線遙控器有低價、普遍應用的優點，是傳統電子裝置、家電、玩具中最常配備的遙控方式，家電自動化應用及整合控制，常常會用到，因此紅外線遙控器學習型控制介面及相關應用是重要的關鍵技術，有了 L51 紅外線學習控制模組，在紅外線未來應用更廣，是傳統電子創新應用的極佳整合實驗平台。此外，有了 L51，將可以快速開發出各式多元化，有創意的應用，實現應用程式碼及 Arduino/8051 C 程式無限應用下載的各種實驗。

功能

- 系統組成：遙控器 + 模組 + 電池座，可由外部 5v 供電。
- 3 組紅外線發射輸出，可控制多組家電遙控器設備。
- 1 組紅外線學習輸入，支援紅外線載波頻率：32.768kHz 或接近頻率。
- 可學習並儲存 10 組紅外線命令 ---- 由遙控器設定學習 / 發射。
- 含 2 組接近感應器，接近時可發射 4 組紅外線信號，有壓電喇叭嗶聲提示，以手碰感應器自動發射信號，控制家電開啟。

- 成品或套件 組裝完成後，都可以直接使用於家中，控制多組家電遙控器設備，只需一支遙控器。
- 支援 UART TTL 介面，由串列介面可控制模組做學習，發射，可做家電自動化相關 8051 專題製作，提供外部 8051 組合語言及 C 語言範例程式。
- L51 使用 LO51 晶片（ISP 型 8051 晶片），由 PC 介面下載程式，快速方便。
- 驗證新程式功能，程式碼最大容量為 64 KB。
- 與 PC 連線，PC 變身為家電遙控器，可遙控家電動作。
- 下載史賓 / 羅本機器人程式，與 PC 連線後，PC 可控制史賓 / 羅本機器人。
- 含洞洞孔做額外的硬體擴充。
- 支援 8051 C 語言 SDK，支援自行設計遙控器學習功能。
- 軟體含 8051 範例 C 程式。
- 軟體含應用程式：
  - 學習型遙控器製作——10 組紅外線命令。
  - 紅外線信號分析器——展示版。

學習型遙控器製作 / 應用例——10 組紅外線命令

- L51 下載檔案 L10v1.HEX 後，將 L51 變為萬用遙控器實驗開發平台，您可以利用它：
  - 將許多支遙控器常用鍵碼，存在單一片板上來操控。
  - 以手觸控，可以發射信號出去。
  - 可以遙控器遙控發射信號。
  - 將 L51 控制板與外部 8051 連線，設計特殊硬體來控制 L51 發射信號。
  - 將 L51 控制板與外部 PC 介面連線，將 PC 變為遙控器控制裝置。
- 網路更多新的 8051 範例程式支援外部控制 L51 的各式應用：
  - 任意按鍵安排 8051 學習型遙控器。

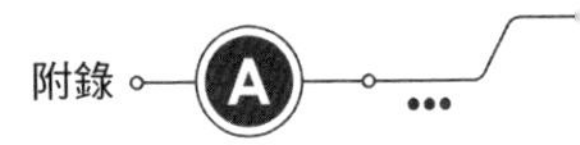

- 冷氣定溫控制。
- 定時發射紅外線信號。
- 遙控隔壁間家電裝置。
- 打電話回家控制冷氣開關。
- L51 各式應用實例。

L51 串列介面控制碼

- 控制碼 'L' +'0'--'9': 學習一組信號。
- 控制碼 'T' +'0'--'9': 發射一組信號。

在專題中可以輕易加入學習 / 發射一組遙控器信號，8051 C 範例程式如下：

```
// 學習遙控器信號
if(c=='0') { tx('L');  tx('0'); break; }
if(c=='1') { tx('L');  tx('1'); break; }
if(c=='2') { tx('L');  tx('2'); break; }
// 發射遙控器信號
if(c=='0') { tx('T');  tx('0'); }
if(c=='1') { tx('T');  tx('1'); }
if(c=='2') { tx('T');  tx('2'); }
```

更多有關 L51 相關產品應用及整合產品套餐，可上網查詢，網址 ：http://www.vic8051.idv.tw/LIP.htm

A-5 L51 學習型遙控器使用

圖 A-10 是其使用示意圖説明，簡單的操作使遙控器更易於使用。將家中常使用的遙控器，如遙控電風扇、冷氣機、電視機、音響等，常用功能鍵一次學習到 L51 上，由單一支遙控器做整合功能操作。一旦設定後，電風扇、冷氣機、音響的遙控器便可以收好，剩下電視機及主機遙控器操作。L51 目前版本為學習及發射 10 組信號，由 '0'--'9' 鍵發射。

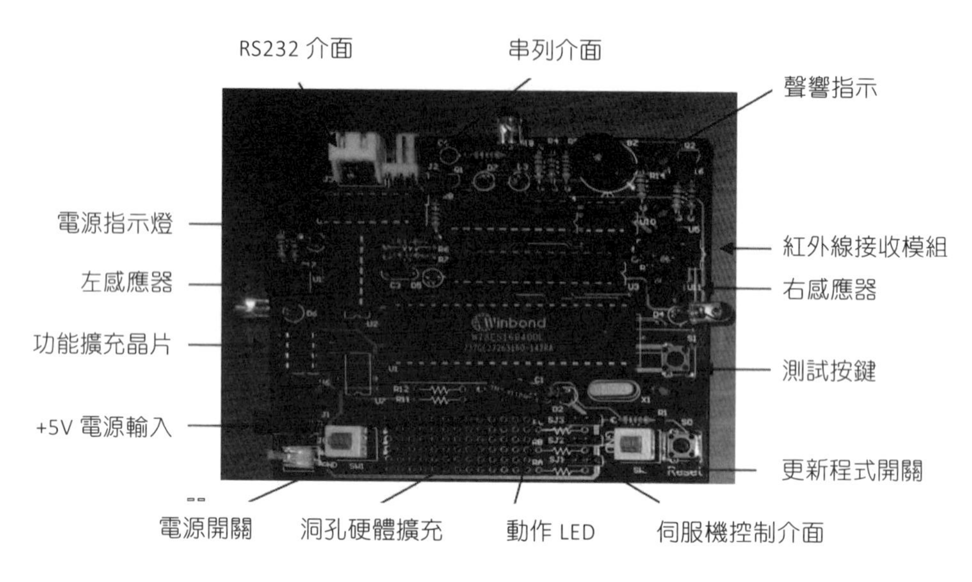

圖 A-10　學習型遙控器使用示意圖

操作說明如下：

STEP 1 準備一 +5V 電源通電，或是準備 3 顆電池放入電池座。

STEP 2 電源 LED 亮起，動作 LED 閃動，開機正常。

STEP 3 控制板上按鍵 S1 動作如下：

- 按鍵 S1 一下：發射編號 0 之遙控器信號。
- 按鍵 S1 2 秒：學習編號 0 之遙控器信號。

STEP 4 圖 A-11 是學習遙控器信號照相，學習遙控器信號時，LED 會亮起，此時系統正等待接收紅外線信號進來，將要學習的紅外線遙控器靠近主機右方紅外線接收模組，按下該鍵，系統讀到信號則 LED 會閃動一下後熄滅，3 秒內未讀到紅外線信號則自動離開學習模式。學習時請避開強光（如客廳黃色很大燈光）

圖 A-11 學習遙控器信號

STEP 5 由遙控器設定學習：按 '+' + '0' ～ '9' 鍵，有壓電喇叭嗶聲提示，按 '+' 後，LED 會亮起，先由遙控器按下 '0' ～ '9' 鍵其中一鍵，表示設定編號，接著 LED 再亮起，進入學習模式。

STEP 6 由遙控器設定發射：按 '0' ～ '9' 鍵，單鍵發射

STEP 7 接近 左 感應器 1 秒，發射編號 1 IR 信號，
接近 左 感應器 2 秒，發射編號 2 IR 信號，
接近 右 感應器 1 秒，發射編號 3 IR 信號，
接近 右 感應器 2 秒，發射編號 4 IR 信號，

儘管使用 L51 來整合多支遙控器控制，但是還是需要按鍵分辨哪一鍵，才能控制，以 L51 左右感應器，以手感應直接遙控，是本機另一方便使用之處。

圖 A-12 是感應器使用情形，以手靠近感應器便會開啟家電，如同變魔術一般，經常使用遙控器的朋友就會覺得好用之處。特別是盲人使用感應器，整合一下功能，可以改進人機介面，帶來更多的方便性。本套系統已經開發測試一陣子，習慣使用感應器開啟家電後，遙控器都收起來了，沒有感應器還真不方便，就像生活中沒有手機，也讓人覺得怪怪的。

圖 A-12　感應器使用

STEP 8 L51 學習型遙控模組有程式碼下載功能，因此下載新版應用程式，可以支援不同的應用，紅外線學習板可以模擬一台電視機遙控器 17 組控制信號，實驗前先下載 TV17.HEX 應用程式，可以學習電視 17 組控制信號。先將電視遙控器對應動作，以遙控器先學習到紅外線學習板上，順序如下：

數字 0～9、電視電源、靜音、返回、上一台、下一台、大聲、小聲

並測試一下，由紅外線學習板上發射對應信號，看看電視是否動作。設定如下：

- 由遙控器設定學習 '0'～'9'：按 '+' + '0'～'9' 鍵，學習 '0'～'9' 鍵。
- 由遙控器設定學習 7 組控制鍵：按 '+' + 該組按鍵，學習該組功能信號。如 '+' +' 靜音 ' 鍵，學習 ' 靜音 ' 鍵信號。

有壓電喇叭嗶聲提示，按 '+' 後，LED 會亮起，先由遙控器按下 '0'--'9' 鍵其中一鍵，表示設定編號，接著 LED 再亮起，進入學習模式。由遙控器發射，按 '0'--'9' 鍵，單鍵發射。

STEP 9 L51 提供 8051 SDK，在自己 C 程式中加入紅外線學習型及發射功能，含範例 8051 C 程式，易學易用。

```
pro_ip(0);    // 學習第 0 組遙控器信號
pro_op(0);   // 發射第 0 組遙控器信號
```

STEP 10 L51 使用 8O51 可下載程式晶片，由 PC USB 介面下載程式，方便快速驗證各式實驗及應用程式：

- 與 PC 連線，PC 變身為家電遙控器，可遙控家電動作。
- 下載史賓 / 羅本機器人程式，與 PC 連線後，PC 可控制史賓 / 羅本機器人。
- 含遙控器解碼程式，可以學習如何控制一支遙控器解碼應用。
- 可以 Android 手機來做遙控家電控制實驗。

STEP 11 Android 手機來做遙控家電控制實驗

- Android 手機程式相關開發工具：介紹免費下載 APP INVENTOR 軟體。
- Android 手機程式：apk 安裝檔及原始程式（APP INVENTOR 開發）。
- Android 手機程式功能可以自行修改，8051 簡單範例控制程式也可以自行修改，然後下載到 8051 執行。
- 採用 APK 易用開發介面——APP INVENTOR，以堆積木方式來設計程式功能，易學易用！

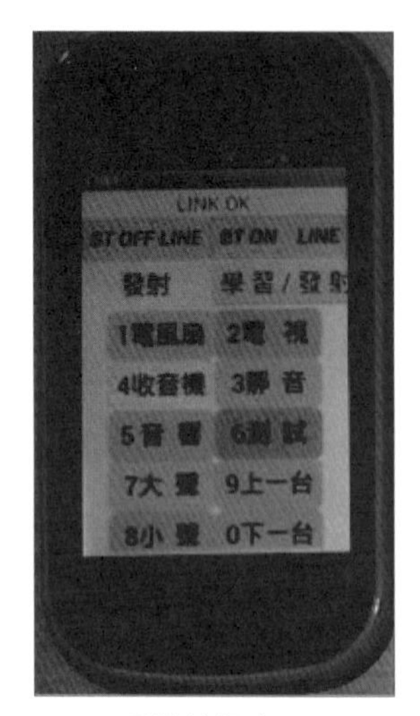

手機執行畫面

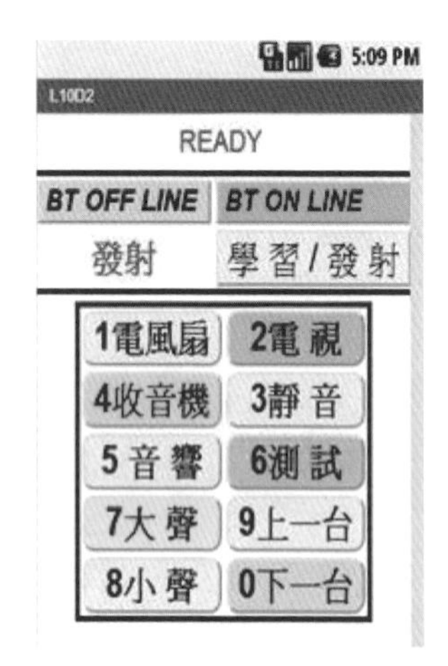

App Inventor 手機設計畫面

App 易用開發介面 – App Inventor

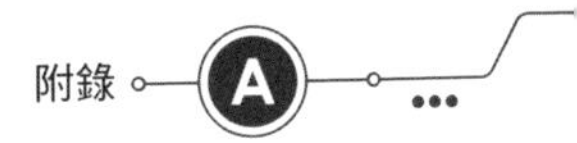

A-6 L51 學習型遙控模組做遙控器信號分析及應用

L51 學習型遙控模組有程式碼下載功能，因此下載新版應用程式，可以支援不同的應用，目前支援的特殊功能應用如下：

- 支援 8051 C 語言 SDK，支援自行設計遙控器學習功能。
- 支援紅外線信號分析器展示版功能，由電腦來學習、儲存、發射信號。
- 由電腦應用程式發射遙控器信號，控制家電等應用。

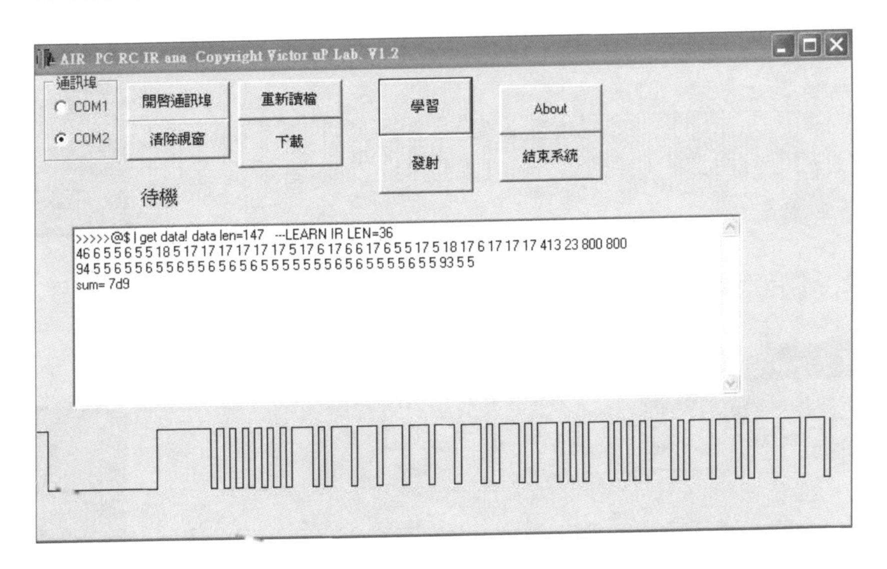

系統可以做各式遙控器信號分析等應用。實例分析如下：

實例 1：TOSHIBA 電視遙控器，經過分析長度 36，適合本書解碼程式實驗。

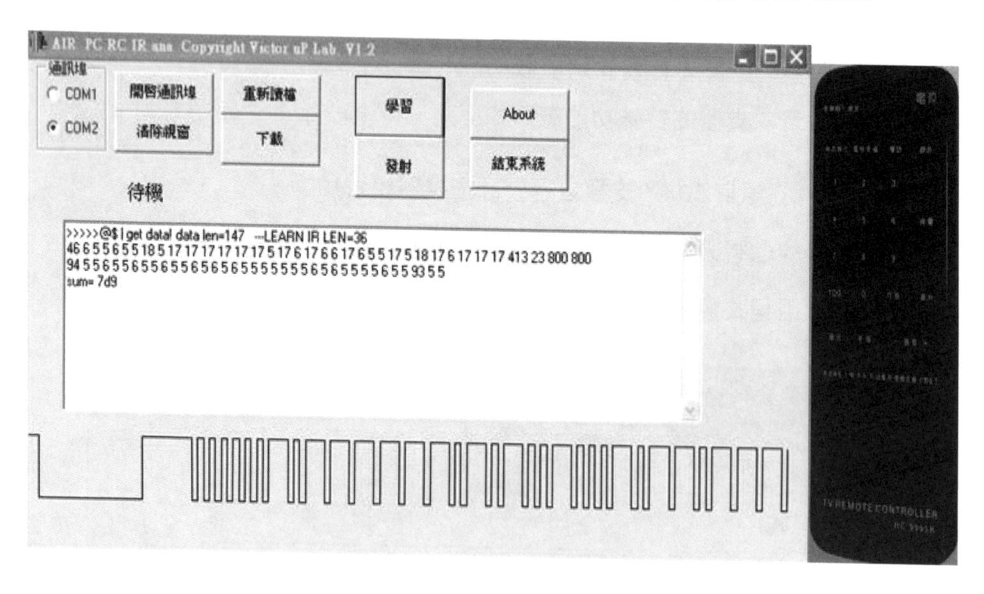

實例 2：名片型遙控器，經過分析長度 38，適合本書解碼程式實驗。

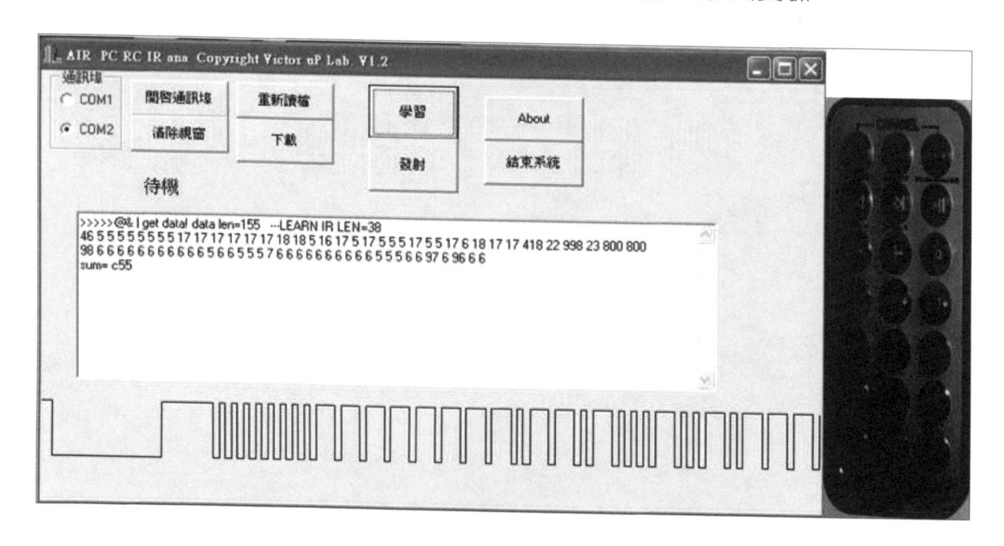

更多分析實例可參考 www.vic8051.idv.tw/exp_dcxs.htm。

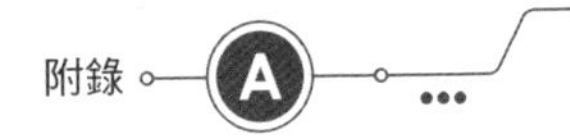

A-7 VI 中文聲控模組使用

VI 中文聲控模組有幾種機型，還可委託設計應用介面，有些支援紅外線遙控器發射介面。本文說明基本操作及應用功能。

操作示意圖

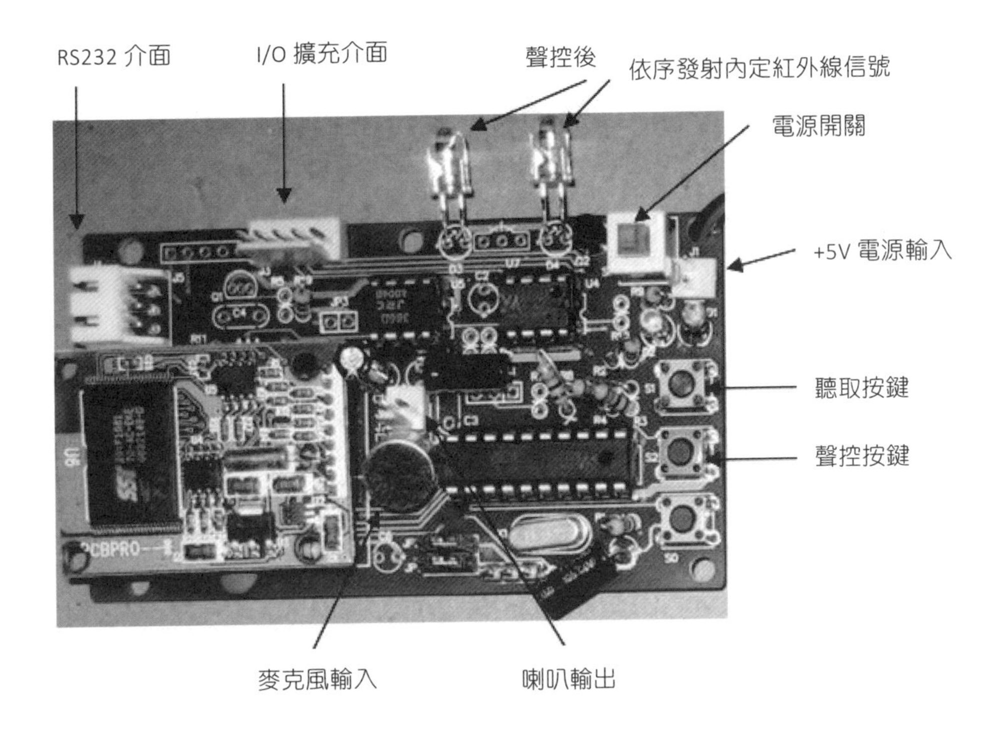

按鍵聲控

- 按鍵 S0：系統 RESET 重置。
- 按鍵 S1：聆聽系統已存在的語音內容，重複循環。
- 按鍵 S2：進行辨認一次。當工作 LED 亮起，嗶一聲，表示系統正在等待語音輸入，此時可以說出命令來做控制。

兩種修改：聲控指令、方法

VI 支援有程式下載功能，可以使用兩種方法修改內部聲控指令：

方法 1：直接下載聲控指令檔

以文書處理器自行修改 VI.TXT 檔案，由應用程式連接 USB 介面下載到模組中。

方法 2：改寫 VIC.H 命令檔頭

在 8051 聲控範例 C 程式 VI_demo.C 中，編輯 VIC.H 命令檔頭，經 KEIL C 編譯成 HEX 檔，下載到模組重新執行。

VI 串列介面 聲控指令 控制碼

- 控制碼 'l' : 語音聆聽，操作同按下 S1 鍵。
- 控制碼 'r' : 語音辨認，操作同按下 S2 鍵。

經由控制碼，便可以經由單晶片 8051 串列介面進行聲控功能整合，在專題中可以輕易加入中文聲控，聲控 8051 C 範例程式如下：

```
recog()
{
char c,c1;
 wled=0;  tx_char('r'); delay(1000);
 c=rx_char();  if(c!='/') { led_bl(); return; }
 c= rx_char()-0x30; c1=rx_char()-0x30;
 ans=c*10+c1; run(); wled=1;
}
```

Arduino/8051 串列介面 4 步驟完成聲控車專題設計

STEP 1 定義中文聲控命令組：如聲控車，聲控命令如下：

前進、後退、左轉、右轉、停止、展示

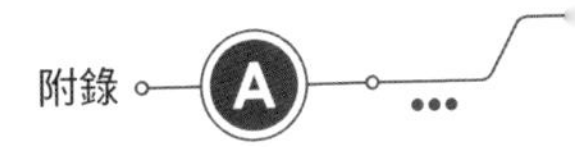

STEP 2 編輯中文聲控命令組：以文書處理器自行修改 VI.TXT 檔案如下：

前進、後退、左轉、右轉、停止、展示

STEP 3 更新控制模組聲控命令資料庫：由 USB 介面下載到模組中。

STEP 4 設計對應動作程式碼：修改 8051/Arduino 串列介面整合 C 程式，加入聲控車前進、後退、左轉、右轉、停止、展示，等動作的控制程式碼。

支援程式下載及程式開發功能

VI 支援程式下載功能及聲控 SDK 8051 程式發展工具，可以在自己C程式中加入中文聲控的創意應用功能：

- load_db();// 載入中文聲控資料庫。
- say1(name[lno]);// 說出中文聲控資料庫內容。
- recog();// 對資料庫內容進行聲控比對。

結合 L51 紅外線學習模組，可以在自己C程式中加入紅外線學習及發射功能，含範例 8051 C 程式，易學易用。

支援紅外線遙控器發射介面

特定機型 VI，支援紅外線遙控器發射介面，聲控後發射信號，支援有遙控器裝置免改裝變聲控應用。可委託設計特殊介面做聲控專題整合，更多 VI 中文聲控模組資料應用可參考：http://www.vic8051.idv.tw/VI.htm。

A-8 VCMM 特定語者聲控模組使用

VCMM 聲控模組可應用於不限定語言聲控相關實驗，有許多應用特點：

- 使用 8051 單晶片做控制。
- 可以由 USB 介面下載各式 C 語言控制程式來做聲控實驗。
- 含 8051 C SDK 開發工具及程式源碼。
- 新應用 C 程式可以網路下載更新，網址如下：http://www.vic8051.idv.tw/vcm.htm。

不限定語言聲控，使用前需要先錄音做訓練為資料庫，錄什麼音便可以辨認出這些聲音資料來做應用，本文說明如何做語音訓練。

STEP 1 系統已經預先載入控制程式，可以直接做應用。連接 +5V 電源至 J7。

STEP 2 喇叭接線接至接點 J5 SP，打開電源，電源 LED 燈 D2 亮起，工作 LED D3 閃爍，表示開機正常。或是按下 RESET 鍵 S6，可以重新啟動系統。

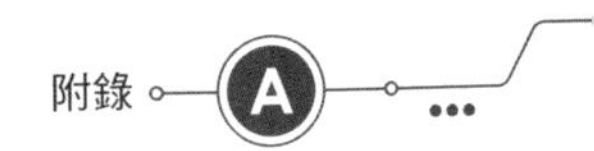

STEP 3 系統已錄有測試語音（例如 1，2，3），先按 S3 鍵，聆聽系統已存在的語音內容，做為欲辨識的字詞。多按幾次 S3 鍵，聽聽內建已經訓練的語音。

STEP 4 按 S4 鍵：說出欲辨識的字詞來辨認。系統會以英文說出 "WHAT NAME" 當提示語，D3 LED 燈亮起，則對著麥克風說出語音，如說 '1'，系統辨認出來後會說 '1'。

STEP 5 因為為特定語者語音辨認，男生來辨認會準確些，誰來訓練語音，辨認會很準確，安靜環境下，辨識率可達 95%。

STEP 6 語音輸入操作技巧：

- 訓練及辨認時周圍環境不宜太吵雜。
- 語音輸入前會有提示語，LED 亮起，等提示語說完才語音輸入。
- 語音輸入時與麥克風的最佳距離為 30 公分，有效距離為 100 公分，距離越遠則音量要大點，若太小聲系統會以英文說出 "PLEASE LOUDER" 要您說話大聲點。

STEP 7 S1 ～ S4 功能鍵：

- 按鍵 S1：做語音參考樣本訓練輸入，一次訓練一組，展示系統為 5 個辨認的單音。已訓練的語音會永久保存在記憶晶片中，即使關機還是有效，語音訓練輸入需要輸入 2 次。按下 S1 鍵，操作過程如下：
  - 系統說出 "SAY NAME"（說一單音）---- 第 1 次錄音。
  - 系統說出 "REPEAT NAME"（重複一遍）---- 第 2 次錄音。

  2 次錄音做為產生語音參考樣本，若訓練成功後，系統會說出您剛剛輸入的語音做確認。由於錄音訓練時會過濾混淆音，可以減少誤辨的情況發生，當新輸入的語音與原先輸入的語音資料相似時（混淆音），則無法輸入新的語音。

- 按鍵 S2：修改原先已存在的語音參考樣本。先按 S3 鍵聆聽系統已存在的某組語音內容。再按 S2 鍵，則該組內容會先被刪除，再執行語音輸入訓練，來建立新的語音參考樣本。若在語音輸入過程中失敗，可以使用 S1 鍵來輸入新的語音樣本。
- 按鍵 S3：聆聽系統已存在的語音內容。展示程式為編號 0～4，重複循環。
- 按鍵 S4：進行辨認。
- RESET+S1（RESET S6 鍵與 S1 鍵同時按住，RESET 先放開）：清除所有已訓練的語音，或是做聲控晶片系統重置用，系統會 " 嗶 " 3 聲來回應。此情況是在系統當機，完全不聽使喚時非必要的動作，一旦執行聲控晶片的系統重置後，原先存在晶片內的所有語音樣本資料全部刪除，使用者需要重新輸入語音，才能辨認。

STEP 8 其他說明：

- 當使用者第一次使用此系統時，不必輸入新的語音樣本，以原來的辨認單音，例如 "1"、"2"、"3" 便可以進行辨認，一般男生應可以辨認正確，如果是辨認自己的聲音，則可以高達 95% 以上的辨識率。
- 您可以依自己喜好來重新輸入新的語音樣本，如 "JOHN"、"NANCY"、"PETER"、"MARY"、"SANDY"。
- 展示系統為 5 個辨認的單音，當辨認到相對的音（編號 0～4）則原先輸入對應的語音會說出來當作確認用。

STEP 9 如何提高辨識率：

- 儘量避免使用容易混淆的音當做辨識的字詞，如中文數字 "1" 和 "7"。
- 同一辨識對象使用多組參考樣本。例如，說 " 美國 "，"America"，"USA" 均辨識為美國。
- 不限使用語言，講方言、國語、台語、英語皆可。

- 語音輸入品質十分重要，太大聲、太小聲、背景雜音太吵皆不宜。
- 由於語音輸入的麥克風是使用電容式麥克風，為無指向式麥克風，因此可以對著麥克風，以適當的距離（ 30 公分）説話即可。
- 語音訓練與辨認時説話的距離請一致，以免聲音輸入的準位偏差太大。

A-9 本書實驗所需零件及模組

本書實驗零件及模組可就近到各大電子材料行購得，或是實驗室網站查詢：http://www.vic8051.idv.tw/exp_part.htm（含規格使用説明及團購優惠）包括：

- Arduino Uno 實驗板（成品）。
- 遙控車（套件）。
- VI 中文聲控模組（成品）。
- VCMM 聲控模組（成品）。
- L51 學習型遙控器模組（成品）。
- MSAY 中文語音合成模組（成品）。

本書實驗基本控制板及配件如下，便可以開始做實驗：

- UNO 控制板及 USB 連接線。
- 麵包板及單心配線。
- 實驗零件或模組。

進階實驗或是專題，才需要以小洞洞板（8x8cm），焊接 Arduino 最小電路設計。各章實驗零件模組如下：

■ Arduino 最小電路製作：

編號	名稱	規格	數量	使用章節
1	Uno 晶片	ATMEGA328P-PU	1	1
2	IC 座	28 PIN 窄邊	1	1
3	石英震盪晶體	16MHz	1	1
4	發光二極體	5mm 紅	2	1
5	電阻	1 KΩ	2	1
6	按鍵	4PIN	2	1
7	排針	3x1，2.54 排針	1	1
8	電阻	10 KΩ	1	1

其他全部實驗零件如下：

編號	名稱	規格	數量	使用章節
1	發光二極體	5mm 紅	1	4～17
2	條型 LED 燈	10 組 LED 燈	1	4
3	電阻	1 KΩ	4	4～17
4	電阻	100Ω	8	4
5	喇叭	8Ω	1	4
6	壓電喇叭	1205 5V 外激式	1	4
7	電阻	1 0KΩ	1	4
8	電晶體	2SC945	1	4
9	按鍵	4PIN	2	4～17
10	七節顯示器	共陽	1	4
11	電解電容	10 uF	1	11
12	繼電器模組	5V	1	4
13	二極體	1N4001	1	4
14	LCD16x2	2A16DRG	1	6
15	可變電阻	100KΩ	1	4～17

編號	名稱	規格	數量	使用章節
16	電阻	100K	1	7
17	光敏電阻	一般實驗用	1	7
18	溫濕度模組	DHT11	1	9
19	排針	3x1	3	4 ～ 17
20	人體感知器模組	焦電型	1	9
21	超音波收發模組	SR04	1	9
22	磁簧開關	一般電料	1	9
23	振動開關	一般電料	1	9
24	土壤濕度模組	特殊模組	1	9
25	聲控模組	VCMM	1	15
26	瓦斯偵測模組	MQ2 模組	1	9
27	紅外線接收模組	38K	1	11
28	名片型遙控器	一般實驗用	1	11
29	中文聲控模組	VI30	1	16
30	180 度伺服機	S3003	1	12
31	馬達控制模組	Mo1	1	17
32	藍牙模組	HC-06	1	17
33	車體	MCA 套件	1	17
34	語音合成模組	MSAY	1	13
35	紅外線學習板	L51	1	14
36	七節顯示器模組	Tm1637	1	17
37	水泵	3V 水泵	1	17
38	串列排燈	ws2812 8	1	15

MEMO

CREDIT CARD

信用卡 專用訂購單

※優惠折扣請上博碩網站查詢，或電洽 (02)2696-2869#307
※請填妥此訂單傳真至(02)2696-2867或直接利用背面回郵直接投遞。謝謝！

一、訂購資料

	書號	書名	數量	單價	小計
1					
2					
3					
4					
5					
6					
7					
8					
9					
10					
			總計 NT$		

總　計：NT$________ X 0.85 ＝折扣金額 NT$________

折扣後金額：NT$________ ＋ 掛號費：NT$________

＝總支付金額NT$________ ※各項金額若有小數，請四捨五入計算。

「掛號費 80 元，外島縣市100元」

二、基本資料

收 件 人：________ 生日：____年____月____日

電　話：(住家)________ (公司)________分機____

收件地址：□□□ ________

發票資料：□ 個人（二聯式） □ 公司抬頭/統一編號：________

信用卡別：□ MASTER CARD □ VISA CARD □ JCB卡 □ 聯合信用卡

信用卡號：□□□□□□□□□□□□□□□□

身份證號：□□□□□□□□□□

有效期間：________年________月止

訂購金額：________元整（總支付金額）

訂購日期：____年____月____日

持卡人簽名：________（與信用卡簽名同字樣）

黏貼處

博碩文化網址
http://www.drmaster.com.tw

✂請沿虛線剪下寄回本公司

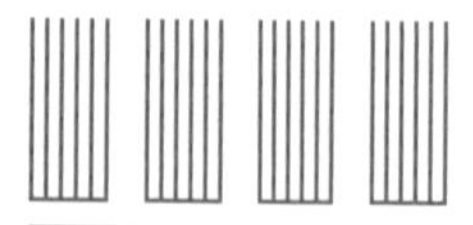

廣告回函
台灣北區郵政管理局登記證
北台字第4647號
印刷品．免貼郵票

221

博碩文化股份有限公司　業務部

新北市汐止區新台五路一段 112 號 10 樓 A 棟

如何購買博碩書籍

全省書局

請至全省各大書局、連鎖書店、電腦書專賣店直接選購。

（書店地圖可至博碩文化網站查詢，若遇書店架上缺書，可向書店申請代訂）

信用卡及劃撥訂單（優惠折扣 85 折，未滿 1,000 元請加運費 80 元）

請於劃撥單備註欄註明欲購之書名、數量、金額、運費，劃撥至

帳號：17484299 戶名：博碩文化股份有限公司，並將收據及

訂購人連絡方式傳真至(02) 26962867 。

線上訂購

請連線至「博碩文化網站 http://www.drmaster.com.tw」，於網站上查詢

優惠折扣訊息並訂購即可。